高等职业教育系列教材

SQL Server 2008 数据库应用与开发教程

主　编　鲁大林　吴　斌
副主编　巴音查汗
参　编　孙重巧　赵香会　单绍隆　等

机 械 工 业 出 版 社

本书循序渐进地讲解了 SQL Server 2008 的理论知识和基本操作。主要内容包括：数据库的基础知识、SQL Server 概述、数据库和表的创建、表中数据的增删改和查询、索引、视图、SQL Server 安全性管理、备份和恢复、Transact-SQL 语言、存储过程、触发器、事务、锁、游标。

本书是以项目教学为主线的实践类课程教材，通过一个完整的“学生成绩管理系统”项目贯穿教材中的各章节内容，同时以一个“商品销售管理系统”作为同步实训项目。此外，每章后都配有习题，有助于读者对所学知识的理解和掌握。

本书结构清晰、实例丰富、图文并茂、浅显易懂，既可以作为大学本科、高职高专院校的相关专业教材，也可以作为初学者学习数据库的参考书以及数据库应用系统开发人员的技术参考书。

本书配有授课电子课件，需要的教师可登录 www.cmpedu.com 免费注册、审核通过后下载，或联系编辑索取（QQ：1239258369，电话：010-88379739）。

图书在版编目（CIP）数据

SQL Server 2008 数据库应用与开发教程/鲁大林，吴斌主编．—北京：机械工业出版社，2016.5（2021.7 重印）
高等职业教育系列教材
ISBN 978-7-111-53695-6

Ⅰ.①S…　Ⅱ.①鲁…　②吴…　Ⅲ.①关系数据库系统-高等职业教育-教材　Ⅳ.①TP311.138

中国版本图书馆 CIP 数据核字（2016）第 095642 号

机械工业出版社（北京市百万庄大街 22 号　邮政编码 100037）
策划编辑：鹿　征　　责任编辑：鹿　征
责任校对：张艳霞　　责任印制：李　昂
北京捷迅佳彩印刷有限公司印刷

2021 年 7 月第 1 版·第 7 次印刷
184mm×260mm·14.5 印张·357 千字
标准书号：ISBN 978-7-111-53695-6
定价：49.00 元

电话服务
客服电话：010-88361066
010-88379833
010-68326294

网络服务
机　工　官　网：www.cmpbook.com
机　工　官　博：weibo.com/cmp1952
金　　书　　网：www.golden-book.com
机工教育服务网：www.cmpedu.com

高等职业教育系列教材计算机专业

编委会成员名单

出版说明

《国务院关于加快发展现代职业教育的决定》指出：到2020年，形成适应发展需求、产教深度融合、中职高职衔接、职业教育与普通教育相互沟通，体现终身教育理念，具有中国特色、世界水平的现代职业教育体系，推进人才培养模式创新，坚持校企合作、工学结合，强化教学、学习、实训相融合的教育教学活动，推行项目教学、案例教学、工作过程导向教学等教学模式，引导社会力量参与教学过程，共同开发课程和教材等教育资源。机械工业出版社组织国内80余所职业院校（其中大部分是示范性院校和骨干院校）的骨干教师共同规划、编写并出版的“高等职业教育规划教材”系列，已历经十余年的积淀和发展，今后将更加紧密结合国家职业教育文件精神，致力于建设符合现代职业教育教学需求的教材体系，打造充分适应现代职业教育教学模式的、体现工学结合特点的新型精品化教材。

在本系列教材策划和编写的过程中，主编院校通过编委会平台充分调研相关院校的专业课程体系，认真讨论课程教学大纲，积极听取相关专家意见，并融合教学中的实践经验，吸收职业教育改革成果，寻求企业合作，针对不同的课程性质采取差异化的编写策略。其中，核心基础课程的教材在保持扎实的理论基础的同时，增加实训和习题以及相关的多媒体配套资源；实践性课程的教材则强调理论与实训紧密结合，采用理实一体的编写模式；实用技术型课程的教材则在其中引入了最新的知识、技术、工艺和方法，同时重视企业参与，吸纳来自企业的真实案例。此外，根据实际教学的需要对部分内容进行了整合和优化。

归纳起来，本系列教材具有以下特点：

1）围绕培养学生的职业技能这条主线来设计教材的结构、内容和形式。

2）合理安排基础知识和实践知识的比例。基础知识以“必需、够用”为度，强调专业技术应用能力的训练，适当增加实训环节。

3）符合高职学生的学习特点和认知规律。对基本理论和方法的论述容易理解、清晰简洁，多用图表来表达信息；增加相关技术在生产中的应用实例，引导学生主动学习。

4）教材内容紧随技术和经济的发展而更新，及时将新知识、新技术、新工艺和新案例等引入教材。同时注重吸收最新的教学理念，并积极支持新专业的教材建设。

5）注重立体化教材建设。通过主教材、电子教案、配套素材光盘、实训指导和习题及解答等教学资源的有机结合，提高教学服务水平，为高素质技能型人才的培养创造良好的条件。

由于我国高等职业教育改革和发展的速度很快，加之我们的水平和经验有限，因此在教材的编写和出版过程中难免出现疏漏。我们恳请使用这套教材的师生及时向我们反馈质量信息，以利于我们今后不断提高教材的出版质量，为广大师生提供更多、更适用的教材。

机械工业出版社

前　言

随着信息技术的迅速发展和广泛应用，数据库作为后台支持系统已成为信息管理中不可缺少的重要组成部分。Microsoft 公司推出的 SQL Server 2008 数据库管理系统是大型关系数据库管理系统中的佼佼者，它基于成熟而强大的关系模型，具有使用方便、界面友好、功能齐全、安全可靠、可伸缩性强、与相关软件集成程度高等优点，已成为 Windows 平台下进行数据库应用开发非常理想的选择之一。作为目前主流的数据库管理系统，SQL Server 2008 是目前各类院校学生学习大型数据库管理系统的首选数据库产品。

本书以一个综合性的“学生成绩管理系统”项目贯穿整个教材，循序渐进地实现了一个数据库系统设计的完整过程；同时，以“销售管理系统”项目贯穿于每一章的同步实训，真正做到学以致用。

本书共 12 章，第 1 章介绍 SQL Server 2008 概述；第 2 章介绍数据库的创建与管理；第 3 章介绍表的创建和管理；第 4 章介绍数据查询；第 5 章介绍索引的创建和使用；第 6 章介绍视图的创建和使用；第 7 章介绍 SQL Server 安全性管理；第 8 章介绍备份和恢复；第 9 章介绍 Transact - SQL 语言；第 10 章介绍存储过程；第 11 章介绍触发器；第 12 章介绍事务、锁和游标。

本书由鲁大林、吴斌任主编，巴音查汗任副主编，张承江教授主审。参与编写的人员还有孙重巧、赵香会、单绍隆、唐小燕、刘斌，全书由鲁大林统稿。在本书编写过程中，常州柴油机股份有限公司的刘晨高级工程师、常州勇气软件有限公司的朱才金工程师参与了总体规划，并提出了许多宝贵意见。同时，在编写本书时也参考了很多相关文献、技术资料以及互联网资源，在此一并深表感谢！

由于编者水平有限，编写时间仓促，书中难免有错误与不足之处，恳请广大读者批评指正。

编　者

目　录

第1章　SQL Server 2008概述

SQL Server 2008 是微软公司推出的一个企业级关系型数据库管理系统，该系统具有功能强大、操作简便、安全可靠等特点，应用也越来越广泛。本章主要讲述关系数据库的一些基础知识，以及 SQL Server 2008 的版本与组件、安装与配置、常用管理工具的功能和使用。本章学习要点如下：

- 关系数据库的基本概念；
- SQL Server 2008 的版本与组件；
- SQL Server 2008 的安装、启动及退出；
- SQL Server 2008 常用工具的使用。

1.1　关系数据库基础

1.1.1　数据库的几个概念

（1）数据库（DB）：存放数据的仓库，相互关联的数据集合。

（2）数据库管理系统（DBMS）：管理数据库的计算机软件。具体完成：

- 定义数据的存储结构；
- 存储维护数据（增/删/改/查询）；
- 维护数据库安全性、完整性、可靠性。

（3）数据库系统（DBS）：数据库管理系统 + 数据库 + 应用程序 + 用户（DBA、应用程序员、终端用户），如图 1-1 所示。

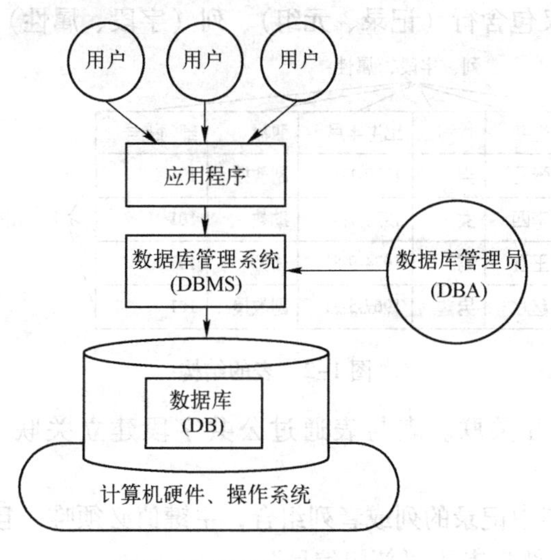

图 1-1　数据库系统（DBS）

1.1.2 数据库的发展历史

1. 人工管理阶段

20世纪50年代中期以前，计算机主要用于科学计算，无磁盘、无数据管理。

此阶段的特点：数据不长期保存；系统中没有对数据进行管理的软件，由应用程序管理数据，数据是面向程序的，数据不具有独立性；数据不能共享。

2. 文件管理阶段

20世纪50年代后期到60年代中期，计算机主要用于数据处理初期，产生外存（即磁盘），操作系统以文件形式管理数据。

此阶段的特点：程序与数据有了一定的独立性，程序和数据分开存储，有了程序文件和数据文件的区别；数据文件可以长期保存；但数据冗余度大，缺乏数据独立性。

3. 数据库系统阶段

20世纪60年代后期以来，计算机主要用于大量数据处理。

此阶段的特点：数据库技术能有效地管理和存取大量的数据，避免了以上两阶段的缺点，实现数据共享，减少数据冗余；采用特定的数据模型；具有较高的数据独立性；有统一的数据管理和控制功能。

数据库系统又经历了三个阶段：层次数据库、网状数据库和关系数据库。关系数据库基于数学上严格的关系理论，使用简单，是目前最成熟的数据库。

常见的关系型数据库管理系统包括以下两种类型。

- 桌面型关系数据库：FoxBase、Visual Foxpro、Access 等。
- 大型关系数据库：SQL Server、DB2、Oracle、Sybase ASE、MySQL 等。

1.1.3 关系数据库的介绍

关系数据库是一些相关的表和其他数据库对象的集合，它包含以下三层含义。

（1）关系数据库中，数据保存在二维表格中，称为表（TABLE）。一个关系型数据库包含多个数据表，每个表又包含行（记录、元组）、列（字段、属性），如图1–2所示。

列、字段、属性

编号	姓名	性别	出生年月	职称	部门编号
001	张三	男	1970-1-1	副教授	101
002	李四	女	1978-10-5	助教	101
003	王五	男	1974-9-8	讲师	102
004	赵六	男	1967-5-21	副教授	101

行、记录、元组

图1–2 表的结构

（2）表与表之间相互关联。表与表通过公共字段建立关联，公共字段称为“键”，“键”分为主键和外键。

- 主键：唯一确定表中记录的列或者列组合，主键值必须唯一且不为空。例如：教师表的“教师编号”、部门表的“部门编号”。
- 外键：表中的列是另外一个表的主键，则此列就是外键。例如：部门表的“部门编号”是主键，教师表的“部门编号”是外键。如图 1–3 所示。

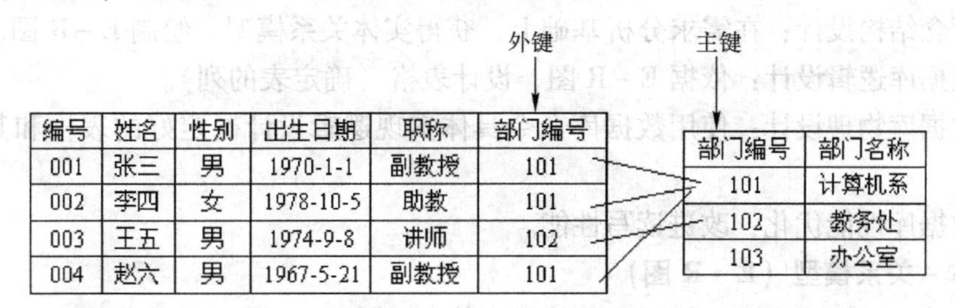

编号	姓名	性别	出生日期	职称	部门编号
001	张三	男	1970-1-1	副教授	101
002	李四	女	1978-10-5	助教	101
003	王五	男	1974-9-8	讲师	102
004	赵六	男	1967-5-21	副教授	101

部门编号	部门名称
101	计算机系
102	教务处
103	办公室

图 1–3　表与表的关系

表与表之间有以下三种类型的关系。

- 一对一关系（1∶1）：A 表中的一条记录在 B 表中仅有一条记录与之对应；反之 B 表中的一条记录在 A 表中也仅有一条记录与之对应。例如：教师表与某月教师工资表之间具有一对一关系。
- 一对多关系（1∶n）：A 表中的一条记录在 B 表中有多条记录与之对应；反之 B 表中的一条记录在 A 表中仅有一条记录与之对应。例如：部门表 A 与教师表 B 之间具有一对多关系。
- 多对多关系（m∶n）：A 表中的一条记录在 B 表中有多条记录与之对应；反之 B 表中的一条记录在 A 表中也有多条记录与之对应。例如：学生表与课程表之间具有多对多关系。

数据库设计中通过增加一个表将一个多对多的关系转化为两个一对多的关系。例如：学生表、课程表、成绩表，如图 1–4 所示。

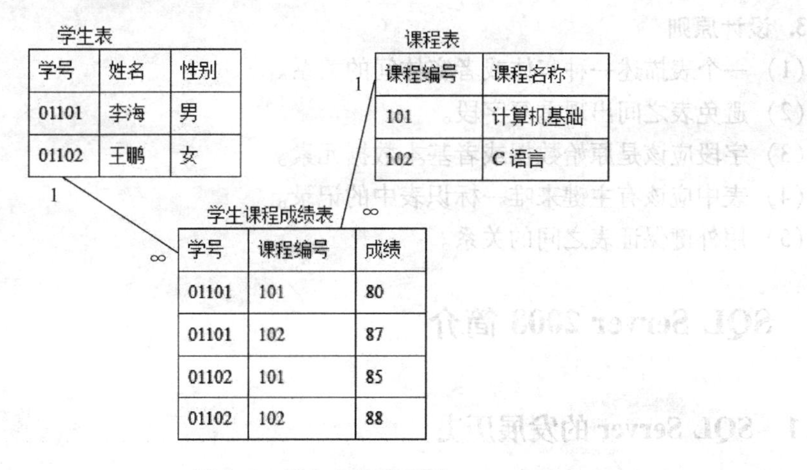

学生表

学号	姓名	性别
01101	李海	男
01102	王鹏	女

课程表

课程编号	课程名称
101	计算机基础
102	C 语言

学生课程成绩表

学号	课程编号	成绩
01101	101	80
01101	102	87
01102	101	85
01102	102	88

图 1–4　学生成绩关系图

（3）关系数据库除了包含表，还包含其他数据库对象（索引、视图、存储过程、触发器、登录、用户、角色等）。

1.1.4　关系数据库的设计

1. 设计步骤

（1）需求分析：调研需求分析（信息需求、处理需求、安全性需求、完整性需求等），确定需要处理的数据对象。

（2）概念结构设计：在需求分析基础上，获得实体关系模型，绘制 E－R 图。

（3）数据库逻辑设计：依据 E－R 图，设计表格（确定表的列）。

（4）数据库物理设计：使用数据库命令具体实现逻辑设计确定好的表格和其他数据库对象。

（5）数据库性能优化：改进读写性能。

2. 实体－关系模型（E－R 图）

（1）实体：用矩形表示。矩形内部填写实体名。

（2）属性：用椭圆形表示。内部填写属性名，并用无向边与实体连接。

（3）关系：用菱形表示。内部填写关系名，并用无向边与实体连接，无向边上标注关系的类型（1∶1、1∶n、m∶n）。

学生选课数据库的 E－R 图如图 1-5 所示。

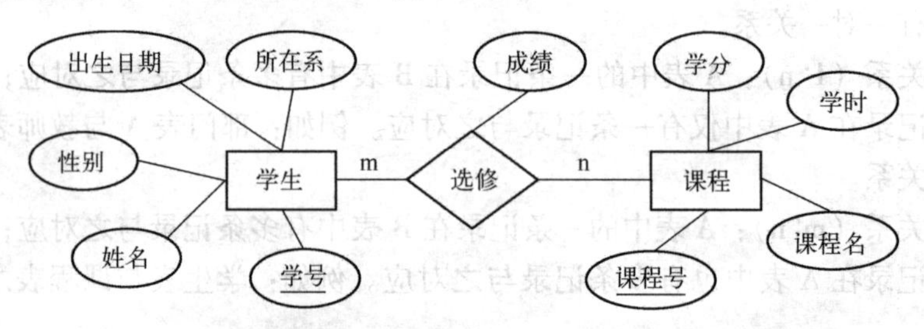

图 1-5　学生选课 E－R 图

注：实体具有属性，关系也可以具有属性；为了简洁可以省略部分属性的标注。

3. 设计原则

（1）一个表描述一种实体或者实体间的关系。

（2）避免表之间出现重复字段。

（3）字段应该是原始数据或者基本数据元素。

（4）表中应该有主键来唯一标识表中的记录。

（5）用外键保证表之间的关系。

1.2　SQL Server 2008 简介

1.2.1　SQL Server 的发展历史

SQL Server 是由 Microsoft 公司推出的关系型数据库管理系统软件，它最初是由 Microsoft、Sybase 和 Ashton－Tate 三家公司共同开发的。

- 1988 年，推出第一个 OS/2 版本；
- 1993 年，SQL Server 移植到 NT 上后，Microsoft 成了这个项目的主导者；
- 1994 年以后，Microsoft 专注于开发、推广 SQL Server 的 Windows NT 版本；
- 1995 年，Microsoft 公司推出了 SQL Server 6.0 版；
- 1996 年，推出了 SQL Server 6.5 版；

- 1998 年，推出了 SQL Server 7.0 版；
- 2000 年，推出了 SQL Server 2000（8.0 版）；
- 2005 年 11 月，推出了 SQL Server 2005（9.X 版）；
- 2008 年 3 月，推出了 SQL Server 2008（10.X 版）；
- 2010 年 5 月，推出了 SQL Server 2008 R2（10.5.X 版）；
- 2012 年 3 月，推出了 SQL Server 2012（11.0 版）；
- 2014 年 4 月，推出了 SQL Server 2014（12.0 版）。

1.2.2　SQL Server 2008 的版本和组件

1. SQL Server 2008 的版本

SQL Server 2008 的版本包含：企业版（Enterprise）、标准版（Standard）、工作组版（Workgroup）、网络版（Web）、开发版（Developer）、精简版（Express）、移动版（Compact）。

- 企业版：支持 SQL Server 2008 的全部特性，是超大型企业的理想选择，能够满足复杂的要求。
- 标准版：适合中小型企业的数据管理和分析平台。
- 工作组版：可以用于前端 Web 服务器，也可以用于部门或分支机构的运营。它包括 SQL Server 产品系列的核心数据库功能，并且可以轻松地升级至标准版或企业版。
- 网络版：是为运行于 Windows 服务器上的高可用性、面向互联网的网络环境而设计的，以支持低成本、大规模、高可用性的网络应用程序或主机托管解决方案。
- 开发版：包含企业版全部功能，但是有许可限制，只能用于开发和测试系统，而不能用于生产环境中。开发版安装平台自由方便，具有企业版全部完整的功能，而且在开发版上设计的数据库和软件，可以轻松移植到 SQL Server 企业版。
- 精简版：是一个免费的版本，提供核心数据库功能，可以作为桌面数据库使用。
- 移动版：是为开发者设计的一个免费的嵌入式数据库，旨在为移动设备、桌面和网络客户端创建一个独立运行并能适时联网的应用程序，可以在微软所有 Windows 平台上运行。

注：SQL Server 2008 R2 除了包含以上版本以外，还包含有一个数据中心版（Datacenter），该版本建立在企业版的基础之上，可提供最高级别的可扩展性，以承载大量的应用程序工作负荷，支持虚拟化和合并，并管理组织的数据库基础结构，可帮助组织以经济高效的方式扩展其关键任务环境。

2. SQL Server 2008 的组件

SQL Server 2008 由 4 大组件组成，也被称为 4 大服务，分别为数据库引擎、分析服务、报表服务、集成服务，如图 1-6 所示。

- 数据库引擎：主要负责完成数据的存储、处理、查询和安全管理等操作，是 SQL Server 2008 数据库的核心服务。它也是

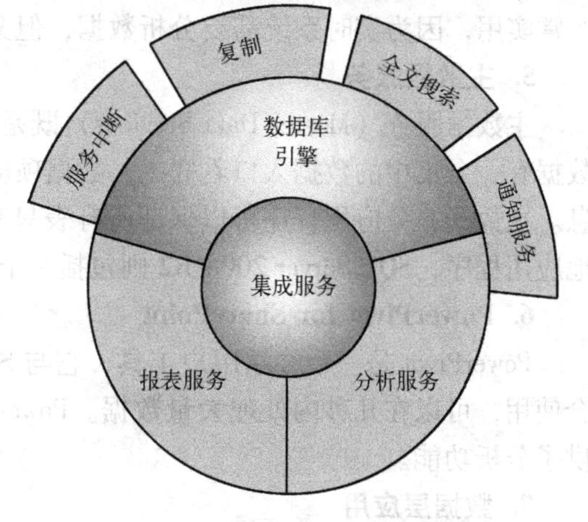

图 1-6　SQL Server 2008 组件

一个复杂的系统，其本身还包含许多功能组件，例如复制、全文搜索、服务中断（Service Broker）等。

- 分析服务（Analysis Services）：主要用于提供多维分析和数据挖掘功能，可用来创建和管理联机分析处理以及数据挖掘应用程序的工具。
- 报表服务（Reporting Services）：主要用于创建、管理和部署表格报表、矩阵报表、图形报表以及自由格式报表的服务器和客户端组件。另外，它还是一个可用于开发报表应用程序的可扩展平台。
- 集成服务（Integration Services）：主要用于完成有关数据的提取、转换和加载等操作，数据库引擎是其一个重要的数据源，它是一个数据集成平台。

1.2.3 SQL Server 2008 的新特性

SQL Server 2008 与 SQL Server 2005 相比，在性能、可靠性、实用性等方面都有了很大的扩展和提高。本章节主要介绍 SQL Server 2008 R2 的新特性，其表现如下：

1. Report Builder 3.0

Report Builder 是一个工具集，通过它可以开发出发布到 Web 上的报表，通过 Report Builder 可以创建包含图像、图表、表格和打印控件的报表。

2. Datacenter

SQL Server 2008 R2 数据中心版（Datacenter）的目标是企业版用户，他们要求更好的性能，新版本支持 256 个逻辑处理器、更多的实例数和更大的内存。

3. Parallel Data Warehouse

SQL Server 2008 R2 的另一个新版本是并行数据仓库版（Parallel Data Warehouse），其主要目标是处理非常大的数据量，它使用大规模并行处理功能将大表分散到多个 SQL 节点，这些节点通过微软的专利技术 Ultra Shared Nothing 进行控制，它可以将查询任务分配到各个计算节点上，然后从各个节点收集计算结果。

4. StreamInsight

StreamInsight 是 SQL Server 2008 R2 中的一个新组件，该组件允许在运行中分析流数据，也就是直接从源数据流进行处理，然后再保存到数据表中。这个功能对于一个实时系统来说非常实用，因为实时系统需要分析数据，但又不能引起数据写入时的延迟。

5. 主数据服务

主数据服务（Master Data Services）既是一个概念又是一个产品，其概念是对核心业务数据有一个集中的数据入口看守人，数据项应该集中管理，以便让应用系统都具有相同的信息。主数据服务应用程序可以保证所有表只有一个正确的地址，而一个 MDS 可以是一个本地应用程序，SQL Server 2008 R2 则包括一个应用程序和一个接口管理核心数据。

6. PowerPivot for SharePoint

PowerPivot 是一个终端用户工具，它与 SharePoint、SQL Server 2008 R2 和 Excel 2010 联合使用，可以在几秒内处理大量数据。PowerPivot 的作用有点像 Excel 中的数据透视表，提供了分析功能。

7. 数据层应用

数据层应用（Data-Tier Application）是一个对象，它可以为一个工程存储所有需要的数据库信息。通过创建一个数据层应用，SQL Server 包版本和每个 Visual Studio 编译版本一起保存，也就是说，可以将应用程序和数据库构建成一个统一的版本，方便后期维护和管理。

8. Unicode 压缩

SQL Server 2008 R2 使用一个新的算法，为 Unicode 存储提供了一个简单的压缩方案，通过 Unicode 压缩，可以减少 Unicode 字符对空间的占用，它由 SQL Server 引擎自动管理，因此不需要修改现有应用程序，DBA 也无须做任何干涉。

9. SQL Server Utility

新的 SQL Server Utility 是一个集中控制多个 SQL Server 实例的仓库对象，性能数据和配置策略可以存储在一个单一的 Utility 中，Utility 也包括一个资源管理器工具，可以创建多服务器仪表板。

10. 多服务器仪表板

虽然 SQL Server Management Studio 也可以连接到多个服务器，但不能在一个集中的视图上查看所有的数据库，每个数据库服务器需要独立管理。在 SQL Server 2008 R2 中，可以创建同时显示多个服务器的仪表板。

1.3 SQL Server 2008 的安装

以在 Windows 7 中安装 SQL Server 2008 R2 开发版为例，下面将给出安装的全过程。

（1）插入光盘，运行“SQL Server 安装中心”，如图 1-7 所示。

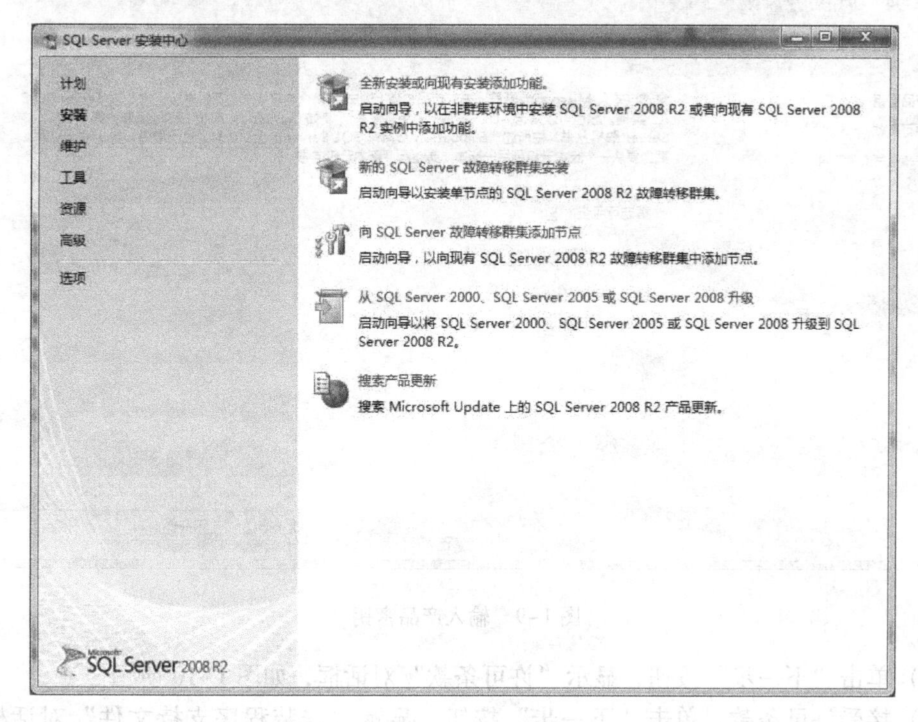

图 1-7　SQL Server 安装中心

（2）选择“安装”→“全新安装或向现有安装添加功能”，SQL Server 2008 安装程序开始检查“支持规则”，以确保安装正常进行，如图 1-8 所示。

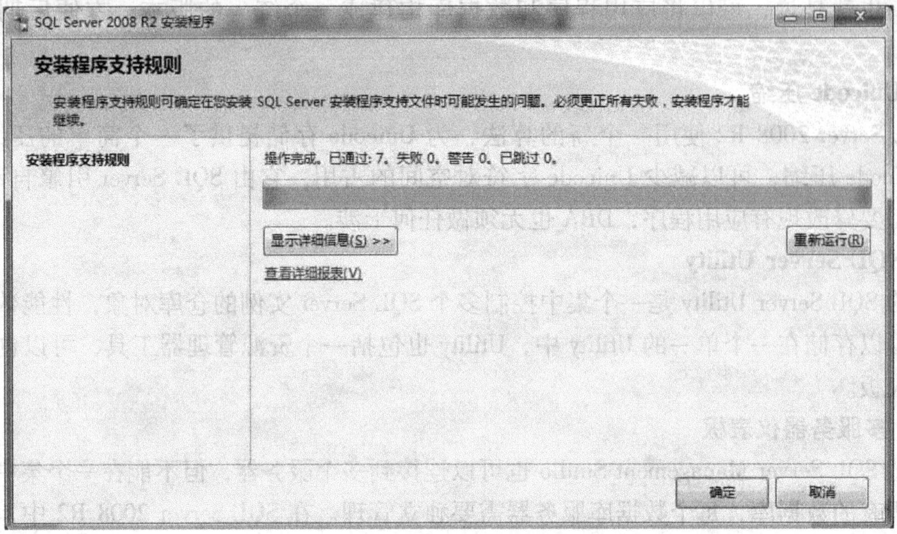

图 1-8　SQL Server 安装程序检查

（3）全部通过后，单击“确定”按钮。输入产品密钥，指定 SQL Server 版本，如图 1-9 所示。

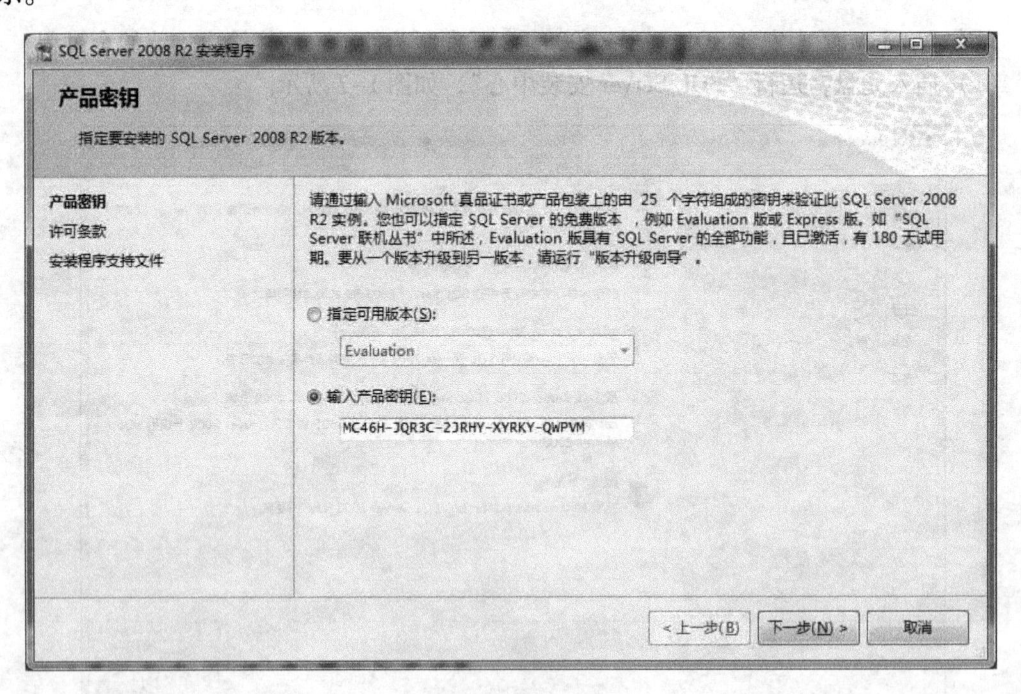

图 1-9　输入产品密钥

（4）单击“下一步”按钮，显示“许可条款”对话框，如图 1-10 所示。

（5）接受许可条款，单击“下一步”按钮，显示“安装程序支持文件”对话框，如图 1-11 所示。

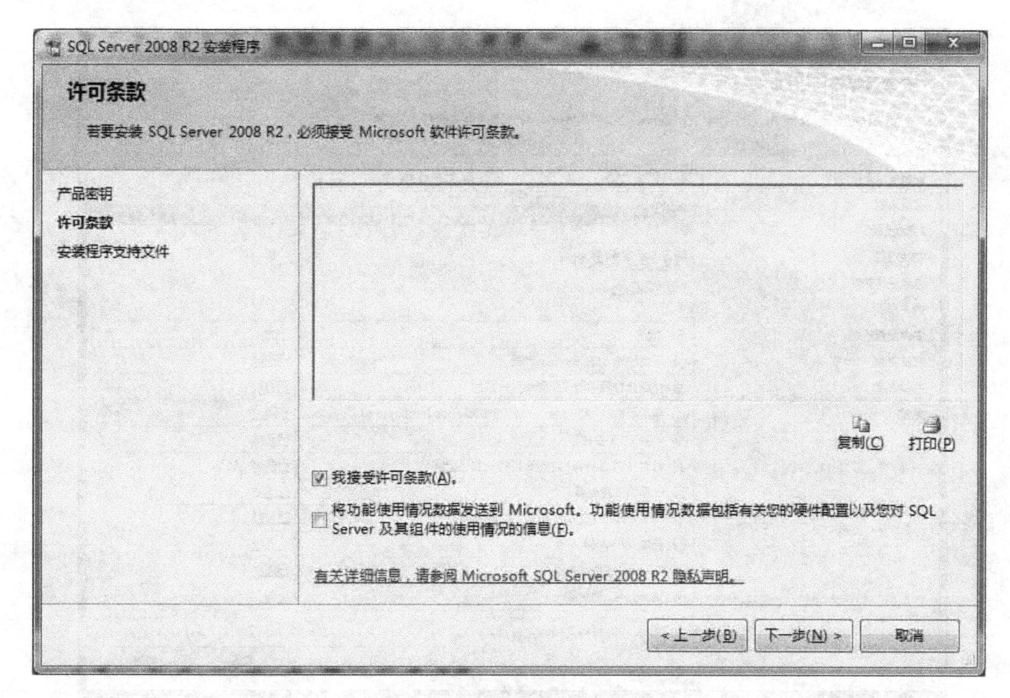

图 1-10 “许可条款”对话框

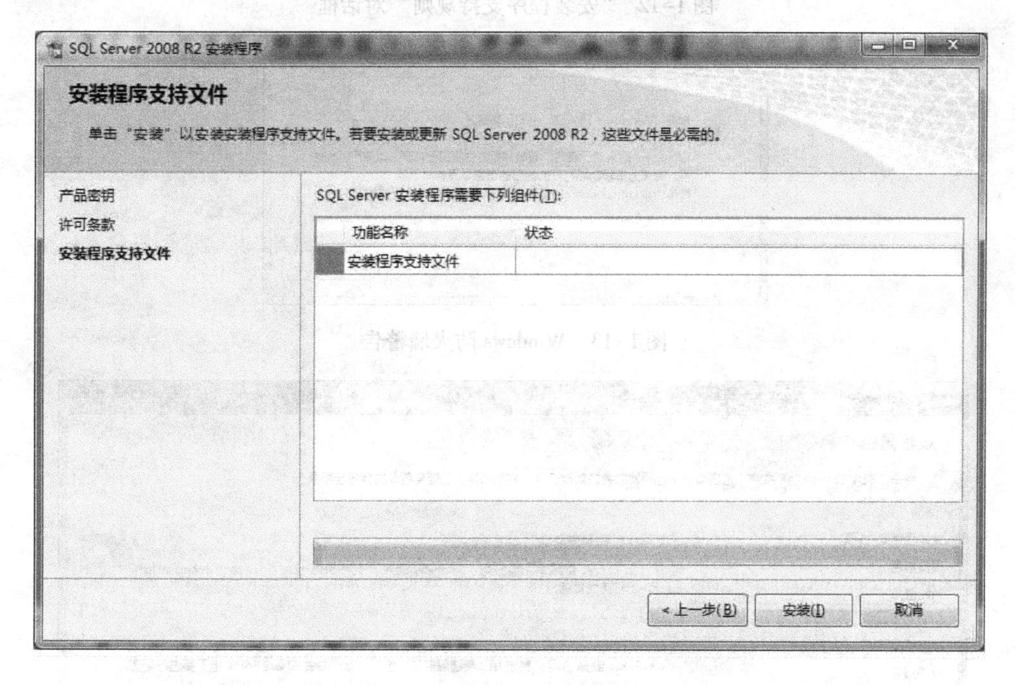

图 1-11 “安装程序支持文件”对话框

(6) 单击“安装”按钮，安装 SQL Server 需要的文件，再次显示“安装程序支持规则”对话框，如图 1-12 所示。可以看出只有 1 个 Windows 防火墙警告，即 Windows 防火墙开启，可能使得远程访问受到影响，如图 1-13 所示。

(7) 忽略该警告，单击“下一步”按钮，显示“设置角色”对话框，如图 1-14 所示。

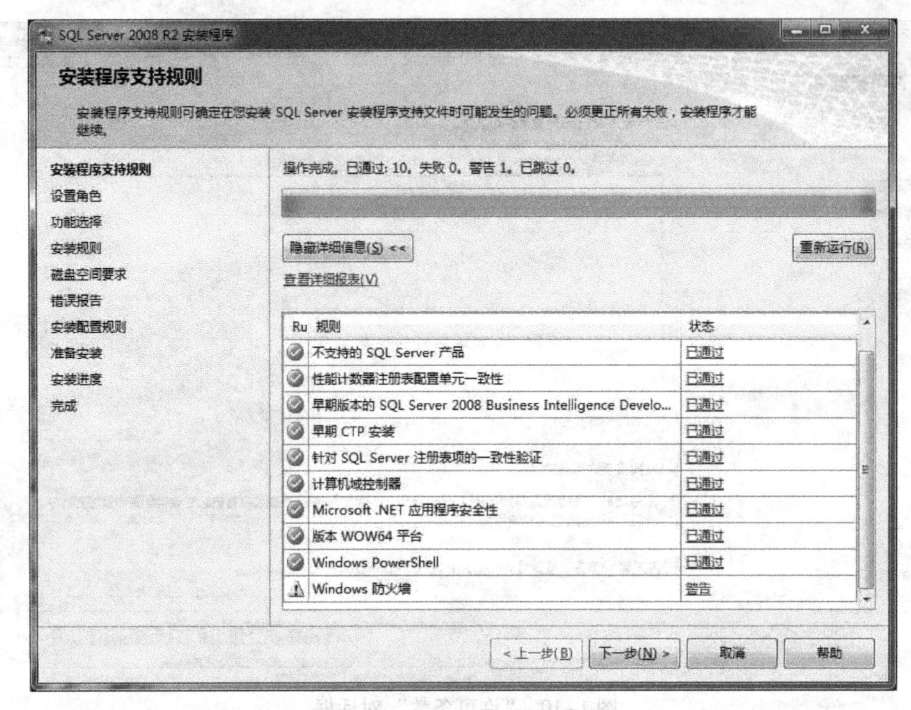

图 1-12 “安装程序支持规则”对话框

图 1-13 Windows 防火墙警告

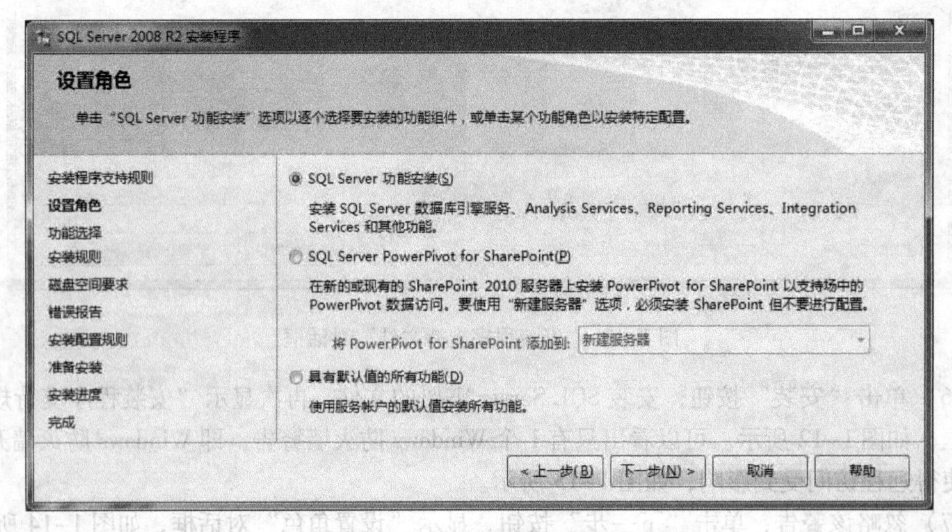

图 1-14 “设置角色”对话框

（8）单击“下一步”按钮，显示“功能选择”对话框，如图 1-15 所示。

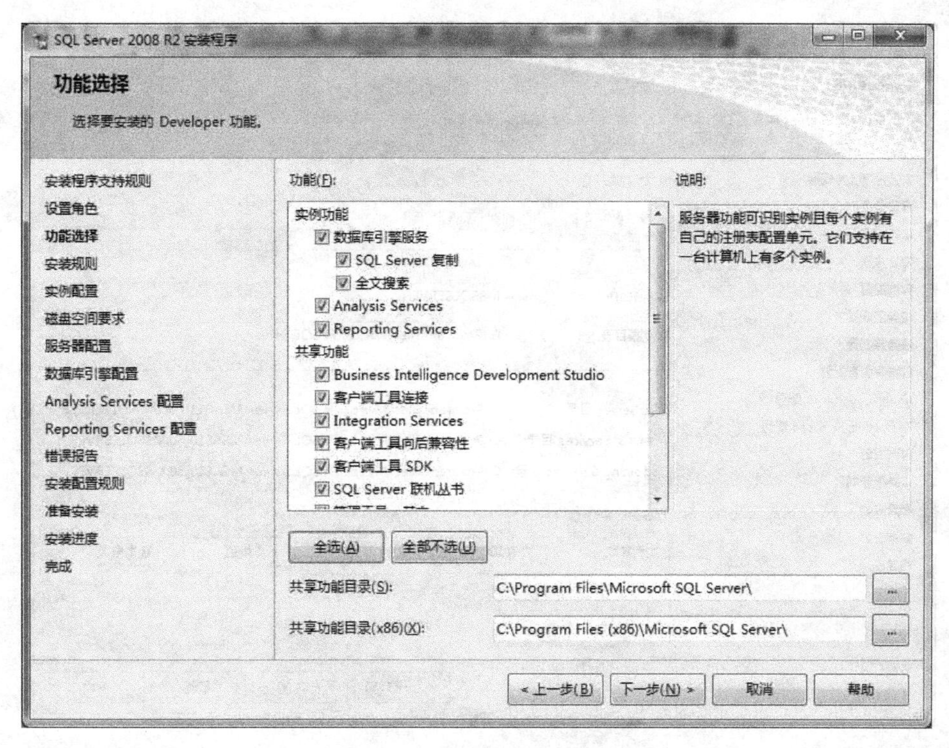

图 1-15 “功能选择”对话框

（9）单击“全选”按钮，单击“下一步”按钮，显示“安装规则”对话框，如图 1-16 所示。

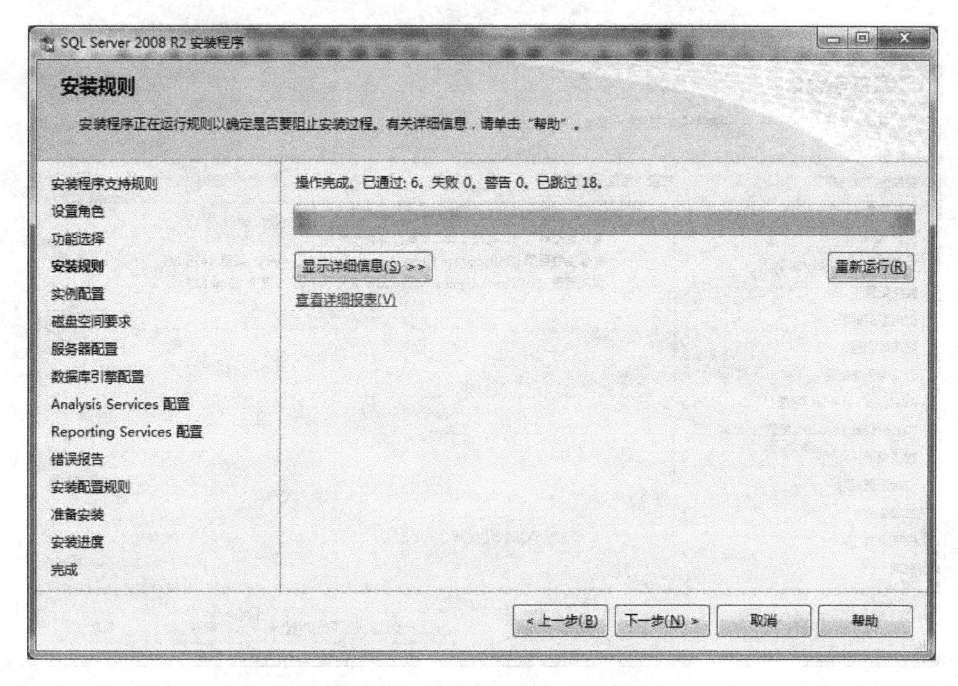

图 1-16 “安装规则”对话框

（10）单击“下一步”按钮，显示“实例配置”对话框，如图 1-17 所示。

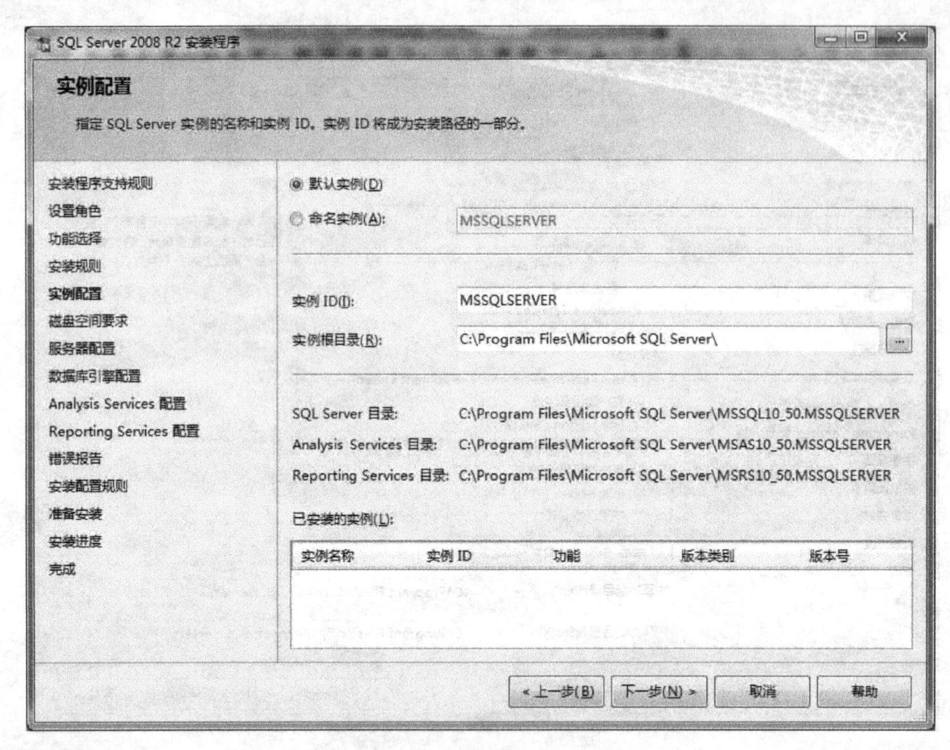

图 1-17 “实例配置”对话框

（11）选择默认实例，单击“下一步”按钮，显示“磁盘空间要求”对话框，如图 1-18 所示。

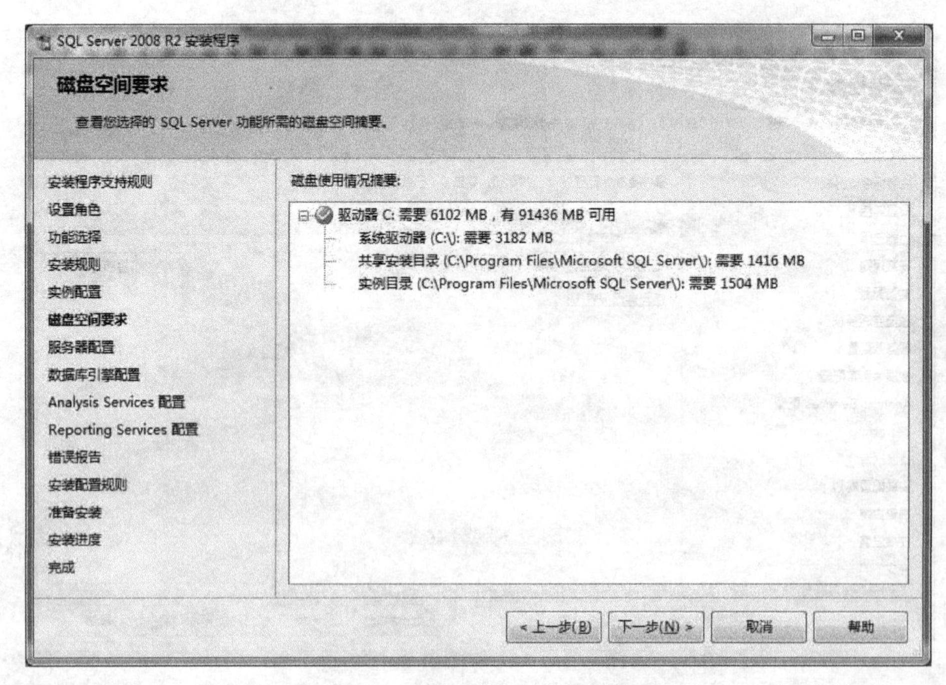

图 1-18 “磁盘空间要求”对话框

（12）磁盘空间满足要求，单击“下一步”按钮，显示“服务器配置”对话框，如图 1-19 所示。单击“对所有 SQL Server 服务使用相同的账户”按钮，显示如图 1-20 所示的对话框。

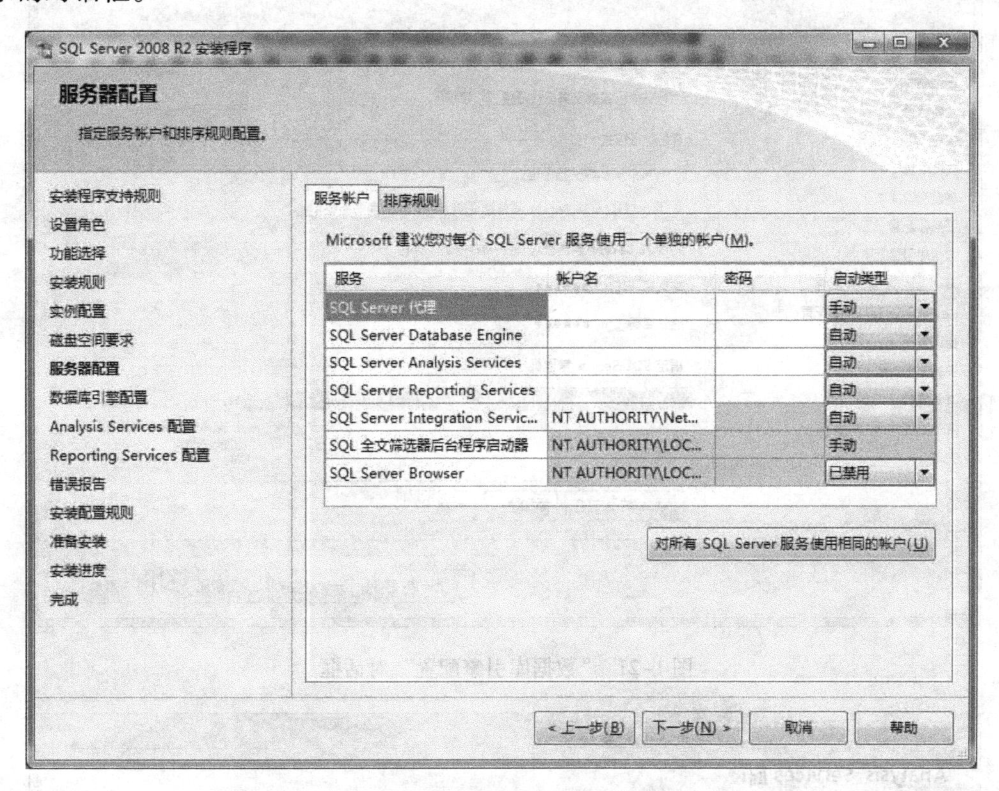

图 1-19 “服务器配置”对话框

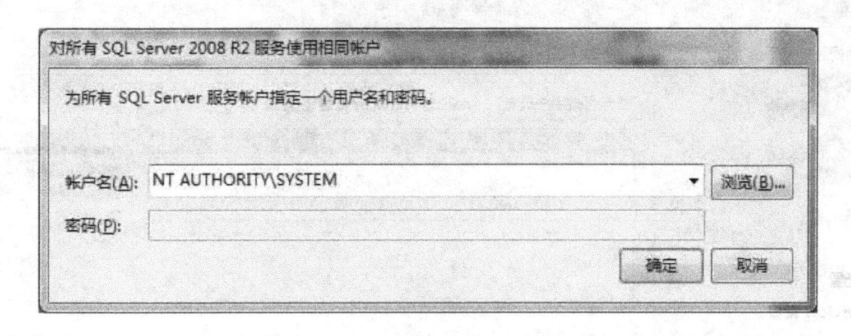

图 1-20 “对所有 SQL Server 2008 R2 服务使用相同的账户”对话框

（13）输入账户名“NT AUTHORITY\SYSTEM”，单击“确定”按钮，显示“数据库引擎配置”对话框，如图 1-21 所示。身份验证模式选择“混合模式”，输入内置的 SQL Server 系统管理员账户的密码，例如“a1b2c3”，单击“添加当前用户”按钮，指定 SQL Server 管理员。

（14）单击“下一步”按钮，显示“Analysis Services 配置”对话框，如图 1-22 所示。单击“添加当前用户”按钮，指定对 Analysis Services 的管理权限。

（15）单击“下一步”按钮，显示“Reporting Services 配置”对话框，如图 1-23 所示。

（16）单击“下一步”按钮，显示“错误报告”对话框，如图 1-24 所示。

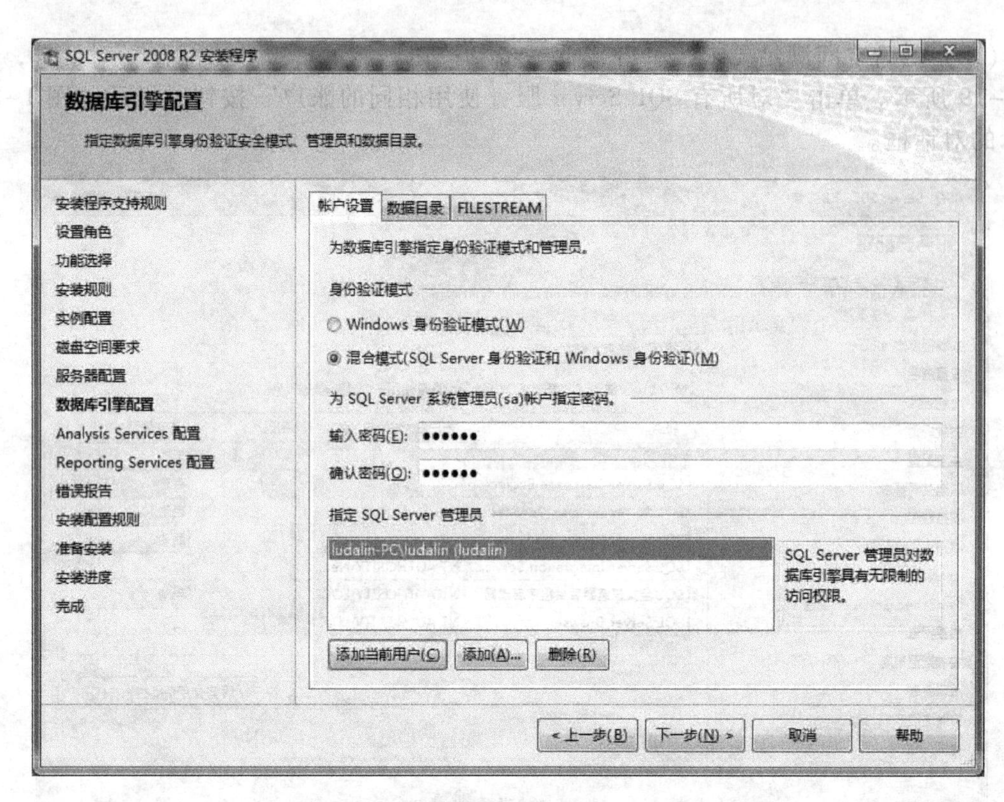

图 1-21 “数据库引擎配置”对话框

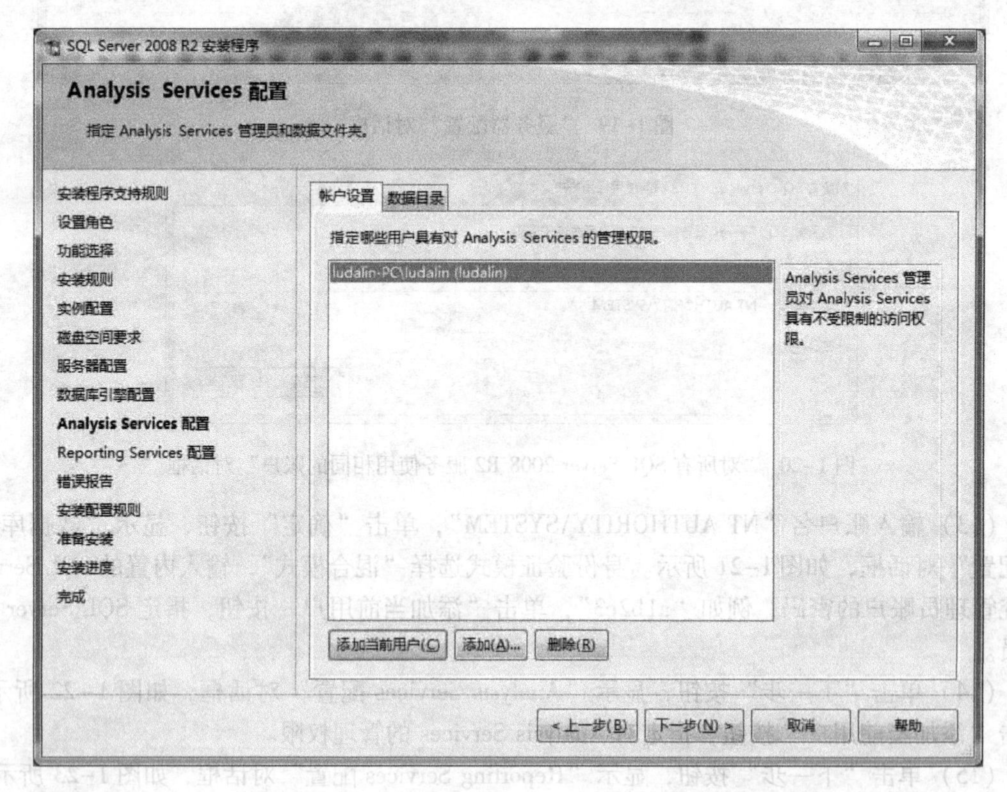

图 1-22 “Analysis Services 配置”对话框

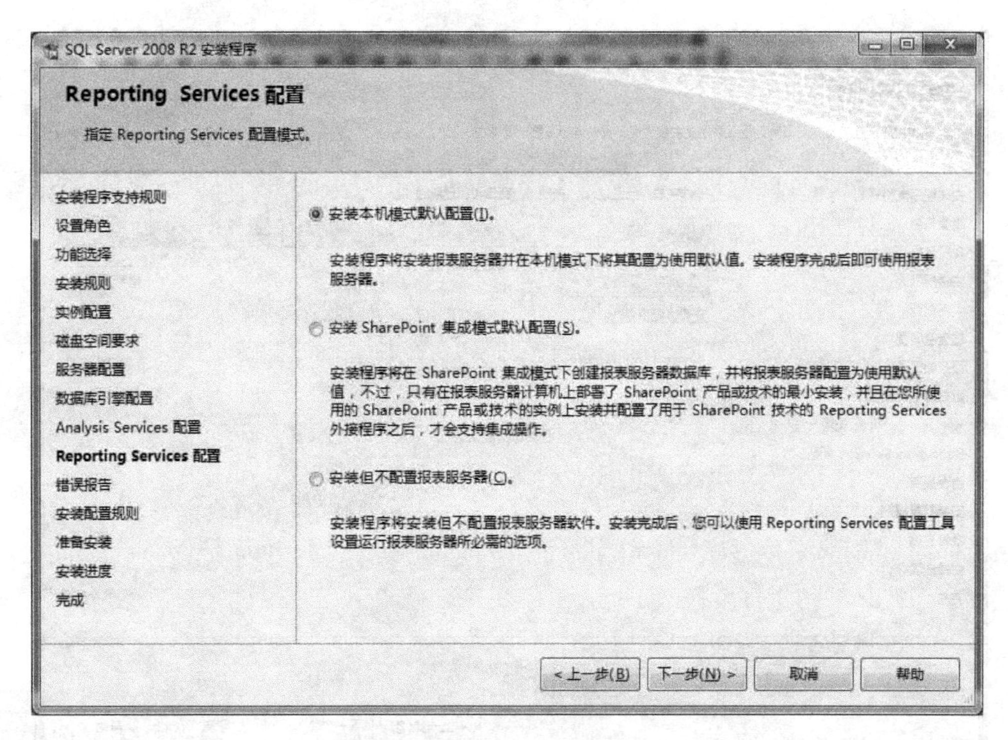

图 1-23 “Reporting Services 配置”对话框

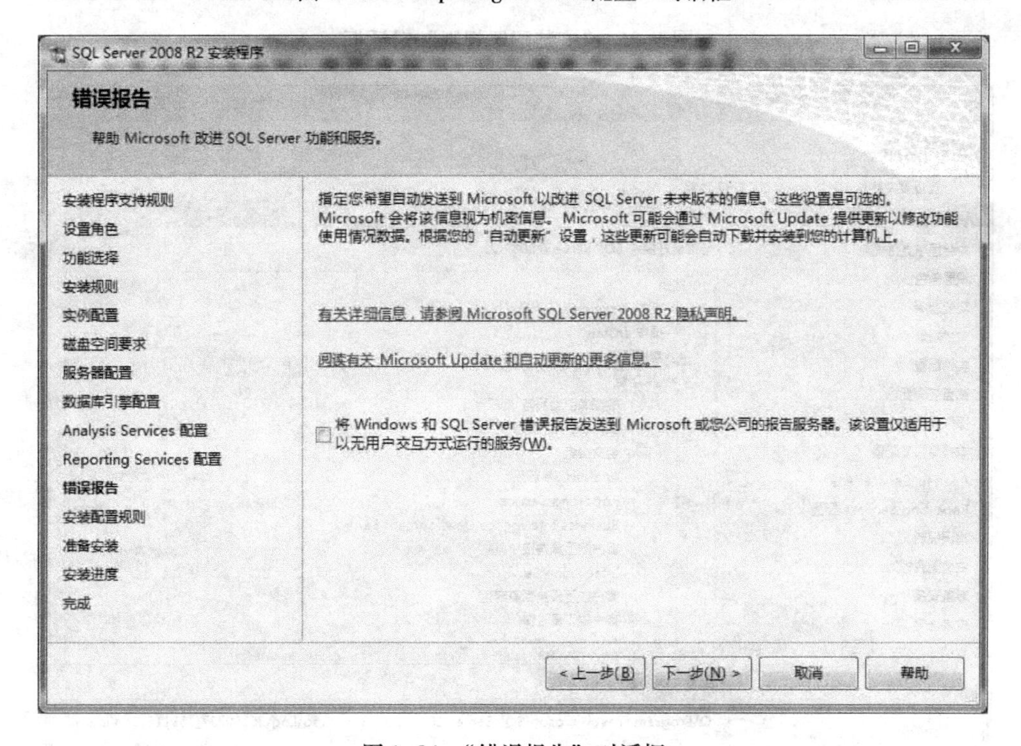

图 1-24 “错误报告”对话框

（17）单击“下一步”按钮，再次显示“安装配置规则”对话框，如图 1-25 所示。

（18）单击“下一步”按钮，显示“准备安装”对话框，如图 1-26 所示。

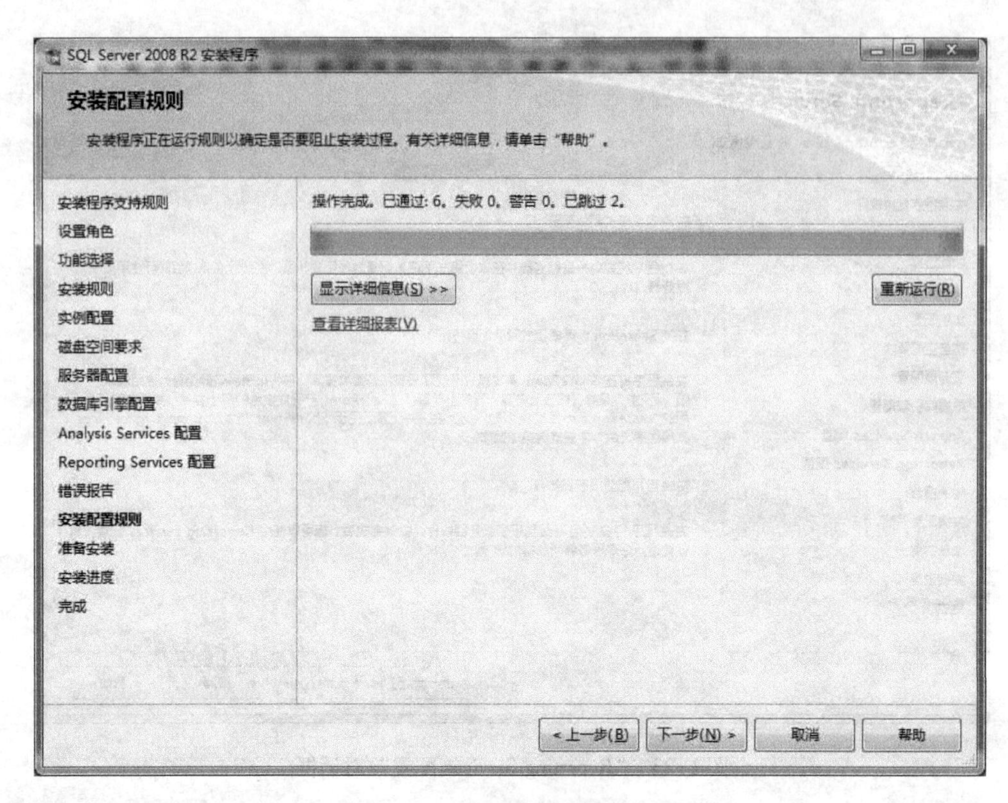

图 1–25 “安装配置规则”对话框

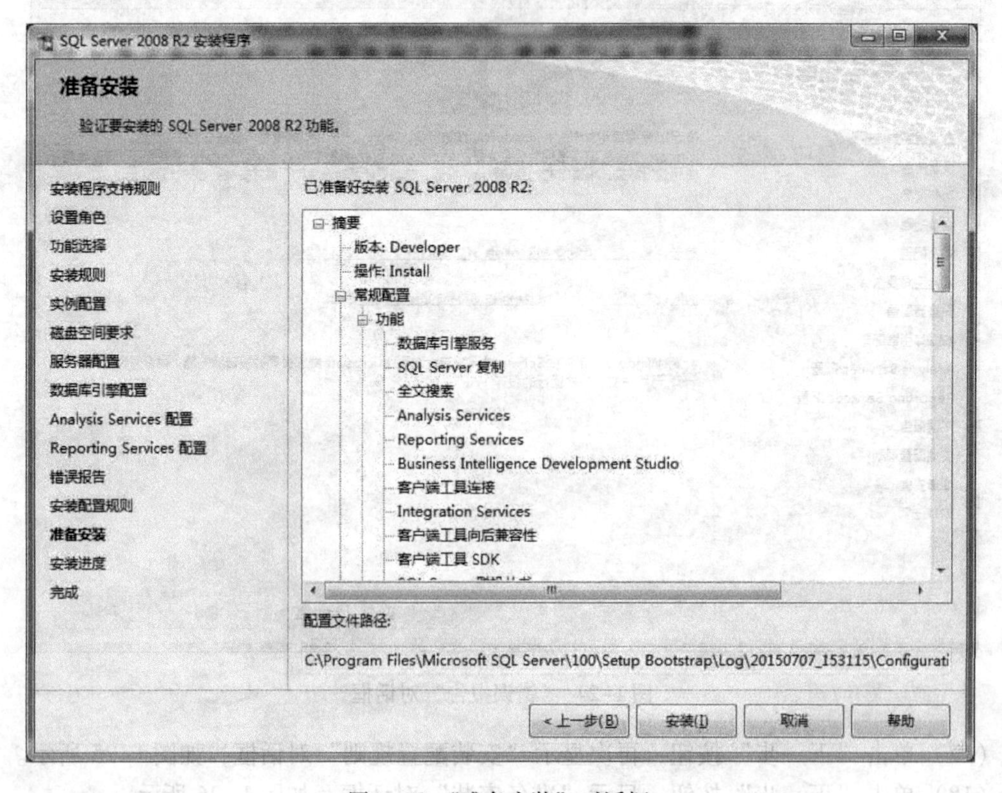

图 1–26 “准备安装”对话框

(19) 单击“安装”按钮，显示“安装进度”对话框，如图 1-27 所示。

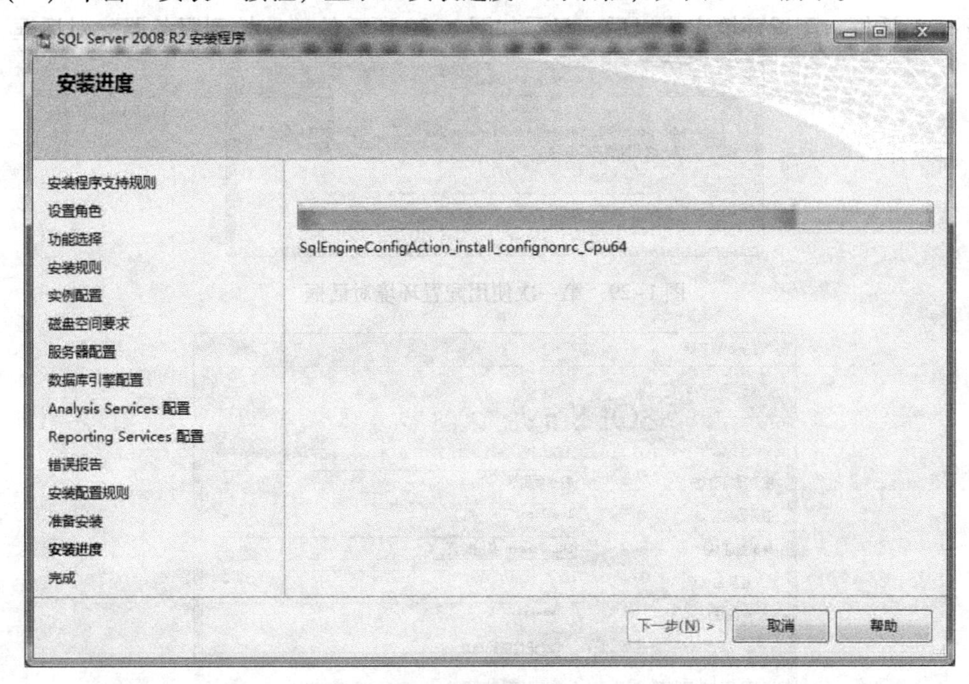

图 1-27 “安装进度”对话框

(20) 安装完成以后，显示安装完成提示对话框，如图 1-28 所示。单击“关闭”按钮即可。

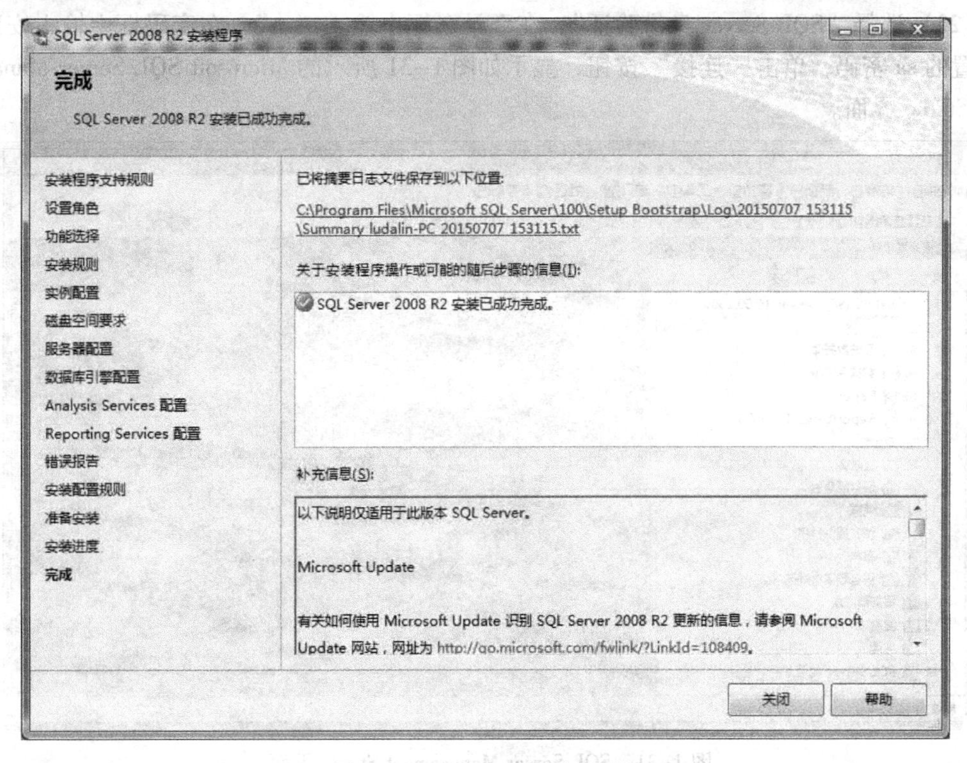

图 1-28 安装完成提示对话框

（21）第一次运行“SQL Server Management Studio”，显示如图1-29所示的第一次使用配置环境对话框。配置环境完成以后，显示如图1-30所示的“连接到服务器”对话框。

图1-29　第一次使用配置环境对话框

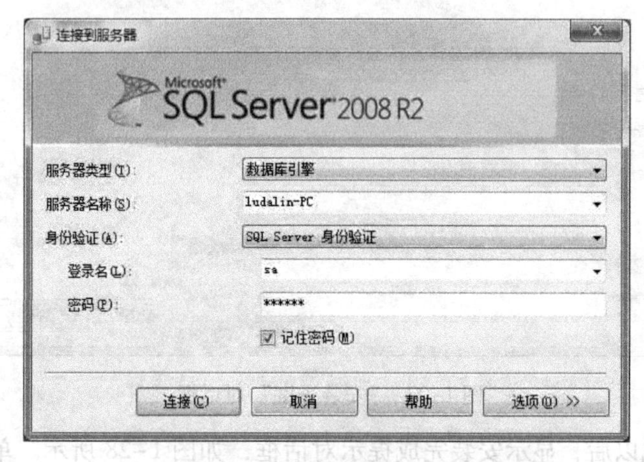

图1-30　“连接到服务器”对话框

（22）选择“SQL Server 身份验证”，在登录名框中输入“sa”，在密码框中输入安装时所设置的sa密码，单击“连接”按钮，显示如图1-31所示的Microsoft SQL Server Management Studio界面。

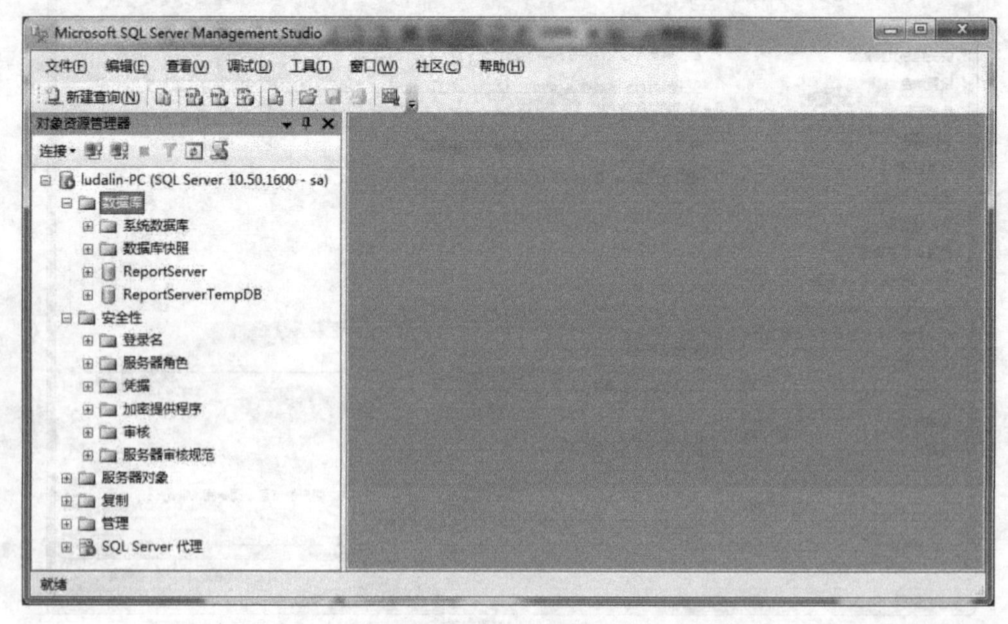

图1-31　SQL Server Management Studio界面

1.4　SQL Server 2008 常用工具

1. SQL Server Management Studio（简称 SSMS）

SQL Server Management Studio 是一个集成环境，具有微软系列产品相同风格的操作界面。它主要用于访问、配置、管理和开发 SQL Server 的组件，集成了企业管理器、查询分析器、服务管理器等多项功能。通过它可以全面管理服务器、数据库对象、安全性、备份与恢复等。

2. SQL Server Configuration Manager

SQL Server Configuration Manager 主要用于管理 SQL Server 相关服务的启动、暂停和停止，配置和管理服务器协议、客户端协议和客户端别名等。

3. SQL Server Profiler

SQL Server Profiler 主要用于跟踪服务器的运行情况，深入了解服务器内部运行机制，捕获 T-SQL 语句，监测 SQL Server 的性能情况及判断原因等。

4. Database Engine Tuning Advisor

Database Engine Tuning Advisor 主要用于帮助用户分析 SQL Server 工作负荷，提供创建高效率索引的建议等。

1.5　SQL Server 2008 服务器常见操作

1.5.1　启动、停止、暂停、重新启动服务器

用户可以通过 SQL Server Management Studio、SQL Server Configuration Manager、控制面板的服务三种方法实现服务器的启动、停止、暂停、重新启动。

1. SQL Server Management Studio 中启动、停止、暂停、重新启动服务器

在 SQL Server Management Studio“对象资源管理器”中的“数据库服务器”上单击鼠标右键，可以在右键菜单上选择“启动”“停止”“暂停”以及“重新启动”命令，如图 1-32 所示。

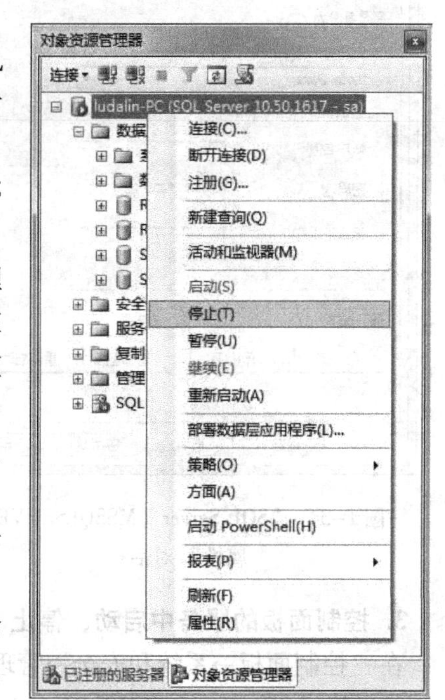

图 1-32　“对象资源管理器”界面

2. SQL Server Configuration Manager 中启动、停止、暂停、重新启动服务器

在 SQL Server Configuration Manager 中，单击“SQL Server 服务→SQL Server（MSSQLSERVER）”，显示如图 1-33 所示的界面，用户可通过单击工具条按钮控制 SQL Server 服务器的启动、停止、暂停、重新启动；双击“SQL Server（MSSQLSERVER）”服务，显示如图 1-34 所示的属性对话框，同

样也可启动、停止、暂停、重新启动 SQL Server 服务器；单击“服务”选项卡，如图 1-35 所示，在此可以更改 SQL Server 服务器的启动模式。

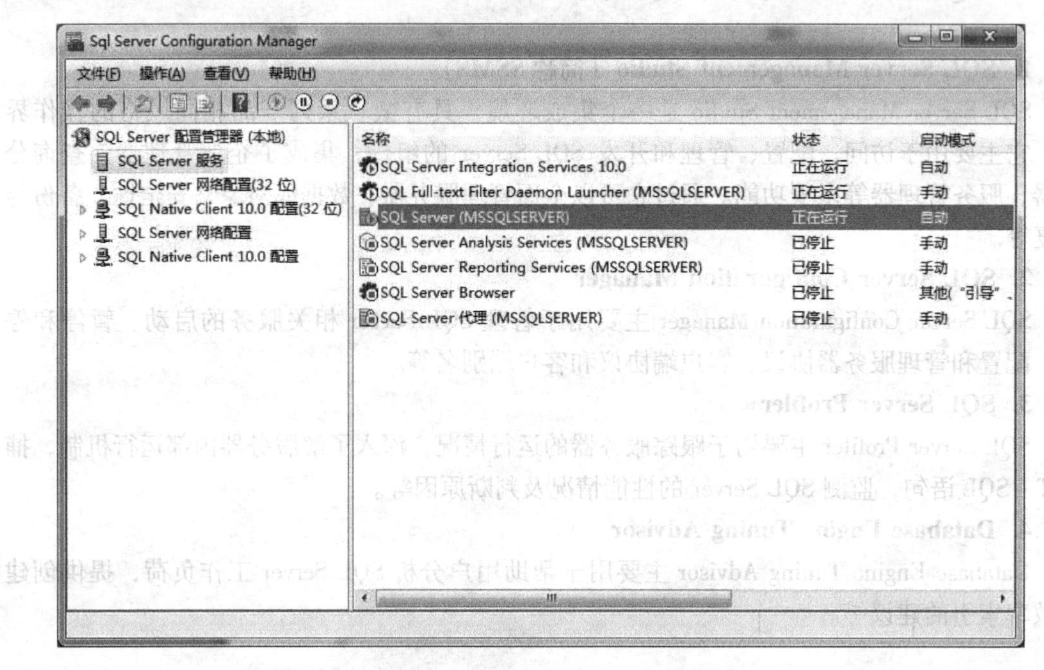

图 1-33　SQL Server 配置管理器

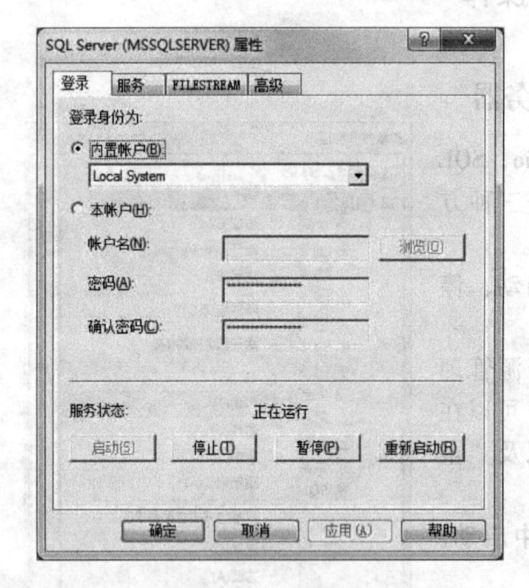

图 1-34　“SQL Server（MSSQLSERVER）属性”对话框

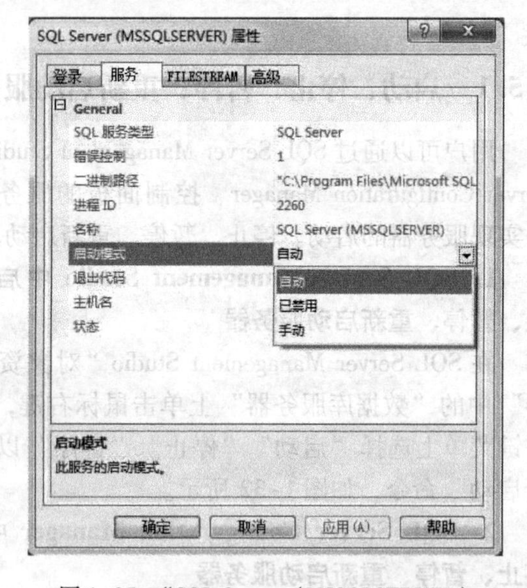

图 1-35　“SQL Server（MSSQLSERVER）属性”对话框“服务”选项卡

3. 控制面板的服务中启动、停止、暂停、重新启动服务器

在“控制面板→系统和安全→管理工具”中双击“服务”选项，显示如图 1-36 所示的界面。选择“SQL Server（MSSQLSERVER）”选项，可以通过工具条按钮 ▶ ■ ⏸ ⏯ 或者右键菜单进行启动、停止、暂停、重新启动 SQL Server 服务器的操作。

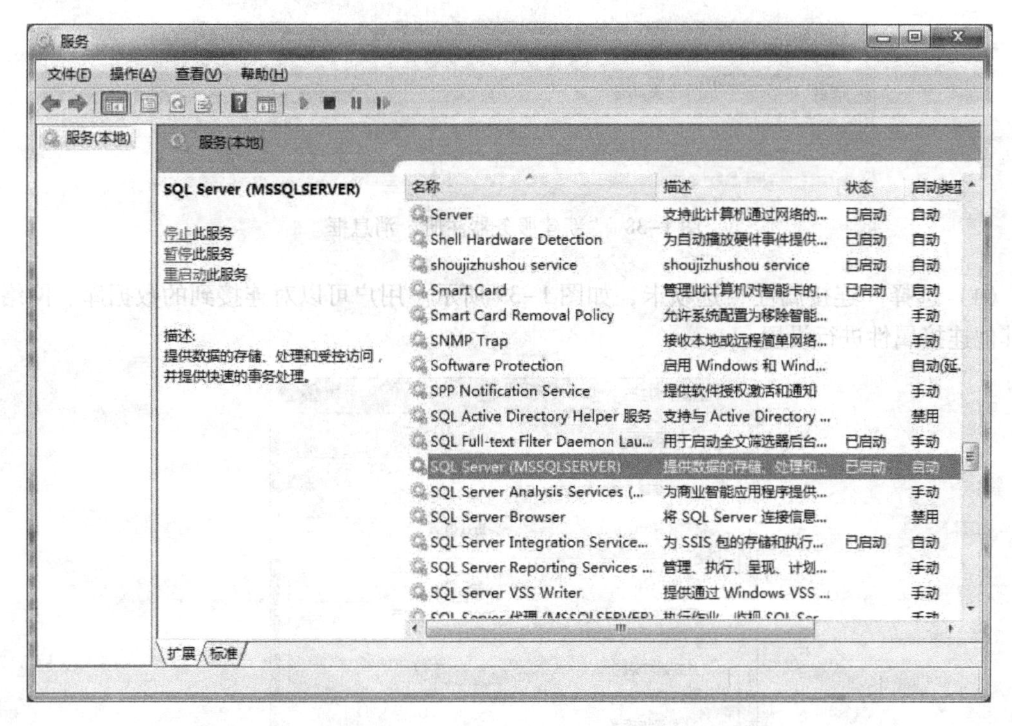

图 1-36 “控制面板 - 服务”界面

1.5.2 注册服务器

只要服务器、客户机使用的通信协议（包括端口）相同，就可以在联网的一台计算机上管理网络中的所有 SQL Server 服务器。

注册服务器：配置远程 SQL Server 服务器的登录参数和连接属性，并将远程服务器名称保存在客户机上，以方便实现在一台计算机上管理网络中所有服务器。

使用 SSMS 工具注册服务器的操作步骤如下：

（1）单击“视图→已注册的服务器”菜单命令，打开“已注册的服务器”窗口。

（2）在“已注册的服务器”窗口中，展开“数据库引擎”节点下的“Local Server Group”，单击鼠标右键，选择“新建服务器注册”命令，显示如图 1-37 所示的对话框。

（3）在“常规”选项卡中，输入需要注册的服务器名称等，单击“测试”按钮，对当前设置的连接属性进行测试，如果连接属性的设置是正确的，则显示如图 1-38 所示的消息框。

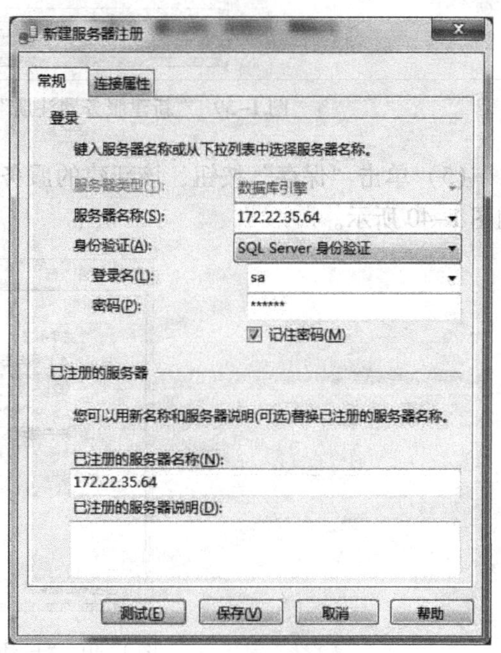

图 1-37 “新建服务器注册”对话框

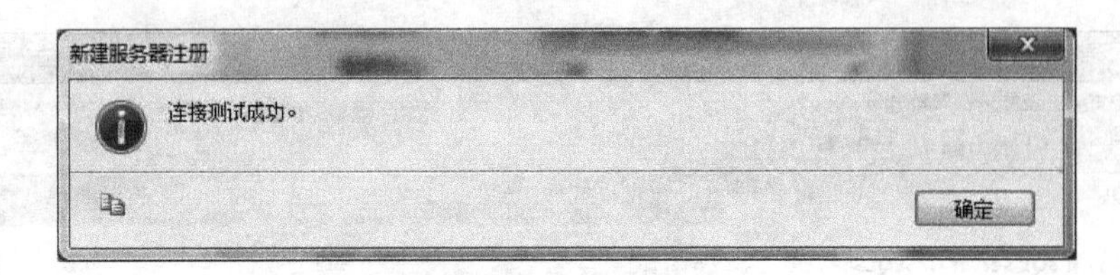

图 1-38 “新建服务器注册”消息框

（4）选择“连接属性”选项卡，如图 1-39 所示。用户可以对连接到的数据库、网络以及其他连接属性进行设置。

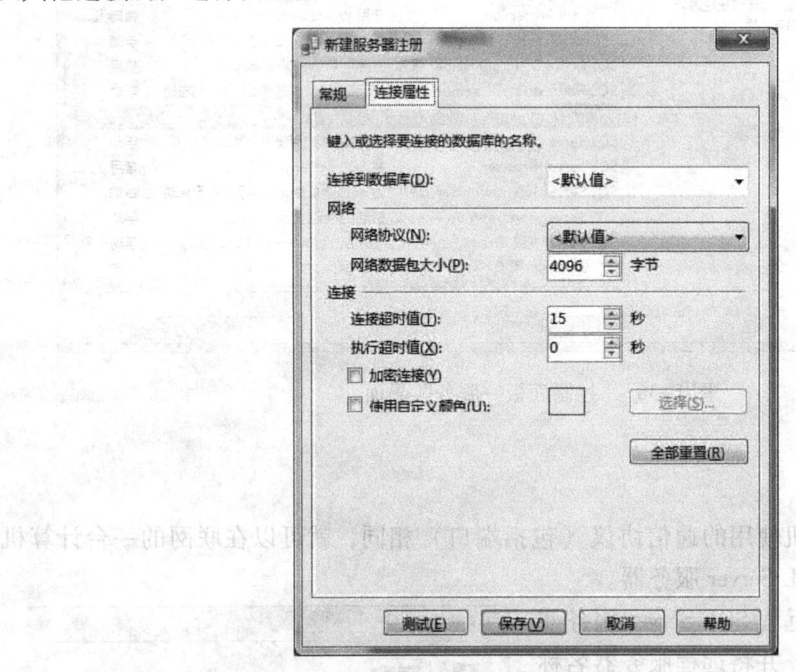

图 1-39 “新建服务器注册”对话框的“连接属性”选项卡

（5）单击“保存”按钮，该新建的服务器注册则显示在“已注册的服务器”窗口中。如图 1-40 所示。

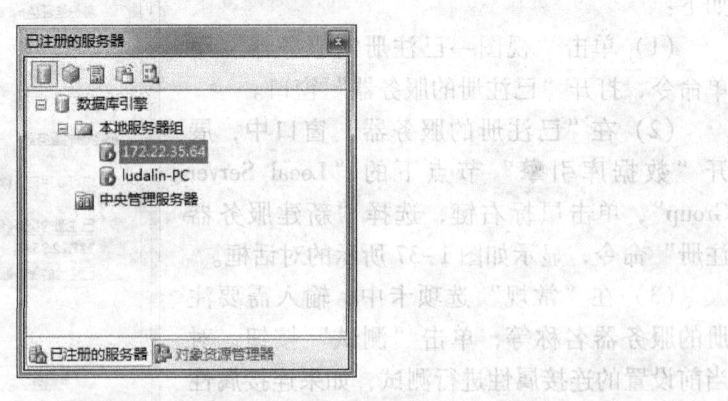

图 1-40 “已注册的服务器”窗口

注册远程服务器失败的可能原因如下：

- 远程 SQL Server 服务没有开启。
- 远程 SQL Server 没有开启 TCP/IP。
- 远程 SQL Server 服务器的防火墙阻止了默认的 1433 端口号。

1.6 习题

（1）简述数据库、数据库管理系统、数据库系统的概念。

（2）简述 SQL Server 2008 各个版本之间的区别。

（3）简述表之间的三种关系。

（4）如何启动和停止 SQL Server 服务？

（5）如何在 SSMS 中注册一个服务器？

1.7 同步实训：安装并配置 SQL Server 2008

1. 实训目的

（1）熟悉 SQL Server 2008 的常用版本。

（2）掌握 SQL Server 2008 的安装。

（3）掌握 SQL Server 2008 的常用配置。

2. 实训内容

（1）安装 SQL Server 2008，关注安装过程，直至最终完成。

（2）在 SQL Server Management Studio 中注册本机服务器。

（3）在 SQL Server Management Studio 中注册局域网中某一台服务器。

（4）停止 SQL Server 服务，测试 SQL Server Management Studio 的使用。

第2章　数据库的创建和管理

数据库是 SQL Server 2008 最基本的操作对象之一，用户要访问并使用数据库，就需要正确了解数据库中所有对象及其设置。本章主要讲述“学生成绩管理系统”数据库的创建、配置与管理。本章学习要点如下：

- 数据库文件及存储结构；
- 创建数据库的方法；
- 修改、删除数据库的方法。

2.1　基本概念

2.1.1　数据库文件

SQL Server 2008 将数据库映射为一组操作系统文件，数据和日志信息分别存储在不同的文件中。

1. 数据文件

数据文件用于存储数据库中的所有对象，如表、视图、存储过程等。数据文件又可以分为主要数据文件和次要数据文件。

（1）主要数据文件。

主要数据文件包含数据库的启动信息和数据库中其他文件的指针。每个数据库有且仅有一个主要数据文件，主要数据文件的建议文件扩展名为 . mdf。

（2）次要数据文件。

次要数据文件是可选的，由用户定义并存储主要数据文件未存储的其他数据和对象，建议文件扩展名为 . ndf。

注：次要数据文件不是必需的，如果主要数据文件足够大，能够容纳数据库中的所有数据，则该数据库不需要次要数据文件；但有些数据库可能非常大，超过了单个 Windows 文件的最大值，可以使用多个次要数据文件，这样数据库就能继续增长。

2. 事务日志文件

事务日志文件用以记录所有事务及每个事务对数据库所做的修改。

- 每个 SQL Server 2008 数据库至少拥有一个事务日志文件，也可以拥有多个事务日志文件。
- 事务日志是数据库的重要组件，当系统出现故障或数据库遭到破坏时，就需要使用事务日志恢复数据库内容。
- 事务日志文件的建议文件扩展名为 . ldf。

2.1.2　数据库文件组

将多个数据文件集合起来形成的一个整体就是文件组。对文件进行分组的目的是便于进行管理和数据的分配。

每个文件组有一个组名。一个数据文件不能存在于两个或两个以上的文件组里，事务日志文件不属于任何文件组。SQL Server 2008 提供了三种文件组类型，包括主文件组、用户自定义文件组和默认文件组。

1. 主文件组

主文件组包含了所有的系统表。当建立数据库时，主文件组包括主要数据文件和所有没有被包含在其他文件组里的次要数据文件。

2. 用户自定义文件组

用户自定义文件组包含所有在使用 Create Database 或 Alter Database 命令时使用 Filegroup 关键字来进行指定文件组的文件。

3. 默认文件组

默认文件组包含所有在创建时没有指定文件组的表、索引等数据库对象。在每个数据库中，每次只能有一个文件组是默认文件组。可以在用户自定义文件组中指定一个默认文件组；如果没有指定默认文件组，则主文件组为默认文件组。

2.1.3 数据库的物理存储结构

1. 页和盘区

- SQL Server 2008 中数据存储的基本单位是页。
- 为数据库中的数据文件（. mdf 或 . ndf）分配的磁盘空间可以从逻辑上划分成页。
- 在 SQL Server 2008 中，页的大小是 8 KB，SQL Server 2008 数据库每兆字节有 128 页。
- 由 8 个连续页（8 × 8 KB = 64 KB）组成的数据结构称为一个盘区，SQL Server 2008 数据库每兆字节有 16 个盘区。

2. 数据库的存储结构

简单地说，一个数据库是由文件组成的，文件是由盘区组成，而盘区是由页组成的。数据库的存储结构如图 2-1 所示。

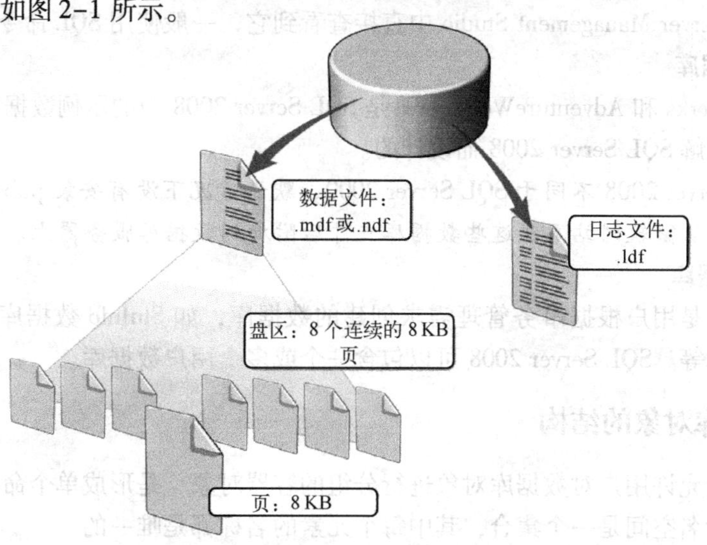

图 2-1　数据库的存储结构

注：

- 数据行存放在数据页中，但数据页只能包含除 text、ntext 和 image 数据外的所有数据，text、ntext 和 image 数据存储在单独的页中。
- 行不能跨页存储，而每数据页是 8 KB，因此页中每一行最多包含的数据量是 8 KB。
- 日志文件是由一系列日志记录组成，而不是页。

2.1.4 SQL Server 2008 数据库分类

SQL Server 2008 数据库包含系统数据库、示例数据库和用户数据库三类。

1. 系统数据库

系统数据库是在 SQL Server 2008 的每个实例中都存在的标准数据库，用于存储有关 SQL Server 的信息，SQL Server 使用系统数据库来管理系统。

（1）master 数据库。

master 数据库是 SQL Server 2008 中的总控数据库，是最重要的系统数据库。系统是根据 master 数据库中的信息来管理系统和其他数据库。如果 master 数据库信息被破坏，整个 SQL Server 系统将受到影响，用户数据库将不能使用。

（2）model 数据库。

model（模板）数据库是为用户建立新数据库提供模板和原型，它包含了将复制到每个新建数据库中的系统表。

（3）msdb 数据库。

msdb 数据库支持 SQL Server 代理。当代理程序调度作业、记录操作时，系统要用到或实时产生很多相关信息，这些信息一般存储在 msdb 数据库中。

（4）tempdb 数据库。

tempdb 数据库是一个临时数据库，保存所有的临时表、临时数据以及临时创建的存储过程。

（5）resource 数据库。

resource 数据库是一个只读和隐藏的数据库，包含 SQL Server 2008 所有的系统对象，我们无法在 SQL Server Management Studio 中直接查看到它，一般使用 SQL 命令来进行查看。

2. 示例数据库

AdventureWorks 和 AdventureWorks DW 是 SQL Server 2008 中的示例数据库，是系统为了让用户学习和理解 SQL Server 2008 而设计的。

注：SQL Server 2008 不同于 SQL Server 2000，默认情况下没有安装 pubs 和 northwind 数据库，用户可以从微软网站下载这些数据库文件后附加到数据库服务器上。

3. 用户数据库

用户数据库是用户根据事务管理需求创建的数据库，如 StuInfo 数据库、sales 数据库、bookstore 数据库等。SQL Server 2008 可以包含一个或多个用户数据库。

2.1.5 数据库对象的结构

架构是一种允许用户对数据库对象进行分组的容器对象，是形成单个命名空间的数据库对象的集合。命名空间是一个集合，其中每个元素的名称都是唯一的。

在 SQL Server 2008 中，一个数据库对象通过由 4 个命名部分组成的结构来引用，即：

[[[server_name.] [database_name] .] [schema_name] .] object_name

其中，

- server_name：对象所在的服务器名称；
- database_name：对象所在的服务器名称；
- schema_name：对象的架构名称；
- object_name：对象的名称。

如果应用程序引用了一个没有限定架构的数据库对象，那么 SQL Server 2008 将尝试在用户的默认架构（通常为 dbo）中找出这个对象。

例如，引用服务器“HBSI”上的数据库“StuInfo”中的学生表“Student”时，完整的引用为“HBSI. StuInfo. dbo. Student”。

在实际引用时，在能够区分对象的前提下，前三个部分是可以根据情况省略的。以上示例可直接通过“Student”进行引用。

2.2 创建数据库

在 SQL Server 2008 中，用户可以通过以下两种方法创建数据库。

- 使用 SSMS 创建数据库，其优点是简单直观。
- 使用 Transact - SQL 语句创建数据库，其优点是可以将创建数据库的脚本保存下来，在其他计算机上运行以创建相同的数据库。

用户数据库的创建包括指定数据库名称、所有者、数据文件、日志文件以及这些文件的初始大小和增长方式等。

2.2.1 使用 SSMS 创建数据库

以创建学生管理数据库（stuInfo）为例，在 SQL Server Management Studio 中创建用户数据库的步骤如下。

（1）在“对象资源管理器”中展开服务器，在“数据库”节点上单击鼠标右键，选择“新建数据库”菜单命令，如图 2-2 所示。

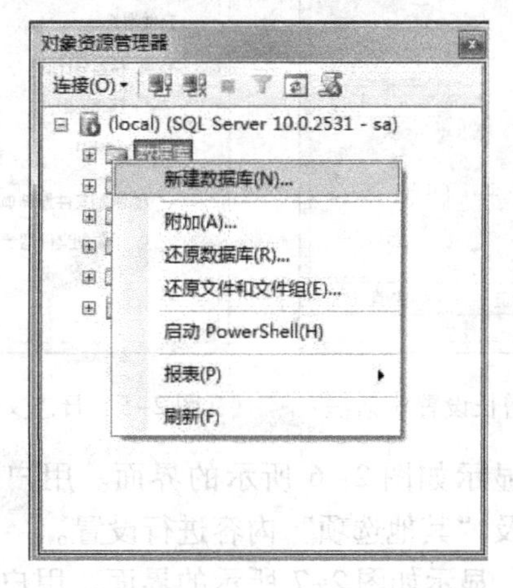

图 2-2　在“对象资源管理器”中新建数据库

（2）执行上述操作后，显示如图 2-3 所示的“新建数据库”对话框。

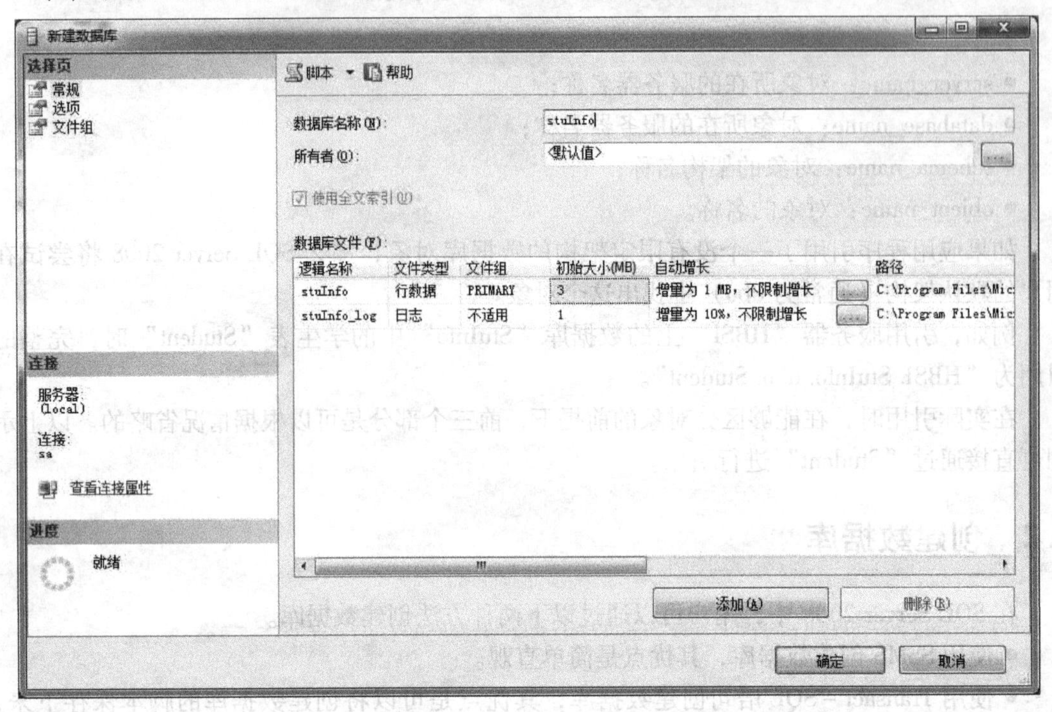

图 2-3 “新建数据库”对话框

在上图的“常规”选项页中，可指定“数据库名称”“所有者”“数据库文件”的逻辑名称、文件类型、文件组、初始大小、自动增长、路径等信息，也可以添加次要数据文件和事务日志文件。

单击“自动增长”列中的省略号按钮，可以打开“更改自动增长设置”对话框，图 2-4、图 2-5 所示分别为数据文件和日志文件的自动增长设置对话框。

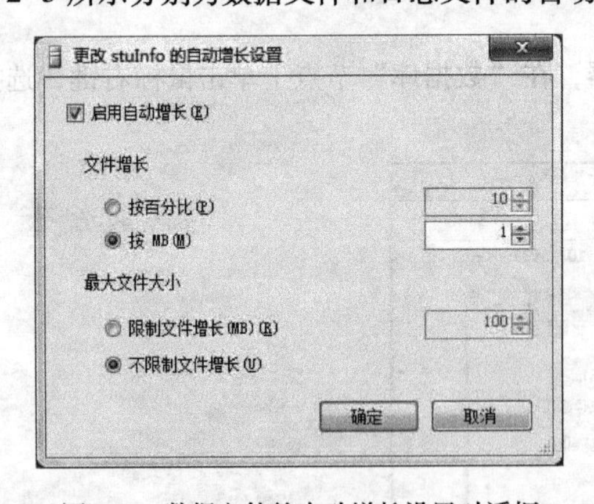

图 2-4 数据文件的自动增长设置对话框

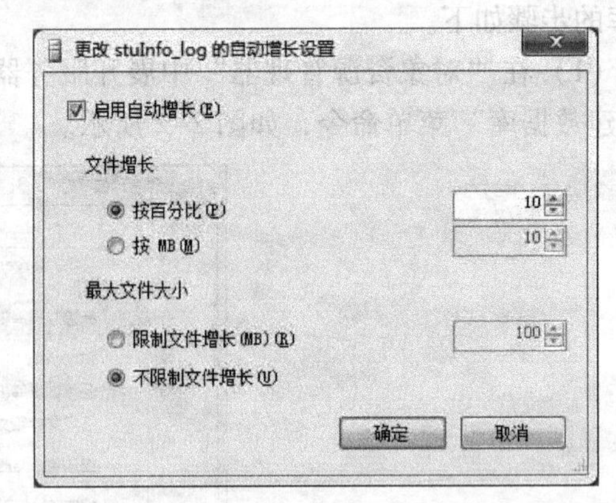

图 2-5 日志文件的自动增长设置对话框

（3）选择“选项”页，显示如图 2-6 所示的界面。用户可对数据库的“排序规则”“恢复模式”“兼容级别”以及“其他选项”内容进行设置。

（4）选择“文件组”页，显示如图 2-7 所示的界面。用户可对数据库文件所属的文件组进行设置。

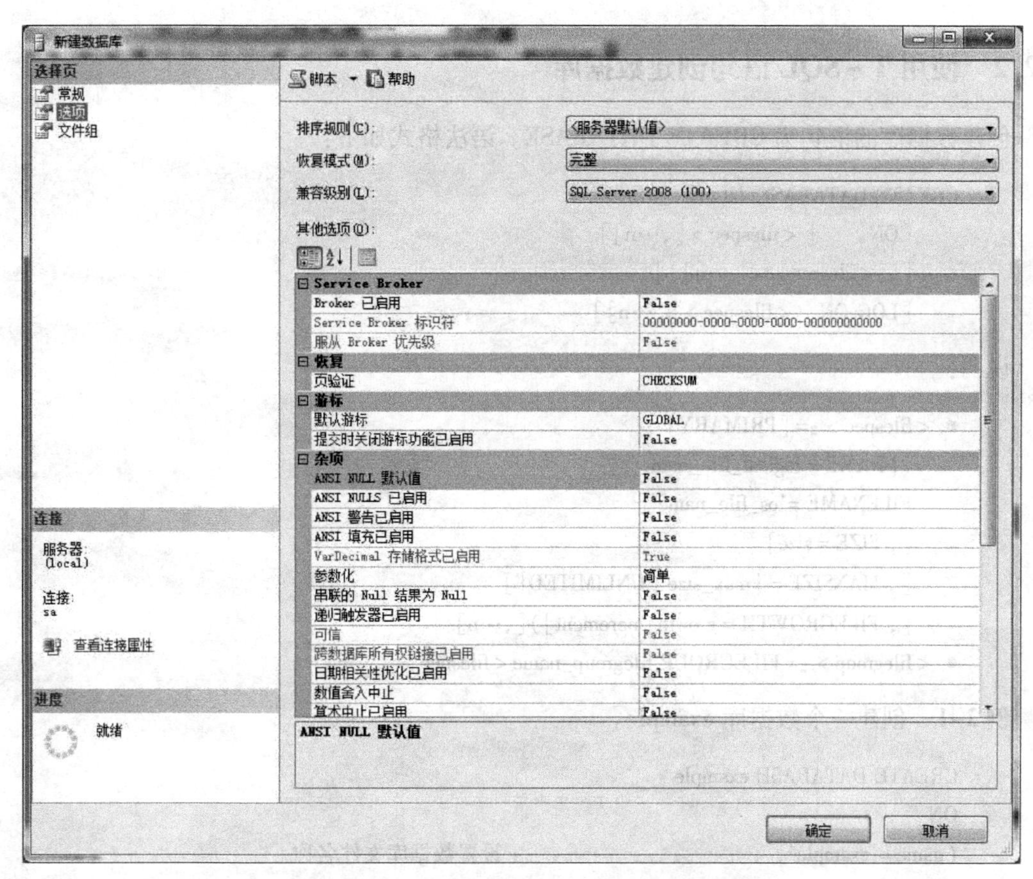

图 2-6　新建数据库“选项”页

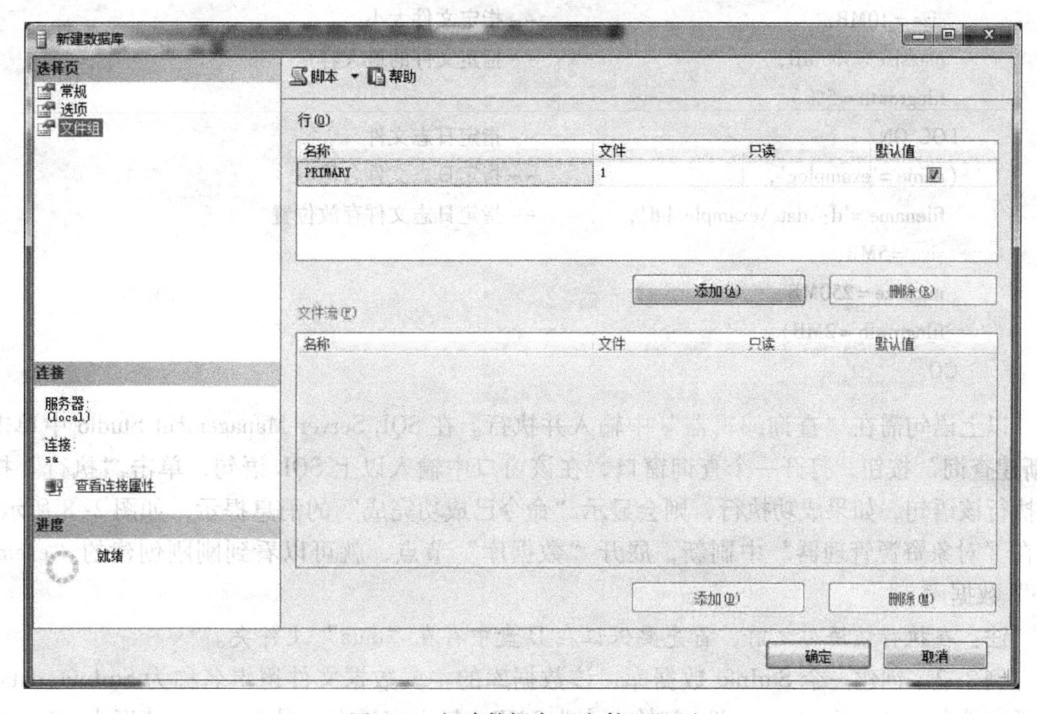

图 2-7　新建数据库“文件组”页

2.2.2 使用 T-SQL 语句创建数据库

创建数据库的语句为 CREATE DATABASE。语法格式如下：

```
CREATE DATABASE database_name
    [ON      [ <filespec> [ ,…n] ]
    [ , <filegroup> [ ,…n] ] ]
    [LOG ON    <filespec> [ ,…n] ]
```

说明：

```
● <filespec> ::= [PRIMARY]
    ( [NAME = logical_file_name ,]
    FILENAME ='os_file_name'
    [ , SIZE = size]
    [ , MAXSIZE = {max_size | UNLIMITED} ]
    [ , FILEGROWTH = growth_increment] ) [ ,…n]
● <filegroup> ::= FILEGROUP filegroup_name <filespec> [ ,…n]
```

例 2-1 创建一个数据库 example。

```
CREATE DATABASE example
ON
(name ='example',                          --设置数据库文件名称
 filename ='d:\data\example.mdf',          --设置文件存放位置
 size = 10MB,                              --指定文件大小
 maxsize = 500MB,                          --指定文件的最大容量
 filegrowth = 5% )
LOG ON                                     --指定日志文件
(name ='examplog',                         --指定日志文件名称
 filename ='d:\data\example.ldf',          --指定日志文件存放位置
 size = 5MB,
 maxsize = 250MB,
 filegrowth = 2MB)
GO
```

以上语句需在“查询编辑器”中输入并执行。在 SQL Server Management Studio 中单击“新建查询”按钮，打开一个查询窗口，在该窗口中输入以上 SQL 语句，单击“执行”按钮执行该语句，如果成功执行，则会显示“命令已成功完成”的消息提示，如图 2-8 所示。再在“对象资源管理器”中刷新，展开“数据库”节点，就可以看到刚刚创建的“example”数据库。

注：在执行该语句之前，首先要保证在 D 盘中存在“data”文件夹。

例 2-2 创建一个 StuInfo 数据库，该数据库的主要数据文件逻辑名称为 StuInfo_data，物理文件名为 StuInfo_data.mdf，初始大小为 3 MB，最大容量为无限大，增长速度为 2%；数

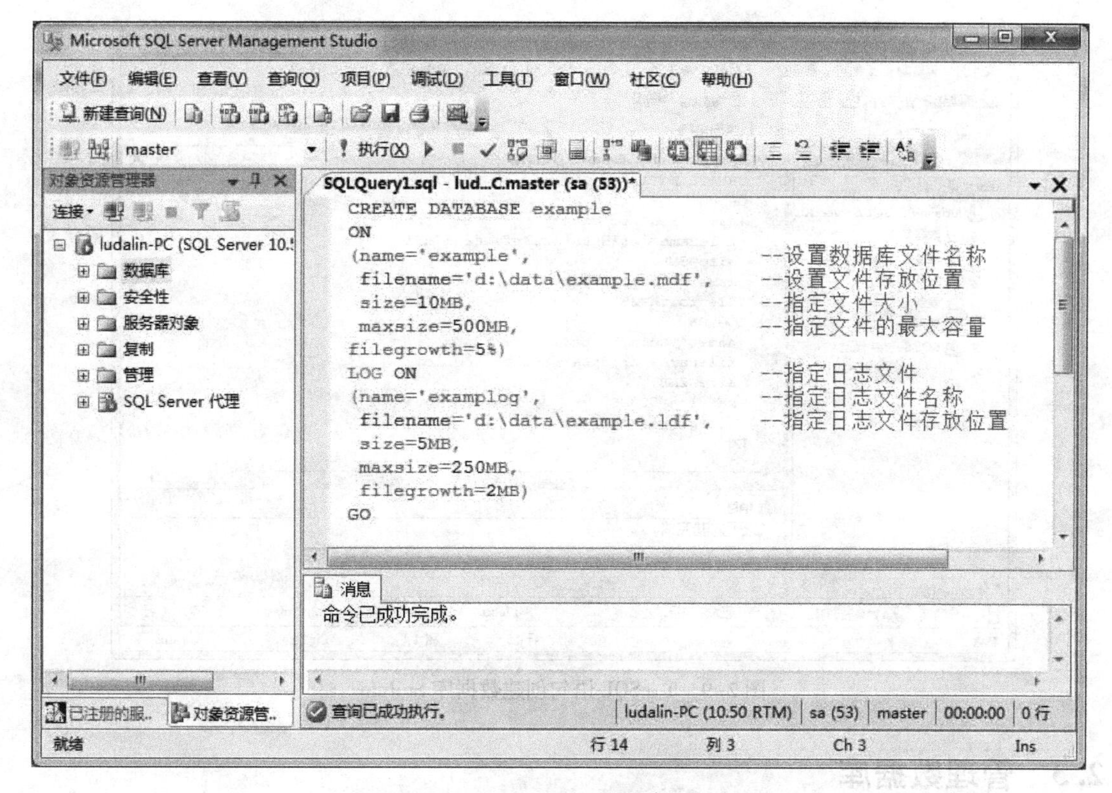

图 2-8 T-SQL 语句创建数据库 example

据库日志文件逻辑名称为 StuInfo_log，物理文件名为 StuInfo_log. ldf，初始大小为 2 MB，最大容量为 500 MB，增长速度为 1 MB。

```
CREATE DATABASE StuInfo
ON
(name ='StuInfo_data',
 filename ='d:\data\StuInfo_data.mdf',
 size =3MB,
 maxsize = unlimited,
 filegrowth =2%)
LOG ON
(name ='StuInfo_log',
 filename ='d:\data\StuInfo_log.ldf',
 size =2MB,
 maxsize =500MB,
 filegrowth =1MB)
GO
```

在“查询编辑器”中的执行结果如图 2-9 所示。

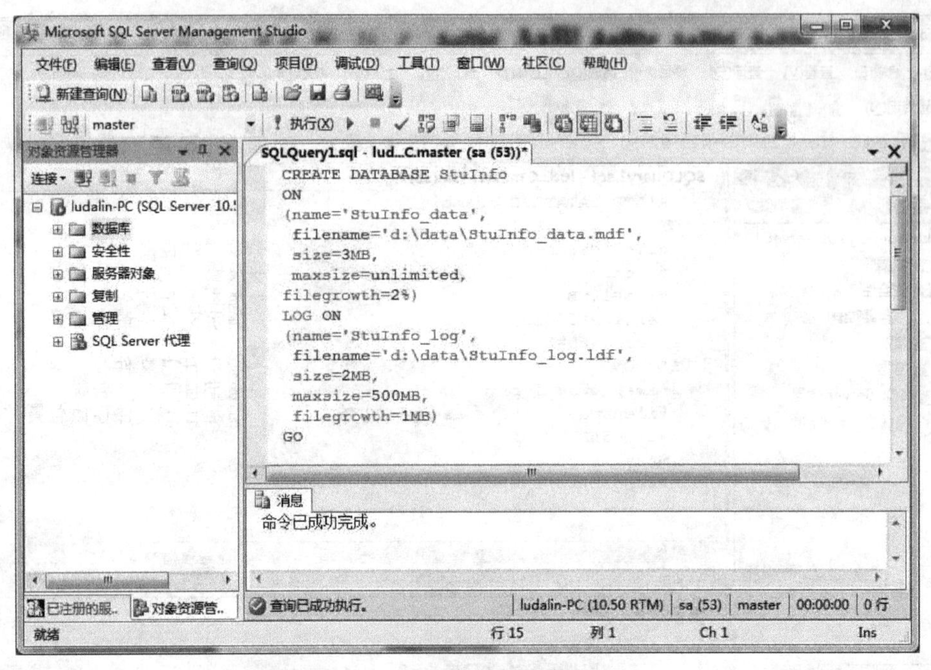

图 2-9　T-SQL 语句创建数据库 StuInfo

2.3　管理数据库

2.3.1　使用 SSMS 查看和修改数据库

在“对象资源管理器”窗口中，展开“数据库”节点，在目标数据库（例如：example）上单击鼠标右键，选择“属性”命令，显示如图 2-10 所示的对话框。

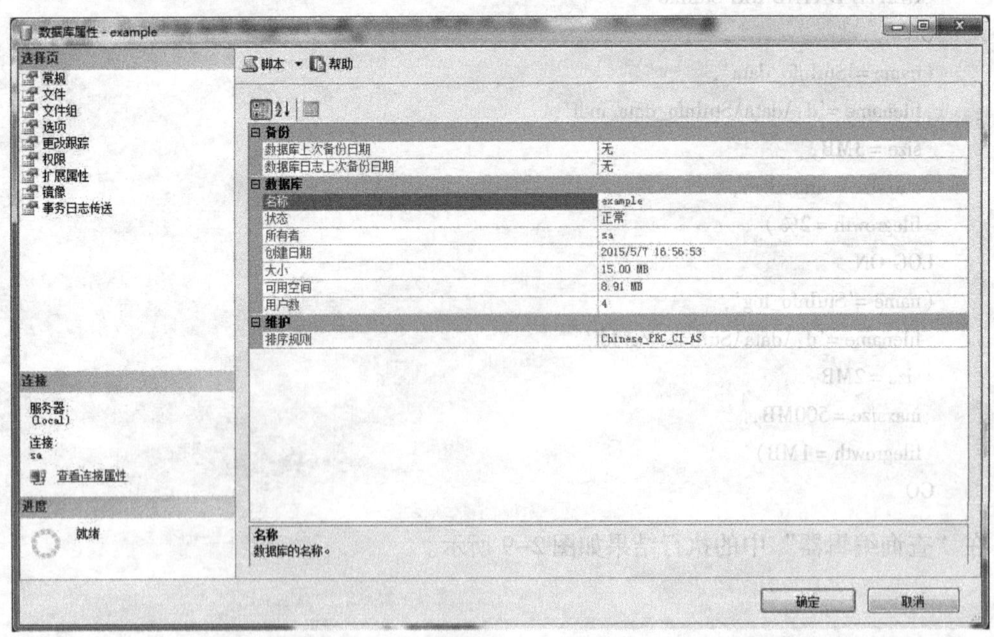

图 2-10　“数据库属性 - example”对话框

选择“文件”页，显示如图 2-11 所示的界面。

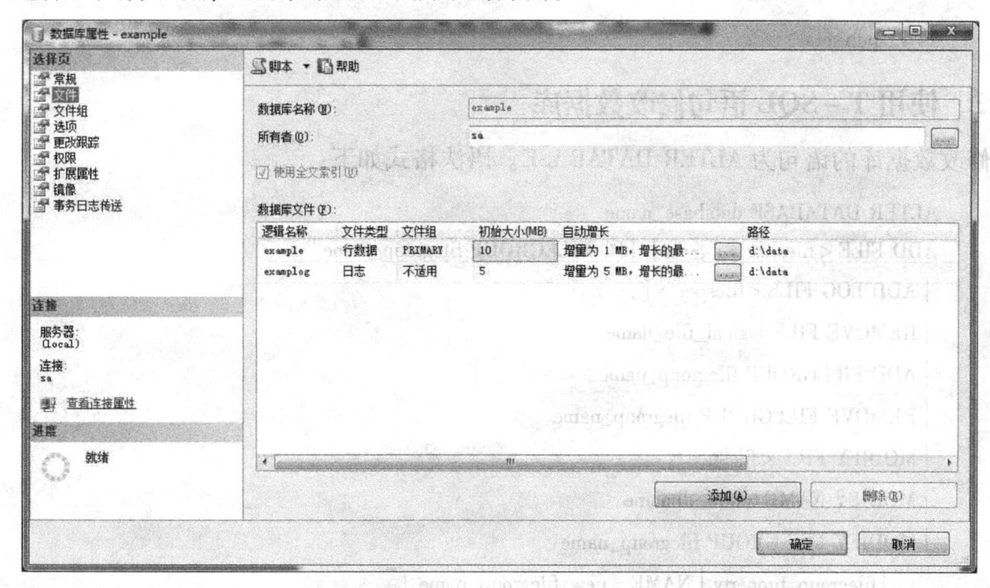

图 2-11 “数据库属性 - example”对话框的“文件”页

用户可以根据要求在“常规”“文件”“文件组”等页中查看和修改数据宽度等相应设置。

2.3.2 使用 T-SQL 语句查看数据库

使用系统存储过程 sp_helpdb 查看数据库的属性。

例 2-3 查看 example 数据库的属性。

```
sp_helpdb example
```

在“查询编辑器”中的执行结果如图 2-12 所示。

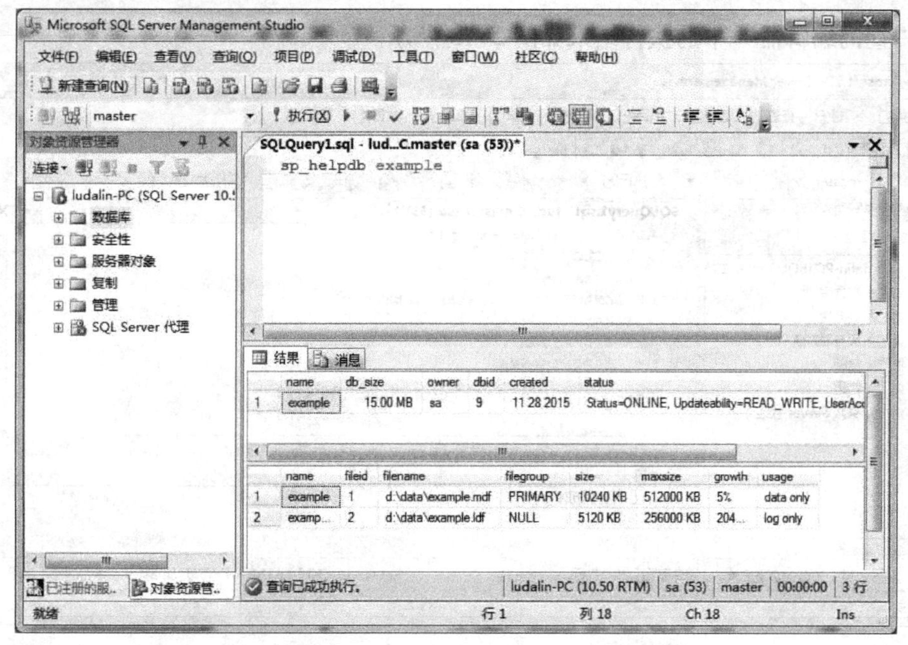

图 2-12 T-SQL 语句查看 example 数据库属性

例 2-4 查看所有数据库的属性。

```
sp_helpdb
```

2.3.3 使用 T-SQL 语句修改数据库

修改数据库的语句为 ALTER DATABASE。语法格式如下：

```
ALTER DATABASE database_name
ADD FILE <filespec> [ ,…n] ]TO FILEGROUP filegroup_name]
  | ADD LOG FILE <filespec> [ ,…n]
  | REMOVE FILE logical_file_name
  | ADD FILEGROUP filegroup_name
  | REMOVE FILEGROUP filegroup_name
  | MODIFY FILE <filespec>
  | MODIFY NAME = new_dbname
  | MODIFY FILEGROUP filegroup_name
      {filegroup_property | NAME = new_filegroup_name }
```

例 2-5 向 example 数据库添加文件 expdata.ndf。

```
ALTER DATABASE example
ADD FILE
(NAME = expdata,
 FILENAME ='d:\data\expdata.ndf',
 SIZE =5MB,
 MAXSIZE =100MB,
 FILEGROWTH =5MB)
```

在“查询编辑器”中的执行结果如图 2-13 所示。

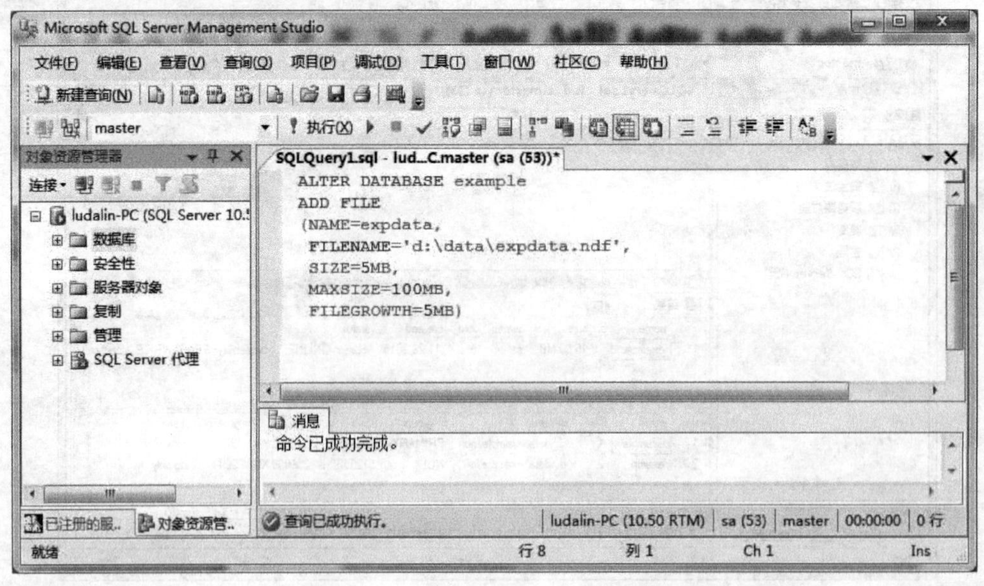

图 2-13　T-SQL 语句修改 example 数据库

2.4 删除数据库

2.4.1 使用 SSMS 删除数据库

在“对象资源管理器”窗口中，展开“数据库”节点，在目标数据库（例如：example）上单击鼠标右键，选择“删除”命令，显示如图 2-14 所示的对话框。

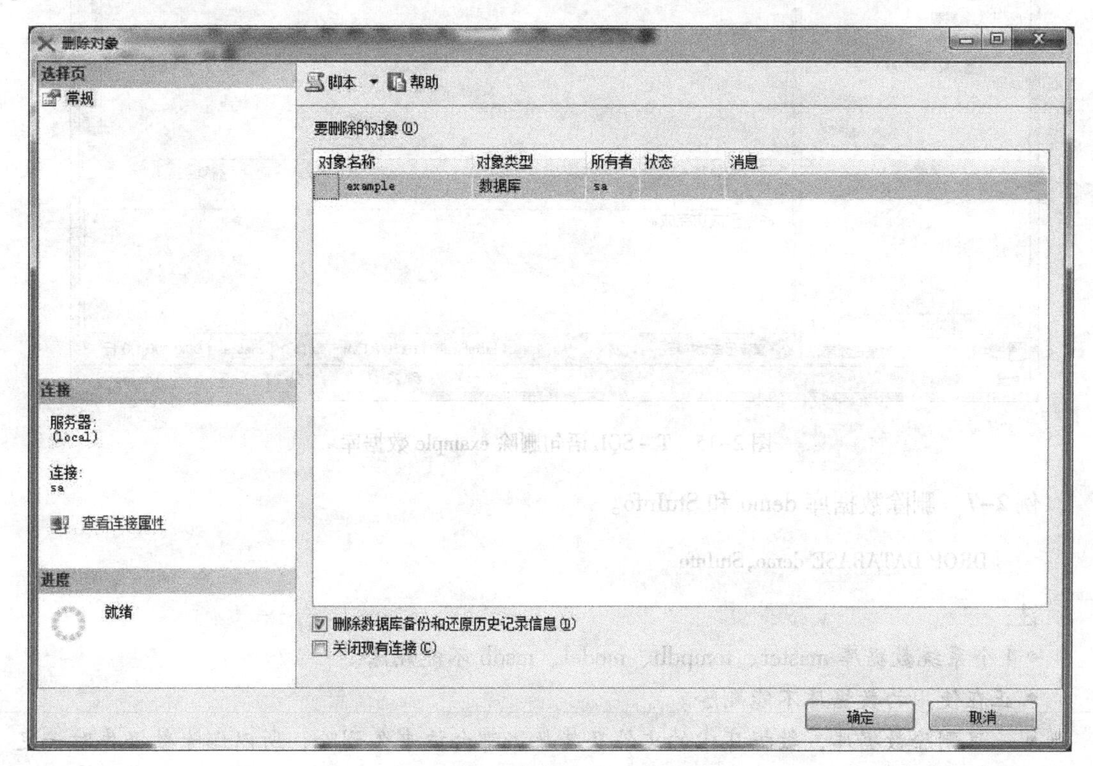

图 2-14 “删除对象”对话框

单击“确定”按钮后即可完成对当前数据库的删除。

注： 如果被删除的数据库正在使用，则不能够删除。此时，用户可通过勾选“关闭现有连接”实现删除操作。

2.4.2 使用 T-SQL 语句删除数据库

删除数据库的语句为 DROP DATABASE。语法格式如下：

```
DROP DATABASE database_name
```

例 2-6 删除数据库 example。

```
DROP DATABASE example
```

在“查询编辑器”中的执行结果如图 2-15 所示。

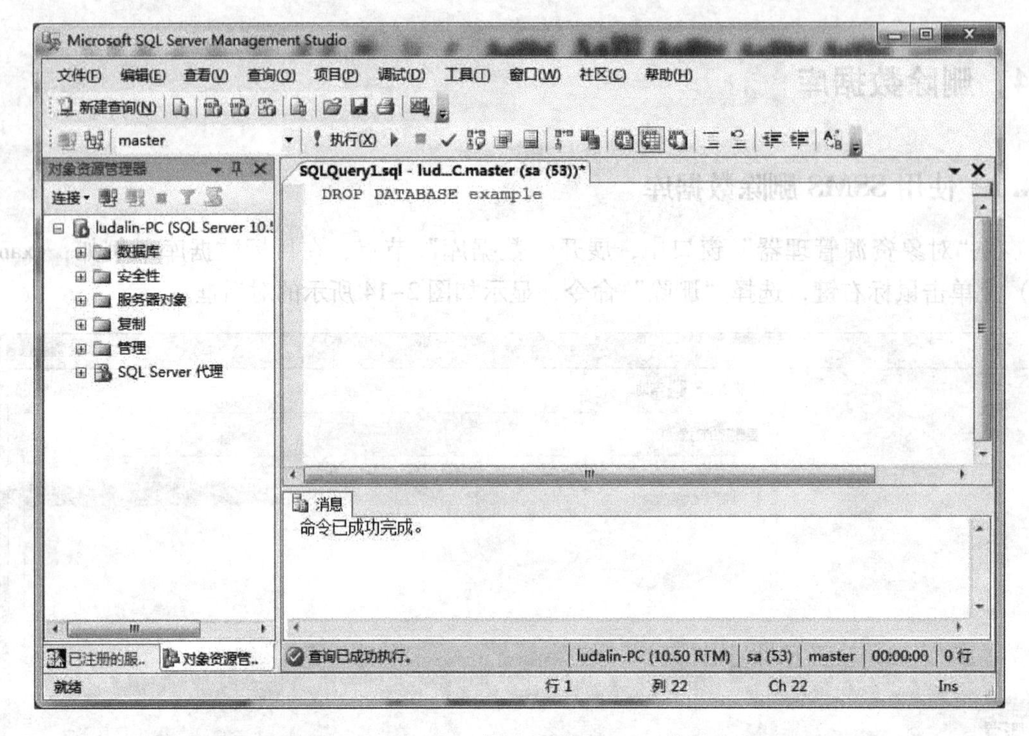

图 2-15 T-SQL 语句删除 example 数据库

例 2-7 删除数据库 demo 和 StuInfo。

```
DROP DATABASE demo,StuInfo
```

注：

- 4 个系统数据库 master、tempdb、model、msdb 不能删除。
- 正在使用的数据库不能删除。
- 一旦删除数据库，数据库中的文件及其数据都会被永久删除，所以删除数据库时一定要谨慎。

2.5 习题

（1）简述数据库文件的组成。

（2）SQL Server 2008 有哪些系统数据库，其作用分别是什么？

（3）创建数据库 myWeb：其主要数据文件的逻辑名称为 myWeb_data，物理文件名为 myWeb_data. mdf，初始大小为 3 MB，最大容量为 500 MB，增幅为 1 MB；其事务日志文件的逻辑名称为 myWeb_log，物理文件名为 myWeb_log. ldf，初始大小为 1 MB，最大容量为 300 MB，增长速度为 1%。

（4）修改数据库 myWeb：再添加一个事务日志文件，其逻辑名称为 myWeb_log2，物理文件名为 myWeb_log2. ldf，初始大小为 2 MB，最大容量为无限大，增幅为 3 MB。

（5）删除 myWeb 数据库。

2.6 同步实训：创建“商品销售系统”数据库

一、实训目的

（1）熟悉 SQL Server Management Studio 工具的使用。

（2）掌握数据库的创建。

（3）掌握数据库的配置。

二、实训内容

（1）创建“商品销售系统”数据库 sales：其主要数据文件的逻辑名称为 sales，物理文件名为 sales. mdf，初始大小为 3 MB，最大容量为 800 MB，增幅为 5%；其事务日志文件的逻辑名称为 sales_log，物理文件名为 sales_log. ldf，初始大小为 1 MB，最大容量为 500 MB，增长速度为 1 MB。

（2）修改“商品销售系统”数据库 sales：修改主要数据文件的初始大小为 5 MB，最大容量为无限大，增长速度为 1 MB；修改事务日志文件的最大容量为无限大，增长速度为 10%。

第 3 章 表的创建和管理

数据库创建以后，则需要创建数据表来存储数据，表是一种重要的数据库对象。本章主要讲述“学生成绩管理系统”数据库中数据表的创建与管理，表中数据的插入、修改和删除以及数据完整性的实施。本章学习要点如下：

- 表的概念及表字段的数据类型；
- 创建、修改和删除数据表的方法；
- 表中数据插入、修改和删除的方法；
- 约束的概念及创建约束的方法。

3.1 表的概念

数据库中包含一个或多个表。表是数据的集合，是用来存储数据和操作数据的逻辑结构。

数据在表中是按照行和列的格式来组织排列的，每一行代表一条唯一的记录，每一列代表记录的一个属性。每张表最多 1024 列，每行数据最多 8K。

例如，一个包含学生基本信息的数据表，表中每一行代表一名学生，每一列分别代表该学生的信息，如学号、姓名、性别、班级等。如图 3-1 所示。

sNo	sName	sex	birthday	entryDate	sDept	remark
1308013101	陈斌	男	1993-03-20 00:0...	2013-09-15 00:0...	软件学院	NULL
1308013102	张洁	女	1996-02-08 00:0...	2013-09-15 00:0...	软件学院	NULL
1308013103	郑先超	男	1994-04-25 00:0...	2013-09-15 00:0...	软件学院	NULL
1308013104	徐孝兵	男	1994-08-06 00:0...	2013-09-15 00:0...	软件学院	NULL
1308013105	王群	女	1995-03-27 00:0...	2013-09-15 00:0...	软件学院	NULL
1309123101	刘威	男	1994-07-13 00:0...	2013-09-15 00:0...	网通学院	NULL
1309123102	沈雁斌	男	1994-05-28 00:0...	2013-09-15 00:0...	网通学院	NULL
1309123103	杨群	女	1995-10-18 00:0...	2013-09-15 00:0...	网通学院	NULL
1309123104	蒋维维	男	1994-10-19 00:0...	2013-09-15 00:0...	网通学院	NULL
1309123105	杨璐	女	1995-09-26 00:0...	2013-09-15 00:0...	网通学院	NULL
1312053101	王林林	男	1994-04-16 00:0...	2013-09-15 00:0...	机电学院	NULL
1312053102	杨一超	男	1994-08-27 00:0...	2013-09-15 00:0...	机电学院	NULL
1312053103	张伟	男	1995-01-03 00:0...	2013-09-15 00:0...	机电学院	NULL
1312053104	田翠萍	女	1994-10-20 00:0...	2013-09-15 00:0...	机电学院	NULL
1312053105	周伟	男	1995-09-10 00:0...	2013-09-15 00:0...	机电学院	NULL
NULL	NULL	NULL	NULL	NULL	NULL	NULL

图 3-1　学生基本信息表（student）

3.2 数据类型

SQL Server 的数据有数据类型，在创建表结构时需要确定表中每列的数据类型，只有这样，系统才会在磁盘上开辟相应的空间，用户才能向表中填写数据。

SQL Server 的数据类型有系统数据类型和用户自定义数据类型两种。

3.2.1 系统数据类型

SQL Server 系统数据类型见表 3-1。

表 3-1 SQL Server 系统数据类型

分　类	数 据 类 型	字 节 数	说　明
整型	bit（位）	1 位	0、1 代表真假、开关、是否
	tinyint（微整型）	1	0 ~ 255
	smallint（小整型）	2	$-2^{15} \sim 2^{15}-1$（$-32768 \sim 32767$）
	int（整型）	4	$-2^{31} \sim 2^{31}-1$
	bigint（大整型）	8	$-2^{63} \sim 2^{63}-1$
浮点型	real（单精度）	4	$-3.4\times10^{38} \sim 3.4\times10^{38}$（7 位有效位数）
	float（双精度）	8	$-3.4\times10^{308} \sim 3.4\times10^{308}$（15 位有效位数）
精确数类型	numeric(p,s)		$-10^{38} \sim 10^{38}-1$
	decimal(p,s)		
货币型	money	4 + 4 = 8	$-2^{63} \sim 2^{63}-1$ 精确到小数点后 4 位
	smallmoney	2 + 2 = 4	−214748.3648 ~ 214748.3647 精确到小数点后 4 位
字符型	char(n)定长字符型	n	n = 1 ~ 8000 未指定 n，n = 1
	varchar（n）变长字符型	实际字符数	
	text 大文本		$2^{31}-1$ 个字符（约 21 亿个字符）
日期时间型	datetime	8	1753 − 1 − 1 ~ 9999 − 12 − 31，精确到 3.33ms
	smalldatetime	4	1900 − 1 − 1 ~ 2079 − 6 − 6，精确到 1min
二进制	binary(n)定长二进制	n + 4	n = 1 ~ 8000
	varbinary(n)变长二进制	实际长度 + 4	
	image 变长大二进制		$2^{31}-1$ 个字节（约 21 亿字节）

3.2.2 用户自定义数据类型

SQL Server 用户自定义数据类型从系统类型派生，指定一个容易记忆的名称，便于统一使用某种数据类型。

例如：邮政编码都是 6 个数字字符的号码，数据类型可以用 char(6)表示。为了方便以后统一使用，可以指定一个名字 zip 代表 char(6)这种数据类型。zip 就是用户自定义数据类型。

3.3 表结构的创建、修改和删除

3.3.1 表结构的创建

1. 使用 SSMS 创建数据表

以在学生管理数据库（stuInfo）中创建学生表（student）为例，在 SQL Server Management Studio 中创建用户数据表的步骤如下：

（1）在“对象资源管理器”窗口中，依次展开“数据库→stuInfo”，在“表”上单击鼠标右键，选择“新建表”命令，如图 3-2 所示。

（2）执行如上命令后，显示如图 3-3 所示的表设计器窗口。

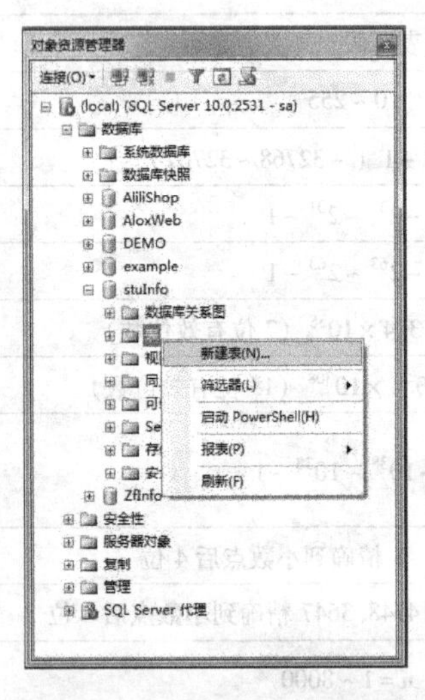

图 3-2 在“对象资源管理器”中新建数据表

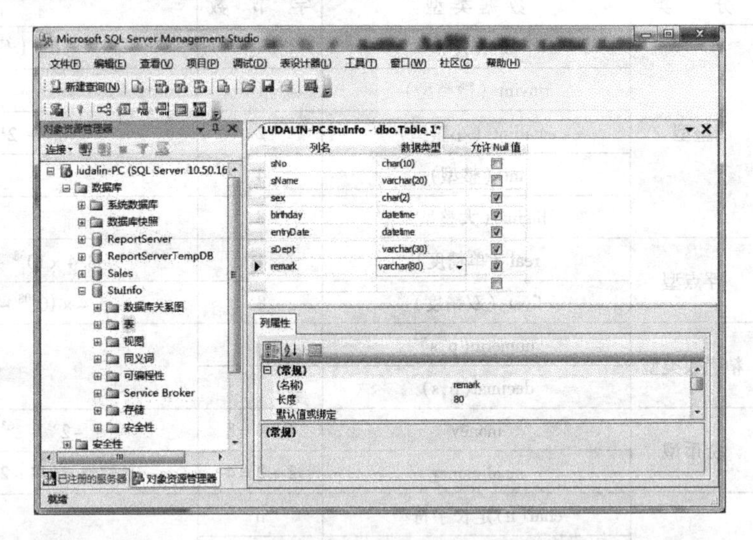

图 3-3 表设计窗口

（3）在以上表设计窗口中设置列的基本属性，包括列名、数据类型、是否允许为空、默认值、为数据类型指定长度、标识列、主键等。完成数据表所有列的设置后，单击工具栏上的“保存”按钮，显示如图 3-4 所示的“选择名称”对话框，输入表名，单击“确定”按钮，即可完成数据表的创建。

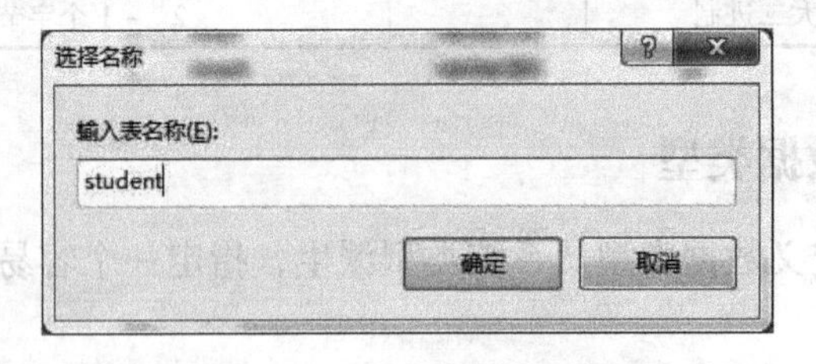

图 3-4 “选择名称”对话框

2. 使用 T-SQL 语句创建数据表

创建数据表的语句为 CREATE TABLE。语法格式如下：

```
CREATE TABLE [database_name. [owner]. | owner. ]table_name(
    column_name data_type [ DEFAULT constant_expression]
        [ IDENTITY( seed, increment ) ] [ NULL | NOT NULL ]
    [ ,…n]
)
[ON { filegroup | DEFAULT } ]
```

其中，

- database_name：要在其中创建数据表的数据库名。如果没有指定，则默认为当前数据库。
- owner：数据表的所有者。如果没有指定，则默认为当前数据库的用户名。
- table_name：创建的数据表的名称。
- column_name：数据表中的字段名。多个字段之间直接用逗号（,）分隔。
- data_type：字段的数据类型。
- constant_expression：字段约束条件。
- IDENTITY：指定该字段为标识字段。seed 表示的是该标识字段的起始值，increment 表示的是标识的增量。
- NULL | NOT NULL：指定该字段的值是否允许为空。
- ON { filegroup | DEFAULT }：指定存储数据表的文件组。如果指定 filegroup，则数据表将存储在指定的文件组中；如果指定的是 DEFAULT，则存储在默认的文件组中。

例 3-1 创建学生表 Student，其中 sNo、sName 这两列不允许为空。

```
create table Student(
    sNo char(10) not null,
    sName varchar(20) not null,
    sex char(2) ,
    birthday datetime,
    sDept varchar(30)
)
```

在“查询编辑器”中的执行结果如图 3-5 所示。

注：*以上创建数据表的 SQL 语句中，没有具体指定要创建在哪个数据库中，因此，在执行该语句之前，要首先选择数据库 StuInfo。*

例 3-2 创建课程表 Course。

```
create table Course(
    cNo char(5) not null,
    cName varchar(30) not null,
    credittinyint,
    remarkvarchar(100)
)
```

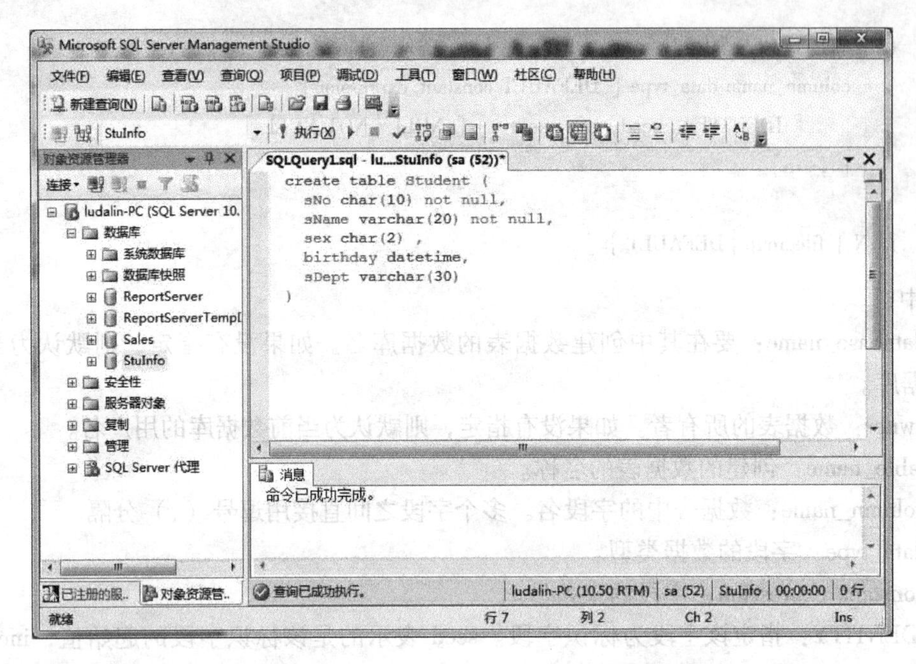

图 3-5　T-SQL 语句创建数据表 Student

例 3-3　创建成绩表 Score。

```
create table Score(
    sNo char(10) not null,
    cNo char(5) not null,
    gradetinyint
)
```

3.3.2　表结构的修改

1. 使用 SSMS 修改表结构

以修改学生管理数据库（stuInfo）中的学生表（student）为例，在 SQL Server Management Studio 中修改表结构的步骤如下：

（1）在“对象资源管理器”窗口中，依次展开“数据库→stuInfo→表”，在“dbo. student”上单击鼠标右键，选择“设计”命令，如图 3-6 所示。

（2）执行如上命令后，打开表设计器窗口。在该窗口中，可以增加一列、删除一列，或者修改某一列的名称、数据类型、数据长度、是否允许为空值等。

（3）修改完成后，单击工具栏上的“保存”按钮即可。如果保存时出现了如图 3-7 所示的提示对话框，则需要单击“工具→选项”菜单命令，依次展

图 3-6　在“对象资源管理器”中修改表结构

开“Designers→表设计器和数据库设计器”，取消对“阻止保存要求重新创建表的更改”的选择，如图 3-8 所示。

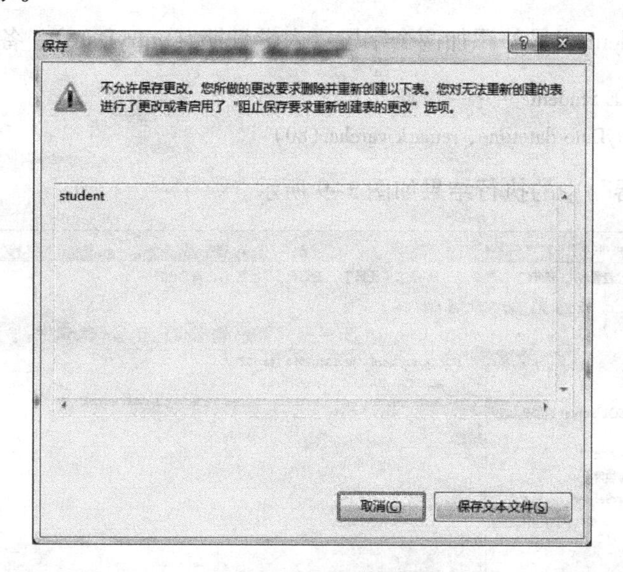

图 3-7 “保存”提示对话框

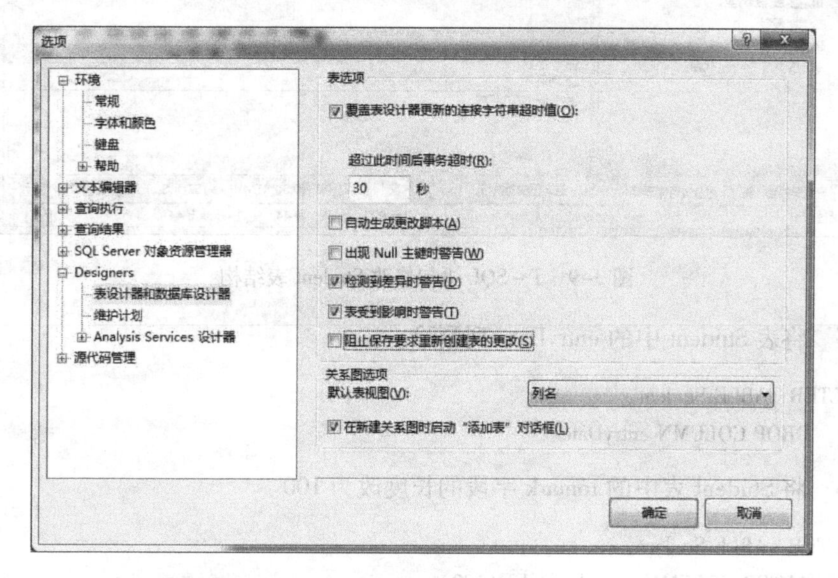

图 3-8 “选项”对话框

2. 使用 T-SQL 语句修改表结构

修改表结构的语句为 ALTER TABLE。语法格式如下：

```
ALTER TABLE tbl_name
{
    ADD column_name date_type
    [DEFAULT contant_expression][IDENTITY(SEED,INCREMENT)]
    [NULL|NOT NULL]
    |DROP COLUMN column_name
```

```
    | ALTER COLUMN column_name new_datetype [ NULL | NOT NULL ]
}
```

例 3-4　给 Student 表另外添加两个字段：入学日期（entryDate）、备注（remark）。

```
ALTER TABLE Student
    ADD entryDate datetime, remark varchar(80)
```

在“查询编辑器”中的执行结果如图 3-9 所示。

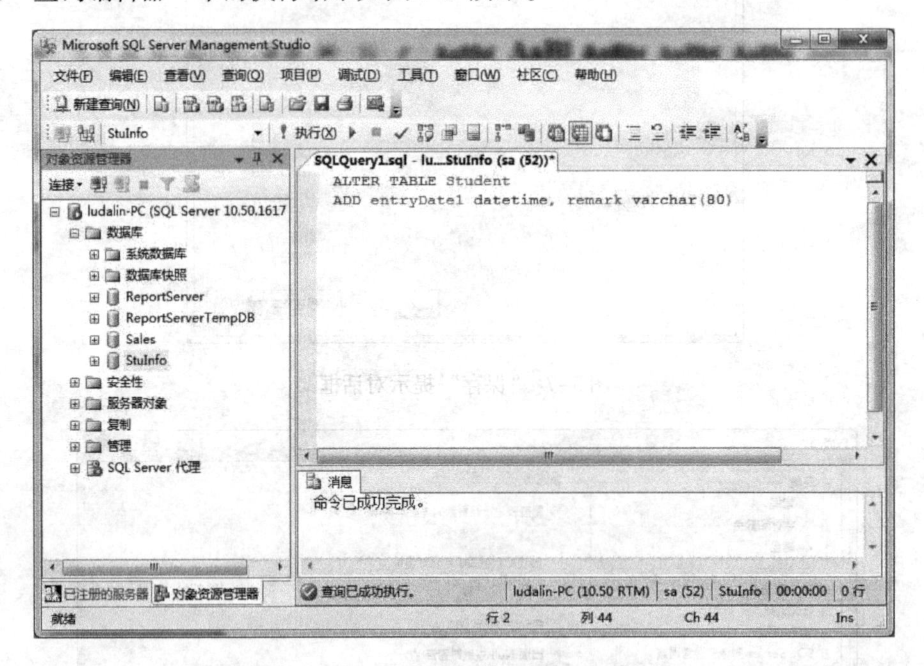

图 3-9　T-SQL 语句修改 Student 表结构

例 3-5　将表 Student 中的 entryDate 列删除。

```
ALTER TABLE Student
    DROP COLUMN entryDate
```

例 3-6　将 Student 表中的 remark 字段的长度改为 100。

```
ALTER TABLE Student
    ALTER COLUMN remark varchar(100)
```

3.3.3　表结构的删除

1. 使用 SSMS 删除表结构

以删除学生管理数据库（stuInfo）中的学生表（student）为例，在 SQL Server Management Studio 中删除表结构的步骤如下：

（1）在“对象资源管理器”窗口中，依次展开“数据库→stuInfo→表”，在“dbo. student”上单击鼠标右键，选择“删除”命令，如图 3-10 所示。

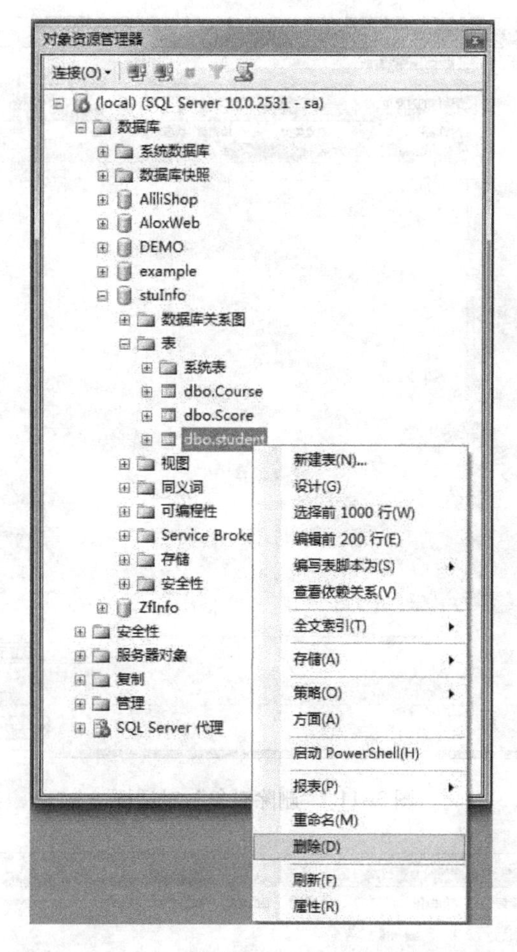

图 3-10　在“对象资源管理器”中删除表结构

(2) 执行如上命令后，显示如图 3-11 所示的“删除对象”对话框。

(3) 单击“确定”按钮，即可完成指定数据表的删除操作。

2. 使用 T-SQL 语句删除表结构

修改表结构的语句为 DROP TABLE。语法格式如下：

```
DROP TABLE tbl_name1[,…n]
```

例 3-7　将 Student 表从 StuInfo 数据库中删除。

```
DROP TABLE Student
```

在“查询编辑器”中的执行结果如图 3-12 所示。

例 3-8　将 Course 和 Score 表从 StuInfo 数据库中删除。

```
DROP TABLE Course, Score
```

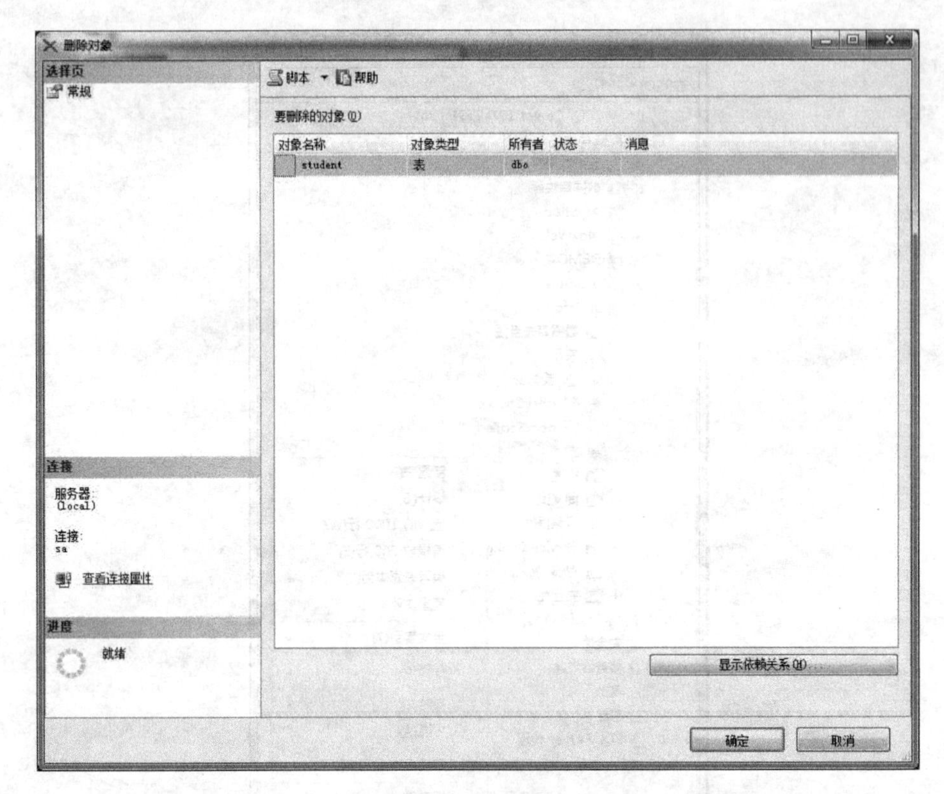

图 3-11 “删除对象”对话框

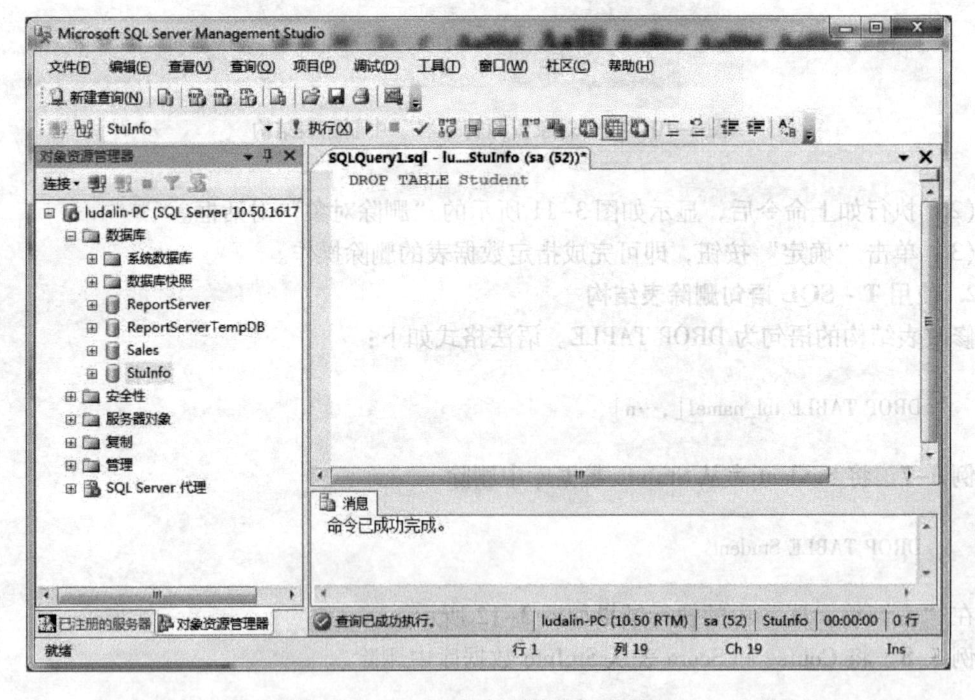

图 3-12 T-SQL 语句删除数据表 Student

3.4 表数据的插入、修改和删除

创建了表结构，就可以向表中添加数据；在插入了数据后，可以对数据进行修改或者删除等操作。

尽管可以使用 SSMS 对表数据进行增/删/改等操作，但在实际应用中，特别是程序设计中，更多的是利用 T-SQL 命令进行数据表数据的维护。

3.4.1 使用 SSMS 维护表数据

以维护学生管理数据库（stuInfo）中的学生表（student）的数据为例，在 SQL Server Management Studio 中维护数据表的步骤如下：

（1）在“对象资源管理器”窗口中，依次展开“数据库→stuInfo→表”，在“dbo. Student”上单击鼠标右键，选择“编辑前 200 行”命令，如图 3-13 所示。

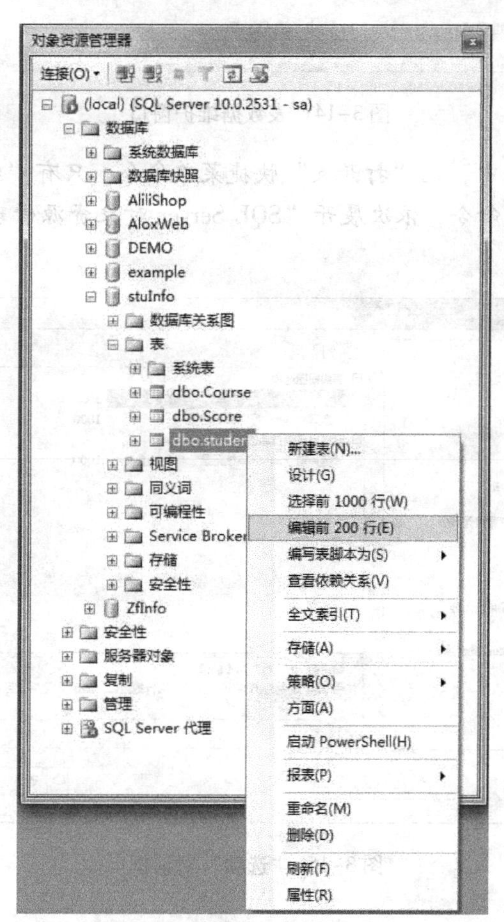

图 3-13 在“对象资源管理器”中维护表数据

（2）执行如上命令后，显示如图 3-14 所示的表数据维护窗口。在该窗口中，可以添加、删除、修改表数据等。

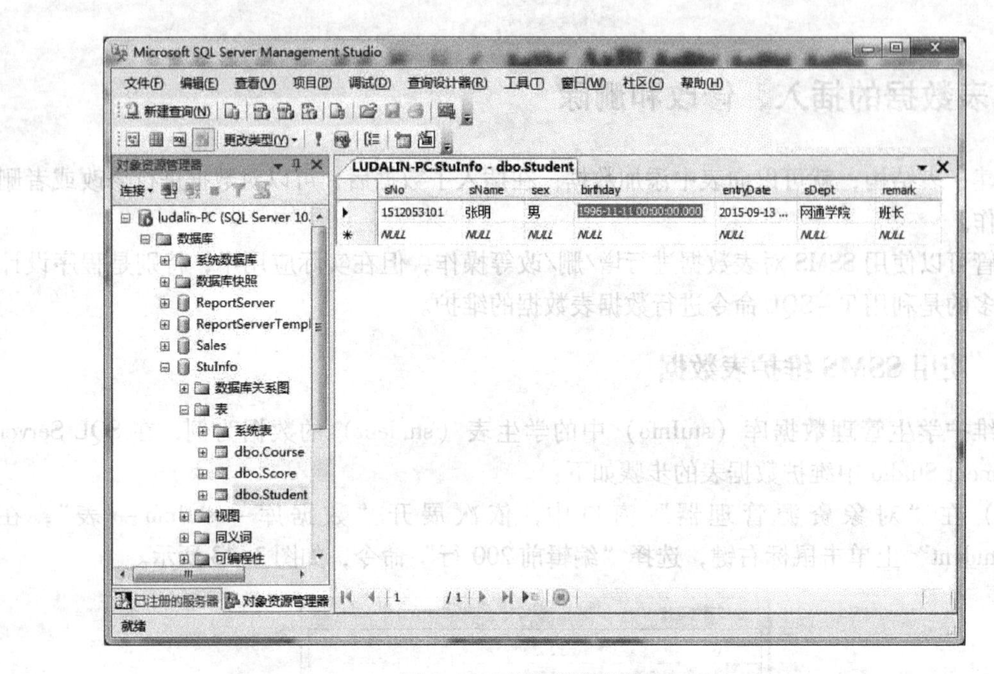

图 3-14　表数据维护窗口

注：SQL Server 2008 中，无“打开表”快捷菜单命令，只有“编辑前 n 行”菜单命令。单击“工具→选项”菜单命令，依次展开“SQL Server 对象资源管理器→命令”，可以修改 n 的值。如图 3-15 所示。

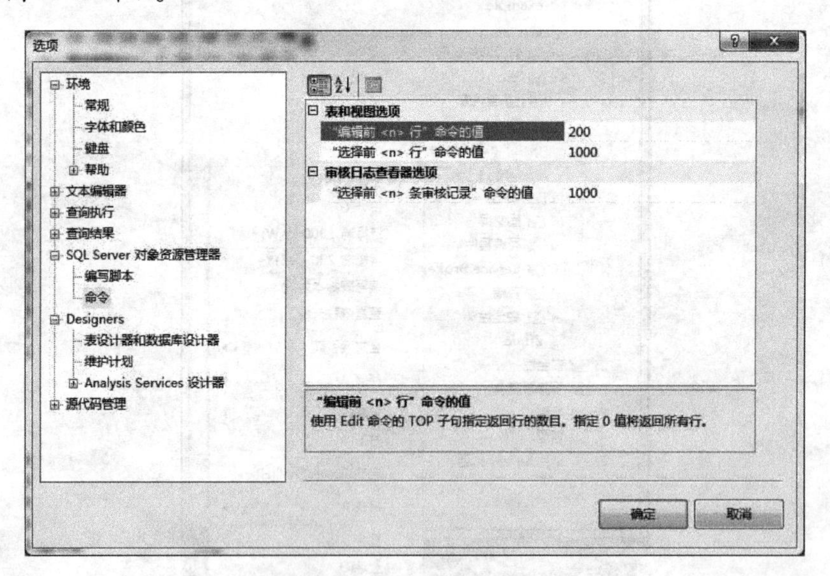

图 3-15　“选项”对话框

3.4.2　使用 T-SQL 语句插入数据

插入数据的语句为 INSERT [INTO]。语法格式如下：

```
INSERT [ INTO ] tbl_name [ ( column_name [ ,…n] ) ]
```

```
VALUES( expression | NULL | DEFAULT [ ,…n] )
```

其中，

- tbl_name：要插入数据的表名。
- column_name：要插入数据的列名。
- expression：与 column_name 相对应的字段的值，字符型和日期型值插入时要加单引号。

注：当向表中所有列都插入新数据时，可以省略列名表，但必须保证 VALUES 后的各数据项位置同表定义时的顺序一致且类型一致，否则系统会报错。

例 3-9 向 Student、Course、Score 表中分别添加一条数据。

```
INSERT student(sNo, sName, sex, birthday, entryDate, sDept, remark)
  VALUES('1512053101','张明','男','1997-3-2','2015-9-13','网通学院','班长')
INSERT Course(cNo, cName, credit, remark)
  VALUES('02001','网络基础',3,'网络专业基础课')
INSERT Score(sNo,cNo, grade)
  VALUES('1512053101','02001',81)
```

在“查询编辑器”中的执行结果如图 3-16 所示。

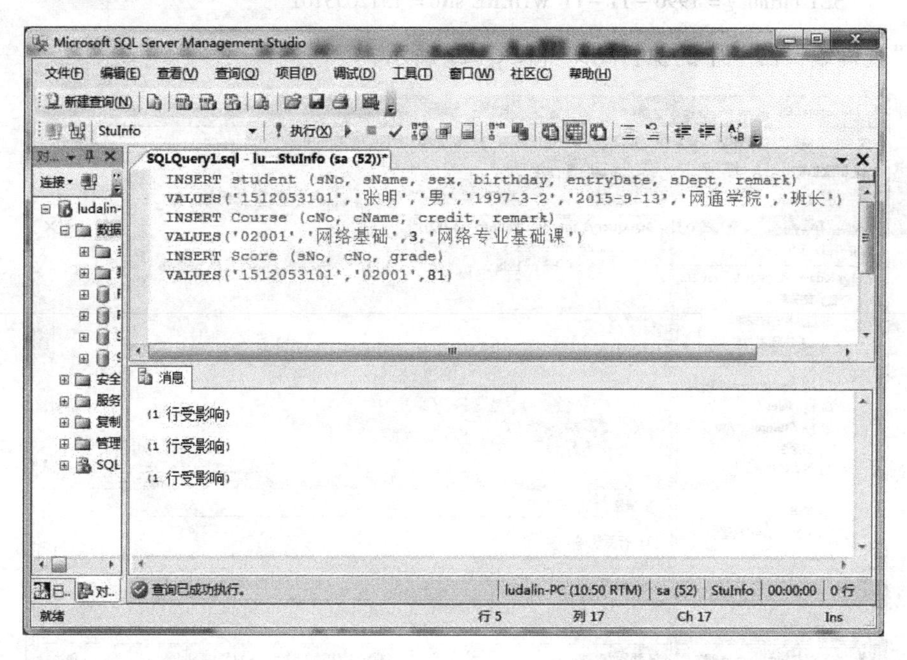

图 3-16 T-SQL 语句插入表数据

例 3-10 省略列名，向 Course 表中添加数据。

```
INSERT Course
  VALUES('01001', 'C 语言程序设计', 5, '考试课')
INSERT Course
  VALUES('02003', '操作系统', '4 学分', '考查课') --错误
```

```
INSERT Course
    VALUES('01003', 'Java 程序设计', 4)                    --错误
```

3.4.3 使用 T-SQL 语句修改数据

修改数据的语句为 UPDATE。语法格式如下：

```
UPDATE tbl_name
    SET column_name = expression [ ,…n]
        [ WHERE search_conditions ]
```

其中，

- tbl_name：要更新数据的表名。
- column_name：要更新数据的列名。
- expression：更新后的数据值。
- search_conditions：更新条件，只对表中满足该条件的记录进行更新。

例 3-11 将 Student 表中学号为“1512053101”学生的出生日期改为“1996-11-11”。

```
UPDATE Student
    SET birthday ='1996-11-11'WHERE sNo ='1512053101'
```

在“查询编辑器”中的执行结果如图 3-17 所示。

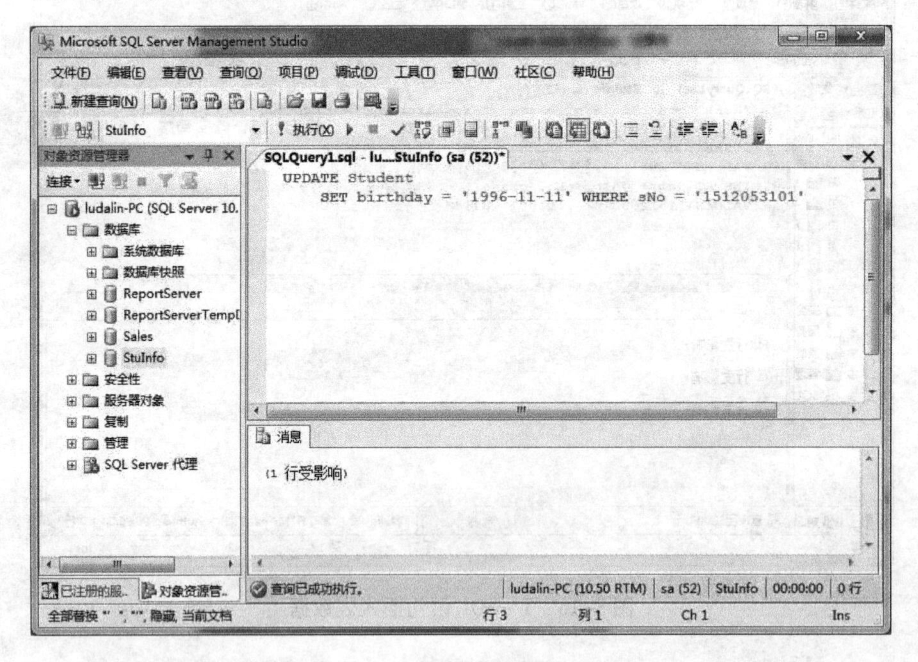

图 3-17 T-SQL 语句修改表数据

例 3-12 将 Course 表中“网络基础”课程的学分更改为 5。

```
UPDATE Course
  SET credit = 5 WHERE cName ='网络基础'
```

例 3-13　将 Score 表中学号为“1512053101”学生的“02001”课程的成绩下调 2 分。

```
UPDATE Score
    SET grade = grade - 2 WHERE sNo = '1512053101' and cNo = '02001'
```

3.4.4　使用 T-SQL 语句删除数据

删除数据的语句为 DELETE。语法格式如下：

```
DELETE [ FROM ] tbl_name
    [ WHERE search_conditions ]
```

说明：

- 删除表中符合 search_conditions 的数据；缺省 WHERE 子句时，表示删除该表中的所有数据。
- 可以使用 TRUNCATE TABLE tbl_name 语句删除表中所有数据，这种删除方式效率更高。

例 3-14　将课程号为“01001”的数据从 Course 表中删除。

```
DELETE FROM Course WHERE cNo = '01001'
```

在“查询编辑器”中的执行结果如图 3-18 所示。

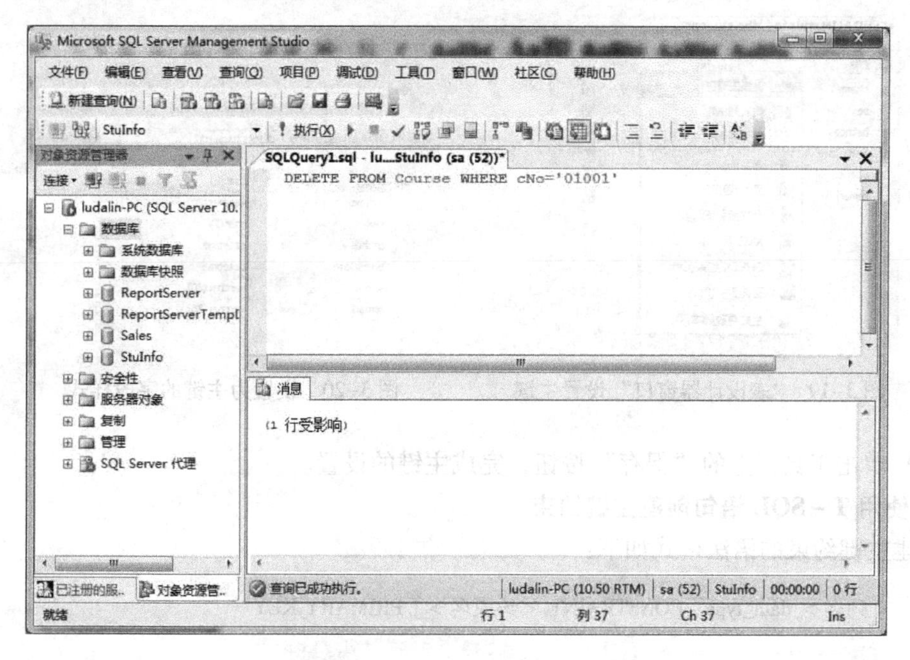

图 3-18　T-SQL 语句删除表数据

3.5　约束管理

约束是对列进行限制的规则，以确保输入数据的一致性和正确性。约束是实现数据完整性的主要途径。

约束有 5 种类型：主键约束、唯一性约束、检查约束、默认约束以及外键约束。

约束可以在创建数据表时创建，也可以在修改数据表时创建。

3.5.1　主键约束（PRIMARY KEY）

主键用于唯一标识表中每一条记录。用户可以定义表中的一列或多列为主键，则主键列上没有任何两行具有相同值（即重复值），该列也不能为空值。为了有效实现数据的管理，每张表都应该有自己的主键，且只能有一个主键。

1. 使用 SSMS 创建主键约束

以创建学生管理数据库（stuInfo）中的学生表（student）的主键约束为例，在 SQL Server Management Studio 中操作的步骤如下：

（1）在“对象资源管理器”窗口中，依次展开“数据库→stuInfo→表”，在“dbo. student”上单击鼠标右键，选择“设计”命令。

（2）执行如上命令后，则显示如图 3-19 所示的表设计器窗口。右击需要设置为主键的字段（如需设置多个字段作为复合主键，则把这些字段都先选中），在弹出的快捷菜单上选择“设置主键”命令，这时主键列的左边则会出现一个黄色钥匙样的小图标，如图 3-20 所示。

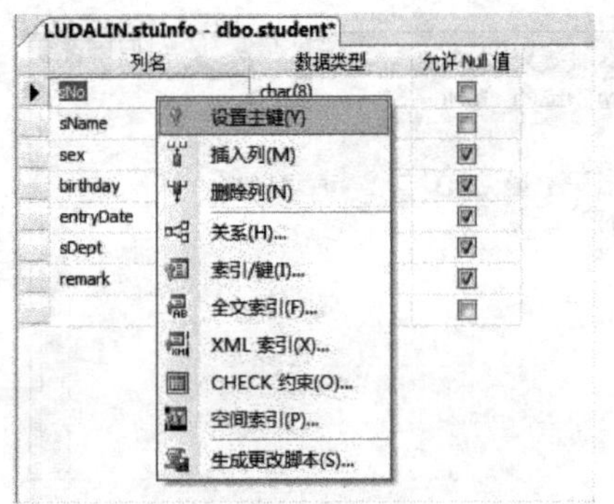

图 3-19　“表设计器窗口”设置主键

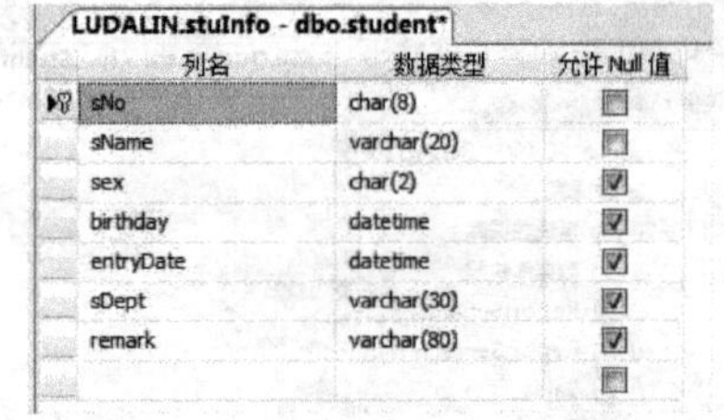

图 3-20　设置为主键的字段样式

（3）单击工具栏上的“保存”按钮，完成主键的设置。

2. 使用 T-SQL 语句创建主键约束

创建主键约束的语法格式如下：

```
<列名> data_type [CONSTRAINT <约束名>] PRIMARY KEY
```

或：

```
[CONSTRAINT <约束名>] PRIMARY KEY(<列名> [,…n])
```

例 3-15　创建学生表（Student），并设置主键。

```
CREATE TABLE Student(
    sNo char(10) PRIMARY KEY,
```

```
    sName varchar(20) NOT NULL,
    sex char(2),
    birthday datetime,
    sDept varchar(30)
)
```

或：

```
CREATE TABLE Student(
    sNo char(10),
    sName varchar(20) NOT NULL,
    sex char(2),
    birthday datetime,
    sDept varchar(30),
    PRIMARY KEY(sNo)
)
```

例 3-16 创建成绩表（Score），并设置复合主键。

```
CREATE TABLE Score(
    sNo char(10),
    cNo char(5),
    grade tinyint,
    PRIMARY KEY(sNo,cNo)
)
```

3.5.2 唯一性约束（UNIQUE）

唯一性约束是用来限制不受主键约束的列上的数据的唯一性，一个表上可以放置多个UNIQUE 约束。

唯一性约束和主键约束的区别：唯一性约束允许在该列上存在 NULL 值；而主键约束限制更为严格，不但不允许有重复，而且也不允许有空值。

1. 使用 SSMS 创建唯一性约束

以创建学生管理数据库（stuInfo）中的课程表（course）的唯一性约束为例，在 SQL Server Management Studio 中的操作步骤如下：

（1）在“对象资源管理器”窗口中，依次展开“数据库→stuInfo→表”，在“dbo. course”上单击鼠标右键，选择“设计”命令。

（2）执行如上命令后，在显示的表设计器窗口上单击右键，在弹出的快捷菜单上选择“索引/键”命令，显示如图 3-21 所示的对话框。

（3）单击“添加”按钮，在“常规→类型”项中选择“唯一键”，单击“常规→列”项右侧的“…”按钮，选择列名“cName”和排序规律（ASC 或 DESC）。单击“关闭”按钮关闭对话框。

（4）单击工具栏上的“保存”按钮，完成唯一性约束的创建。

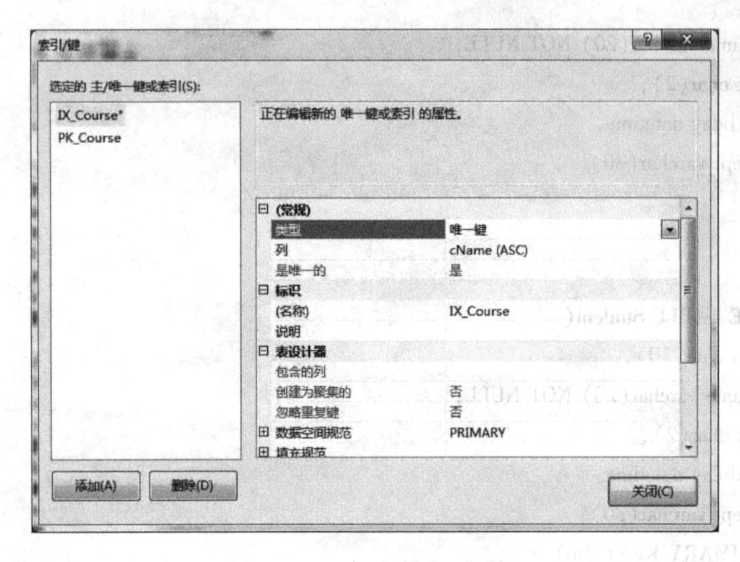

图 3-21 “索引/键”对话框

2. 使用 T-SQL 语句创建唯一性约束

创建唯一性约束的语法格式如下：

<列名> data_type [CONSTRAINT <约束名>] UNIQUE

或：

[CONSTRAINT <约束名>] UNIQUE(<列名> [,…n])

例 3-17 创建课程表（Course），并设置课程名称（cName）字段的唯一性约束。

```
CREATE TABLE Course(
    cNo char(5) PRIMARY KEY,
    cName varchar(30) NOT NULL UNIQUE,
    credit tinyint
)
```

3.5.3 检查约束（CHECK）

检查约束是用来指定某列的可取值的范围，它通过限制输入到列中的值来强制域的完整性。

1. 使用 SSMS 创建检查约束

以创建学生管理数据库（stuInfo）中的学生表（student）的检查约束为例，在 SQL Server Management Studio 中的操作步骤如下：

（1）在“对象资源管理器”窗口中，依次展开“数据库→stuInfo→表”，在“dbo. student”上单击鼠标右键，选择“设计”命令。

（2）执行如上命令后，在显示的表设计器窗口上单击右键，在弹出的快捷菜单上选择“CHECK 约束”命令，显示如图 3-22 所示的对话框。

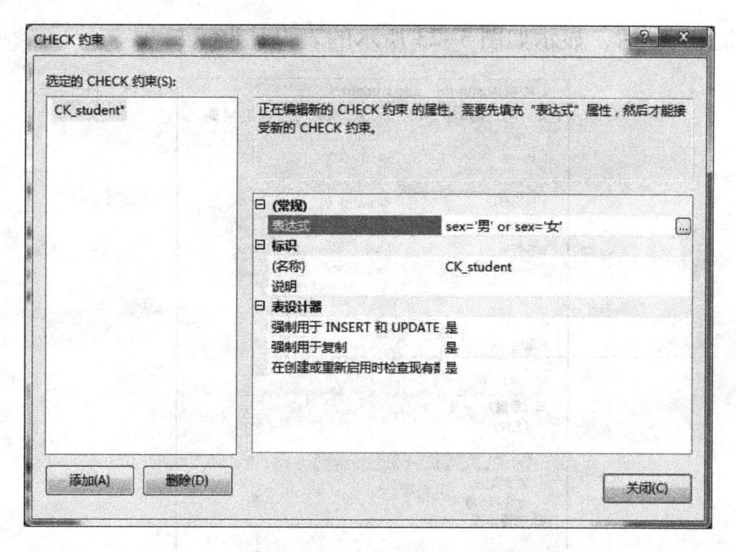

图 3-22 “CHECK 约束”对话框

（3）单击“添加”按钮，单击“常规→表达式”项右侧的“…”按钮，输入“sex ='男'or sex ='女'”。单击“关闭”按钮关闭对话框。

（4）单击工具栏上的“保存”按钮，完成检查约束的创建。

2. 使用 T-SQL 语句创建检查约束

创建检查约束的语法格式如下：

```
[CONSTRAINT <约束名>] CHECK(<表达式>)
```

例 3-18 创建学生表（Student），并设置性别（sex）字段的检查约束。

```
CREATE TABLE Student(
    sNo char(10)PRIMARY KEY,
    sName varchar(20) NOT NULL,
    sex char(2) CHECK(sex ='男'or sex ='女'),
    birthday datetime,
    sDept varchar(30)
)
```

3.5.4 默认约束（DEFAULT）

默认约束是用来给表中某列赋予一个常量值（默认值），当向该表插入数据时，如果用户没有明确给出该列的值，SQL Server 会自动为该列输入默认值。每列只能有一个 DEFAULT 约束。

1. 使用 SSMS 创建默认约束

以创建学生管理数据库（stuInfo）中的学生表（student）的默认约束为例，在 SQL Server Management Studio 中的操作步骤如下：

（1）在“对象资源管理器”窗口中，依次展开“数据库→stuInfo→表”，在“dbo. student”上单击鼠标右键，选择“设计”命令。

（2）执行如上命令后，显示如图3-23所示的表设计器窗口。

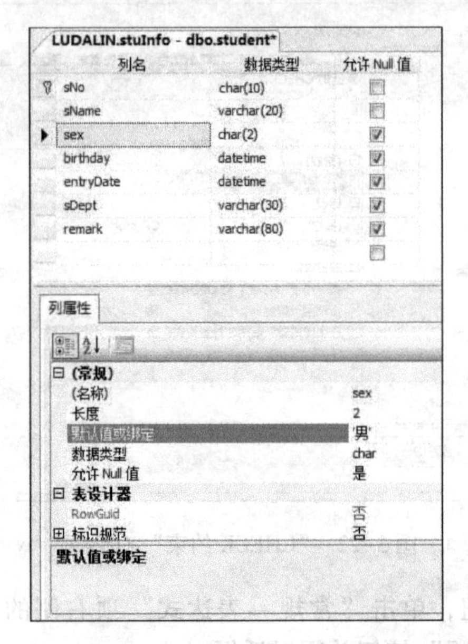

图3-23 表设计器窗口

（3）选择“sex”字段，在“列属性→常规→默认值或绑定”项中输入“'男'”。

（4）单击工具栏上的“保存”按钮，完成默认约束的创建。

2. 使用T-SQL语句创建默认约束

创建默认约束的语法格式如下：

```
[CONSTRAINT <约束名>] DEFAULT(<表达式值> | NULL) FOR <列名>
```

例3-19 创建学生表（Student），并设置性别（sex）字段的默认约束。

```
CREATE TABLE Student(
    sNo char(10) PRIMARY KEY,
    sName varchar(20) NOT NULL,
    sex char(2) CHECK(sex ='男'or sex ='女') DEFAULT'男',
    birthday datetime,
    sDept varchar(30)
)
```

例3-20 修改课程表（Course），添加学分（credit）字段的默认约束。

```
ALTER TABLE Course
    ADD CONSTRAINT default_credit DEFAULT 4 FOR credit
```

3.5.5 外键约束（FOREIGN KEY）

外键约束是用来限制一个表A的列（外键列）是另外一个表B的主键列或唯一性列。

说明：

- A表外键列的取值必须是B表主键列或者唯一性列中的取值；

● B 表主键列或者唯一性列取值发生改变，A 表外键列的值也发生改变；
● B 表主键列或者唯一性列取值删除，A 表外键列取值与该值相同的行也会删除。

1. 使用 SSMS 创建外键约束

以创建学生管理数据库（stuInfo）中的成绩表（score）的外键约束为例，在 SQL Server Management Studio 中的操作步骤如下：

（1）在“对象资源管理器”窗口中，依次展开“数据库→stuInfo→表”，在“dbo. score”上单击鼠标右键，选择“设计”命令。

（2）执行如上命令后，在显示的表设计器窗口上单击右键，在弹出的快捷菜单上选择“关系”命令，显示如图 3-24 所示的对话框。

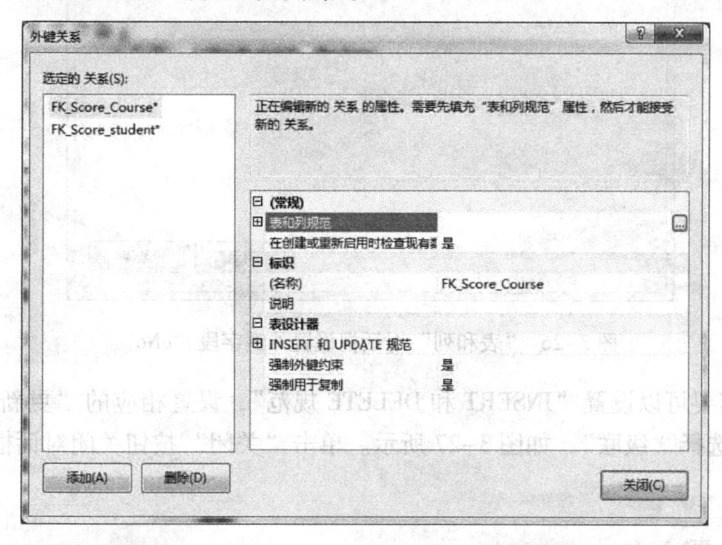

图 3-24 “外键关系”对话框设置“表和列规范”

（3）单击“添加”按钮，单击“表和列规范”项右侧的“…”按钮，显示如图 3-25 所示的“表和列”对话框。在该对话框中，选择主键表“student”、主键字段“sNo”；选择外键表“Score”、外键字段“sNo”。单击“确定”按钮，返回到“外键关系”对话框。

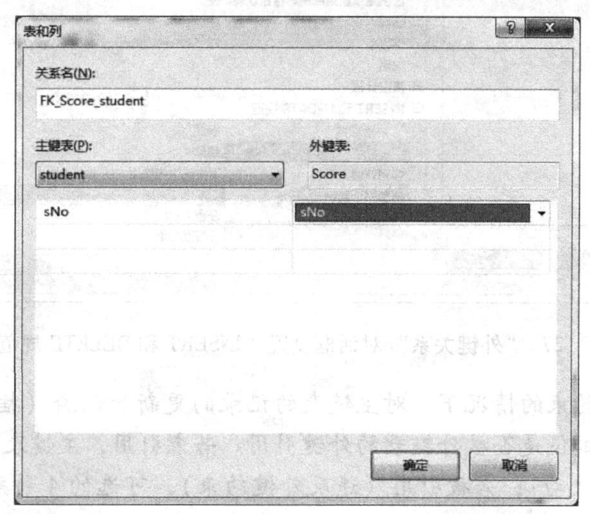

图 3-25 “表和列”对话框设置外键字段“sNo”

（4）再次单击“添加”按钮，单击“表和列规范”项右侧的“…”按钮，在打开的“表和列”对话框中，选择主键表“Course”、主键字段“cNo”；选择外键表“Score”、外键字段“cNo”，如图3-26所示。单击“确定”按钮，返回到“外键关系”对话框。

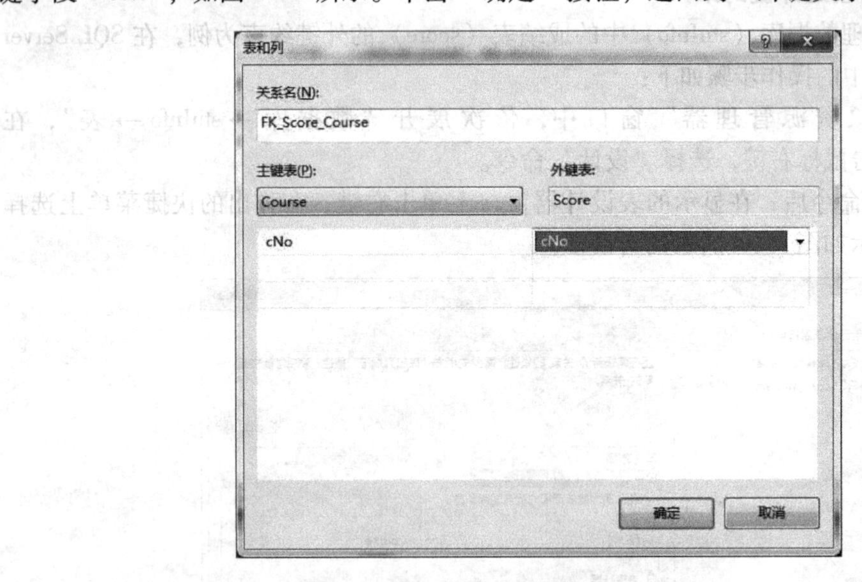

图3-26 “表和列”对话框设置外键字段“cNo”

（5）根据需要可以设置“INSERT和DELETE规范”，设置相应的“更新规则”和“默认规则”，在此选择“级联”，如图3-27所示。单击“关闭”按钮关闭对话框。

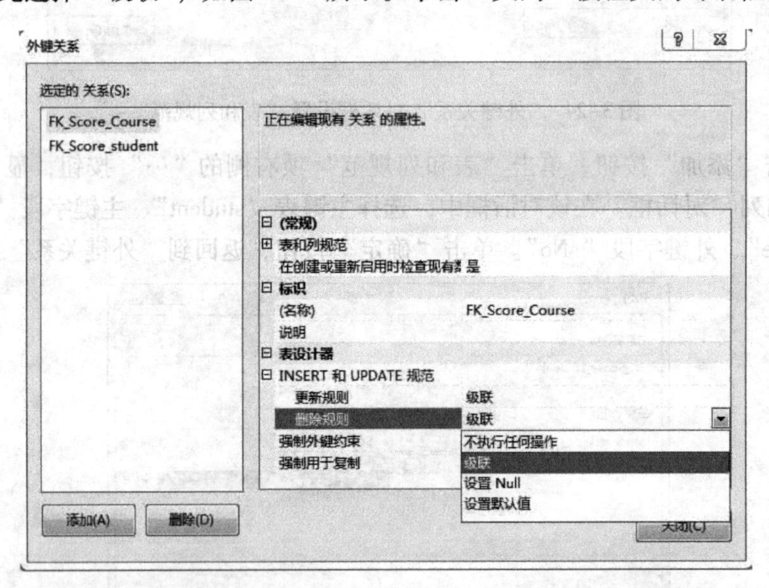

图3-27 “外键关系”对话框设置“INSERT和DELETE规范”

注：在存在外键约束的情况下，对主键表的记录的更新和删除（插入无影响），需要检查主键表要更新的主键值是否被外键表的外键引用。若未引用，主键表的记录直接更新或者删除（外键表无任何改动）；若被引用（违反外键约束），可选的4种规则产生以下不同的处理结果。

● 不执行任何操作：默认方式，主键表的更新或者删除企图会被拒绝。
● 级联：外键表随主键表级联更新或级联删除。
● 设置 NULL：外键表外键列设置为 NULL（相当于未设置，以后可以设置）。
● 设置默认值：外键表外键列设置为某个特定值。

（6）单击工具栏上的“保存”按钮，完成外键约束的创建。

2. 使用 T－SQL 语句创建外键约束

创建外键约束的语法格式如下：

```
[CONSTRAINT <约束名>] FOREIGN KEY(<列名>)
    REFERENCES <表名>(<列名>)
[ON DELETE { NO ACTION | CASCADE | SET NULL | SET DEFAULT }]
[ON UPDATE { NO ACTION | CASCADE | SET NULL | SET DEFAULT }]
```

例 3-21　创建成绩表（Score），并设置学号（sNo）、课程号（cNo）字段的外键约束。

```
CREATE TABLE Score(
    sNo char(10) REFERENCES Student(sNo) ON DELETE CASCADE ON UPDATE CASCADE,
    cNo char(5) REFERENCES Course(cNo) ON DELETE CASCADE ON UPDATE CASCADE,
    grade tinyint,
    PRIMARY KEY(sNo,cNo)
)
```

学生表（Student）、课程表（Course）、成绩表（Score）之间的关系如图 3-28 所示。

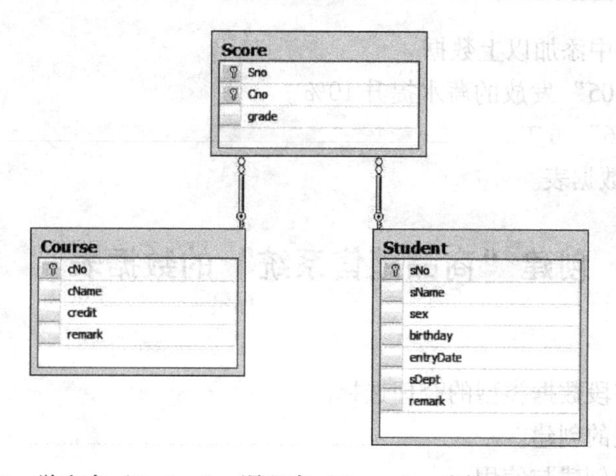

图 3-28　学生表（Student）、课程表（Course）、成绩表（Score）关系图

3.6　习题

（1）分析以下三张表所存储的数据，使用 T－SQL 语句完成表结构的创建，并定义相应的约束。

① 员工表（Employee），表中数据见表3-2。

表3-2 Employee 表数据

EmpNo	EmpName	Sex	Birthday	Telphone	DeptNo
J0015	王中宏	男	1973-5-15	18991255109	003
J0256	张丽	女	1985-12-3	18743286846	010

② 部门表（Department），表中数据见表3-3。

表3-3 Department 表数据

DeptNo	DeptName
003	办公室
010	业务一部

③ 工资表（Salay），表中数据见表3-4。

表3-4 Salay 表数据

PayDate	EmpNo	Wages
2015-04	J0015	9580.00
2015-04	J0256	3859.80
2015-05	J0015	9375.50
2015-05	J0256	4135.63

（2）向各数据表中添加以上数据。

（3）将“2015-05”发放的薪水提升10%。

（4）删除“J0256”员工。

（5）删除Salay数据表。

3.7 同步实训：创建“商品销售系统”的数据表

一、实训目的

（1）理解对表字段数据类型的合理选择。

（2）掌握数据表的创建。

（3）掌握约束的创建与使用。

（4）掌握对表数据进行增、删、改的操作。

二、实训内容

（1）分析以下6张表所存储的数据，完成表结构的创建并定义相应的约束。

① 销售员信息表（Seller），表中数据见表3-5。

Seller(SaleID, Salename, Sex, Birthday, HireDate, Address, Telephone)

表 3-5　Seller 表数据

编　号	姓　　名	性　别	出生日期	雇佣日期	地　址	电　　话
S01	王强	男	1975-12-08	2002-05-01	蓝色港湾 42-12	0519-85150900
S02	付芳芳	女	1982-02-19	2008-08-14	燕阳花园 53-4	0519-85150901
S03	李芳	女	1983-08-30	2008-04-01	富都小区 252-16	0519-85150902
S04	胡宝林	男	1991-09-19	2014-05-03	燕兴小区 79-42	0519-85150903
S05	吴韵	男	1979-07-02	2008-11-15	富琛花园 3-2	0519-85150904
S06	陆海成	男	1990-03-22	2014-04-17	都市雅居 15-10	0519-85150905
S07	刘洋	男	1988-12-06	2012-10-23	顺园八村 59-6	0519-85150906
S08	吴永佳	男	1985-07-10	2012-10-23	顺园三村 21-12	0519-85150907

② 客户信息表（Customer），表中数据见表 3-6。

Customer(CustomerID,CompanyName,ConnectName,Address,ZipCode,Telephone)

表 3-6　Customer 表数据

客户编号	公司名称	联系人	公司地址	邮　编	电　话
C01	东南商贸	张先生	西湖路 275 号	215000	0512-56331206
C02	西多商贸	王小姐	扬子西路 182 号	225000	0514-86458745
C03	大恒贸易	陈先生	淮海中路 210 号	222000	0518-83681980
C04	海达商贸	李先生	通江北路 316 号	213000	0519-85106800

③ 商品种类信息表（Category），表中数据见表 3-7。

Category(CategoryID,CategoryName,Description)

表 3-7　Category 表数据

品种类编号	商品种类名称	描　　述
1	日用品	各种洗涤用品等
2	调料	各种调味品等
3	饮料	各种果汁饮料、碳酸饮料等

④ 商品信息表（Product），表中数据见表 3-8。

Product(ProductID,ProductName,CategoryID,Price,stocks)

表 3-8　Product 表数据

商品编号	商品名称	商品种类编号	单　价	库存量
P01001	飘柔洗发水 200 ml	1	18	376
P01002	飘柔洗发水 800 ml	1	61.5	69
P01003	飘柔沐浴露 400 ml	1	28.6	248
P01004	大宝保湿霜	1	12.8	420
P01005	美加净护手霜	1	8.5	526

（续）

商品编号	商品名称	商品种类编号	单　价	库存量
P02001	淮牌食盐 358 g	2	2	1034
P02002	莲花味精 200 g	2	13.8	872
P02003	太古冰糖 500 g	2	9.8	615
P03001	可口可乐	3	2.2	2083
P03002	雪碧	3	2.1	2897
P03003	美汁源 1000 ml	3	10.8	1985

⑤ 订单信息表（Orders），表中数据见表 3-9。

Orders(OrderID,CustomerID,SaleID,OrderDate,Notes)

表 3-9　Orders 表数据

订单编号	客户编号	销售员编号	订单日期	备　注
10001	C01	S03	2015-05-15	
10002	C02	S02	2015-05-16	
10003	C03	S02	2015-05-16	
10004	C02	S04	2015-05-19	

⑥ 订单明细表（OrderDetail），表中数据见表 3-10。

OrderDetail(OrderID,ProductID,Quantity,TotalMoney)

表 3-10　OrderDetail 表数据

订单编号	商品编号	订货数量	订货总额
10001	P01003	227	6492.2
10001	P02001	335	670
10001	P03002	248	520.8
10002	P01001	172	3096
10002	P01003	220	6292
10003	P01001	115	2070
10003	P02002	280	3864
10004	P01002	113	6949.5
10004	P02002	339	4678.2
10004	P03002	325	682.5

（2）向各数据表中添加以上数据。

（3）修改编号为“C04”客户的公司地址为“晋陵北路 150 号”、邮编为“213012”。

（4）修改编号为“P01002”商品的库存量为 60。

（5）把所有种类编号为“3”商品的单价降低 5%。

第4章　数据查询

数据查询是指数据库管理系统按照用户指定的条件，从数据库相关表中检索满足条件的数据的过程。本章主要讲述在“学生成绩管理系统”数据库中完成多种多样的查询。本章学习要点如下：

- SELECT 语句；
- 简单查询；
- 多表查询；
- 分组与汇总；
- 嵌套查询。

4.1　SELECT 语句

1. SELECT 语句主要功能

- 根据用户指定的条件，从数据库表检索用户所需的数据，以指定的格式返回给客户（显示）。
- 分组汇总（统计）数据。
- 显示全局变量、局部变量值，设置局部变量值。

2. SELECT 语句基本语法

SELECT 语句的语法格式如下：

```
SELECT [ALL|DISTINCT] [TOP n [PERCENT]] <选择列表>
    [INTO <新表的名称>]
    FROM <表名>
    [WHERE <查询条件>]
    [GROUP BY <分组表达式> [HAVING <分组条件>] ]
     [ORDER BY <排序表达式> [ASC|DESC] ]
```

其中，

- SELECT 子句：用来指定查询返回的列，各列在 SELECT 子句中的循序决定了它们在查询结果集中的顺序。
- FROM 子句：用来指定数据来源的表。
- WHERE 子句：用来限定返回行的查询条件。
- GROUP BY 子句：用来指定查询结果的分组条件。
- ORDER BY 子句：用来指定结果集的排序方式。

3. 示例数据库

以“学生成绩管理系统”数据库 StuInfo 作为学习本章内容的示例数据库，其具体表结构及其数据如下所示。

（1）学生表（Student），表中数据如表 4-1 所示。

Student(sNo, sName, sex, birthday, entryDate, sDept, remark)

表 4-1　Student 表中数据

学　号	姓　名	性 别	出 生 日 期	入 学 日 期	院　系	备 注
1308013101	陈斌	男	1993-03-20	2013-09-15	软件学院	
1308013102	张洁	女	1996-02-08	2013-09-15	软件学院	
1308013103	郑先超	男	1994-04-25	2013-09-15	软件学院	
1308013104	徐孝兵	男	1994-08-06	2013-09-15	软件学院	
1308013105	王群	女	1995-03-27	2013-09-15	软件学院	
1309123101	刘威	男	1994-07-13	2013-09-15	网通学院	
1309123102	沈雁斌	男	1994-05-28	2013-09-15	网通学院	
1309123103	杨群	女	1995-10-18	2013-09-15	网通学院	
1309123104	蒋维维	男	1994-10-19	2013-09-15	网通学院	
1309123105	杨璐	女	1995-09-26	2013-09-15	网通学院	
1312053101	王林林	男	1994-04-16	2013-09-15	机电学院	
1312053102	杨一超	男	1994-08-27	2013-09-15	机电学院	
1312053103	张伟	男	1995-01-03	2013-09-15	机电学院	
1312053104	田翠萍	女	1994-10-20	2013-09-15	机电学院	
1312053105	周伟	男	1995-09-10	2013-09-15	机电学院	

（2）课程表（Course），表中数据如表 4-2 所示。

Course(cNo, cName, credit, remark)

表 4-2　Course 表中数据

课 程 编 号	课 程 名 称	学　分	备　注
01001	C 语言程序设计	5	
01002	数据结构	4	
01003	Java 程序设计	4	
02001	网络基础	3	
02002	数据库原理及应用	4	
02003	操作系统	4	
09001	机械设计基础	5	
09002	机械制造基础	4	
09003	机械制图	4	
32001	数学	4	
32002	英语	4	

（3）成绩表（Score），表中数据如表 4-3 所示。

Score(sNo, cNo, grade)

表 4-3　Score 表中数据

学　　号	课程编号	成　　绩
1308013101	01001	72
1308013101	01002	56
1308013101	01003	77
1308013102	01001	85
1308013102	01002	73
1308013102	01003	90
1308013103	01001	79
1308013104	01001	82
1308013105	01001	63
1309123101	02001	84
1309123101	02002	92
1309123101	02003	71
1312053101	09001	87
1312053101	09002	90
1312053101	09003	95

4.2　简单查询

4.2.1　选择列

1. 指定列

语法格式如下：

```
SELECT <列名1>, <列名2>, …
FROM <表名>
```

说明：列名的顺序可以与表定义不同，多个列用“,”分隔。

例 4-1　从 StuInfo 数据库的学生表 Student 中查询出学号（sNo）、姓名（sName）、性别（sex）和院系名称（sDept）的学生信息。查询结果如图 4-1 所示。

```
SELECT sNo,sName, sex, sDept
FROM Student
```

注：在数据查询时，列的显示顺序由 SELECT 语句的 SELECT 子句指定，该顺序可以和列定义时顺序不同，这并不影响数据在表中的存储顺序。

2. 选择所有列

在 SELECT 子句中可以使用星号（*）显示表中所有的列。语法格式如下：

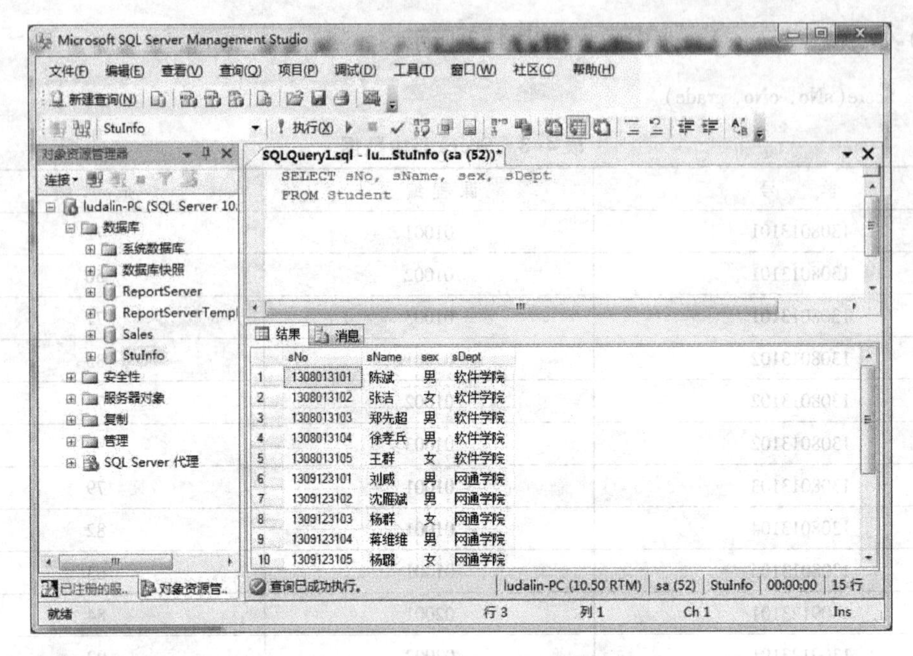

图 4–1 “例 4–1”查询结果

```
SELECT *
FROM <表名>
```

例 4–2 显示 Course 表中的所有信息。查询结果如图 4–2 所示。

```
SELECT *
FROM Course
```

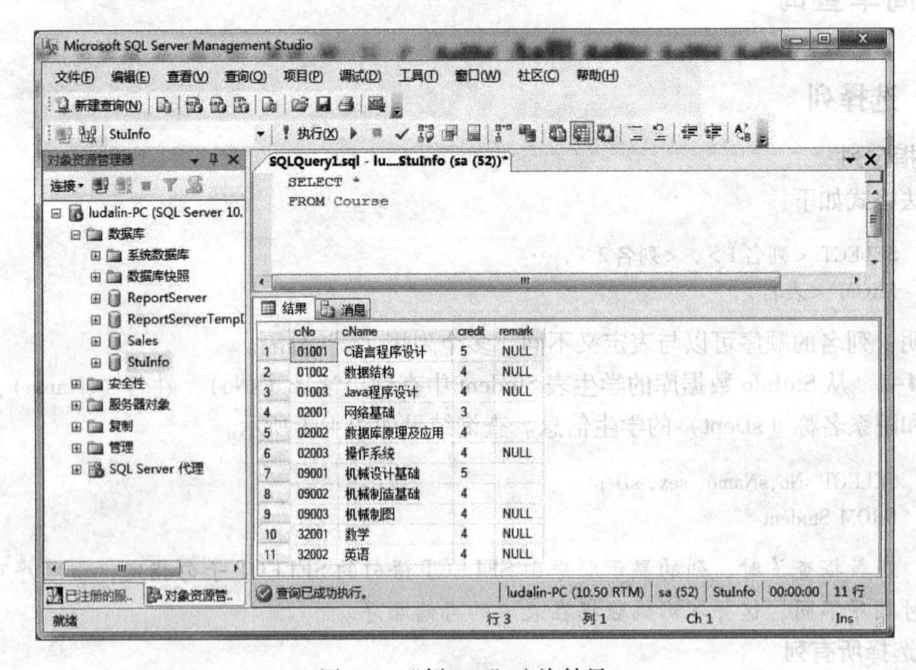

图 4–2 “例 4–2”查询结果

3. 改变列标题

SQL Server 查询默认返回的数据以列名作为列标题，也可以为返回的列指定新的列标题。语法格式如下：

```
SELECT <列名1> [AS] <列标题1>, <列名2> [AS] <列标题2>, …
FROM <表名>
```

注：关键字 AS 可以省略。

例 4-3 以“姓名 性别 出生日期 院系名称”显示学生信息。查询结果如图 4-3 所示。

```
SELECT sName AS '姓名', sex AS '性别',
    birthday AS '出生日期', sDept AS '院系名称'
FROM Student
```

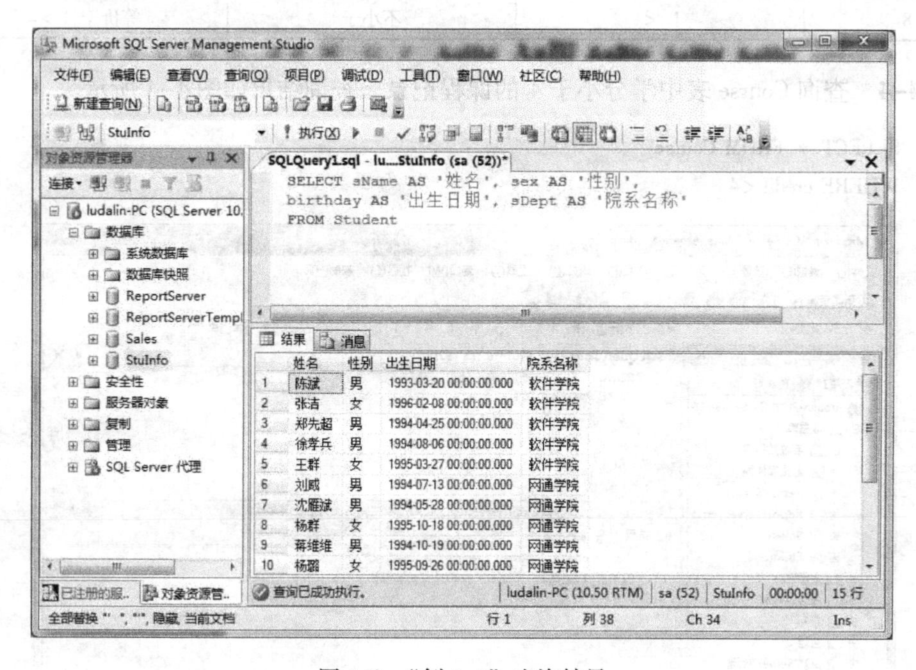

图 4-3 “例 4-3”查询结果

4.2.2 选择行

在实际工作中，大部分查询并不是针对表中所有数据记录的查询，而是要找出满足某些条件的数据记录。此时，用户可以在 SELECT 语句中使用 WHERE 子句，其语法格式如下：

```
SELECT <选择列表>
FROM <表名>
WHERE <查询条件>
```

说明：<查询条件>是用于指定查询条件的表达式。SQL Server 的查询条件可以是关系表达式、逻辑表达式以及其他一些谓词构成的表达式（字符串模糊匹配 LIKE、数据范围 BETWEEN、列表数据 IN、空值判定 IS NULL 等）。

1. 使用关系运算符

WHERE 子句允许使用的关系运算符如表 4-4 所示。

表 4-4　关系运算符

序　号	运 算 符	含　义	说　明
1	>	大于	
2	<	小于	
3	=	等于	
4	!= 或 <>	不等于	
5	>=	大于等于	
6	<=	小于等于	
7	! >	不大于	等价于“<=”
8	! <	不小于	等价于“>=”

例 4-4　查询 Course 表中学分小于 4 的课程记录。查询结果如图 4-4 所示。

```
SELECT * FROM Course
WHERE credit <4
```

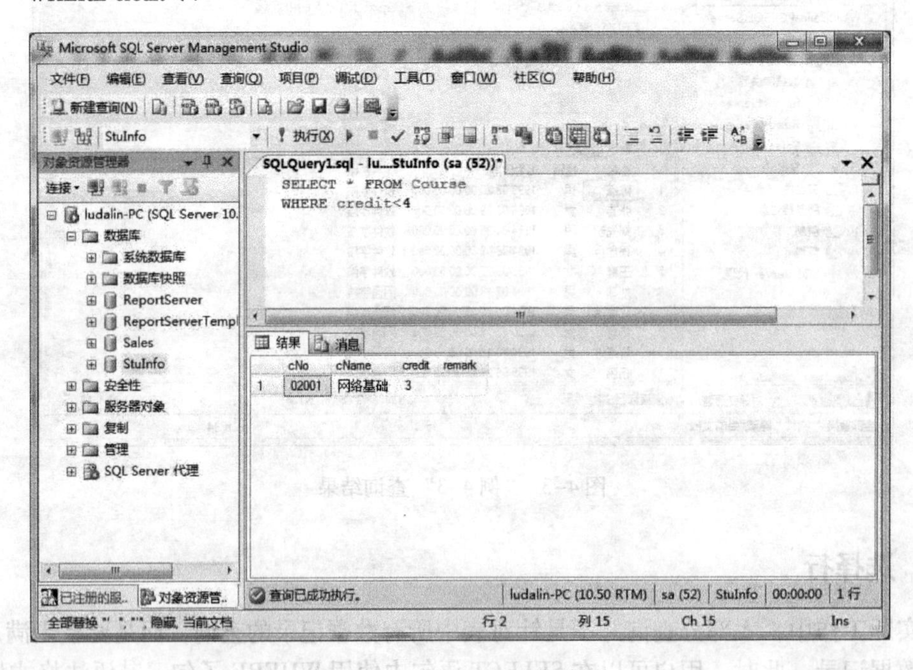

图 4-4　“例 4-4”查询结果

例 4-5　查询 Student 表中男学生的信息。查询结果如图 4-5 所示。

```
SELECT * FROM Student
WHERE sex ='男'
```

2. 使用逻辑运算符

逻辑运算符包括逻辑与（AND）、逻辑或（OR）、逻辑非（NOT）。

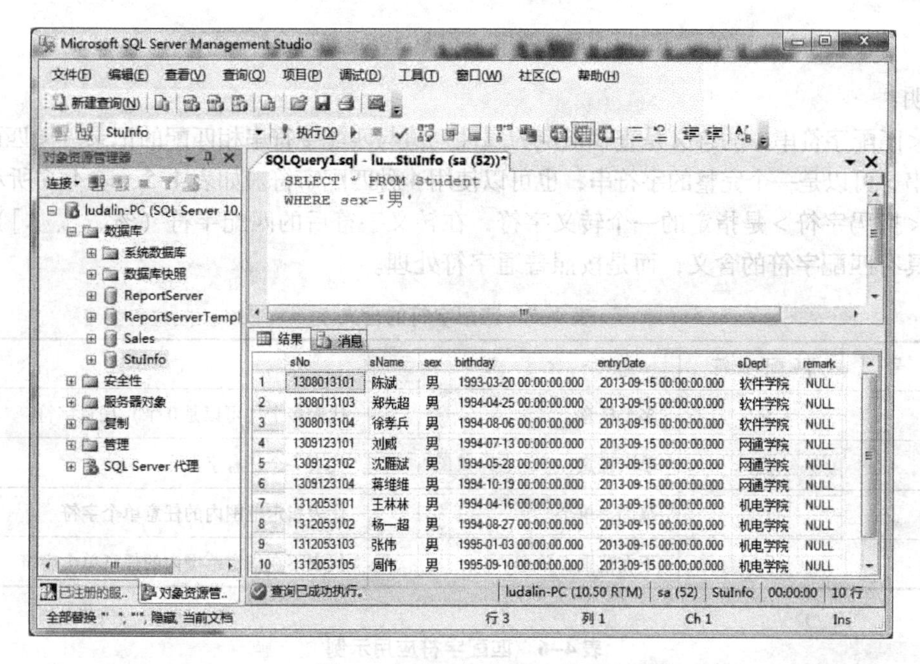

图 4-5 “例 4-5”查询结果

例 4-6 查询 Student 表中 1994 年出生的学生信息。查询结果如图 4-6 所示。

```
SELECT * FROM Student
WHERE birthday >='1994-01-01'AND birthday <='1994-12-31'
```

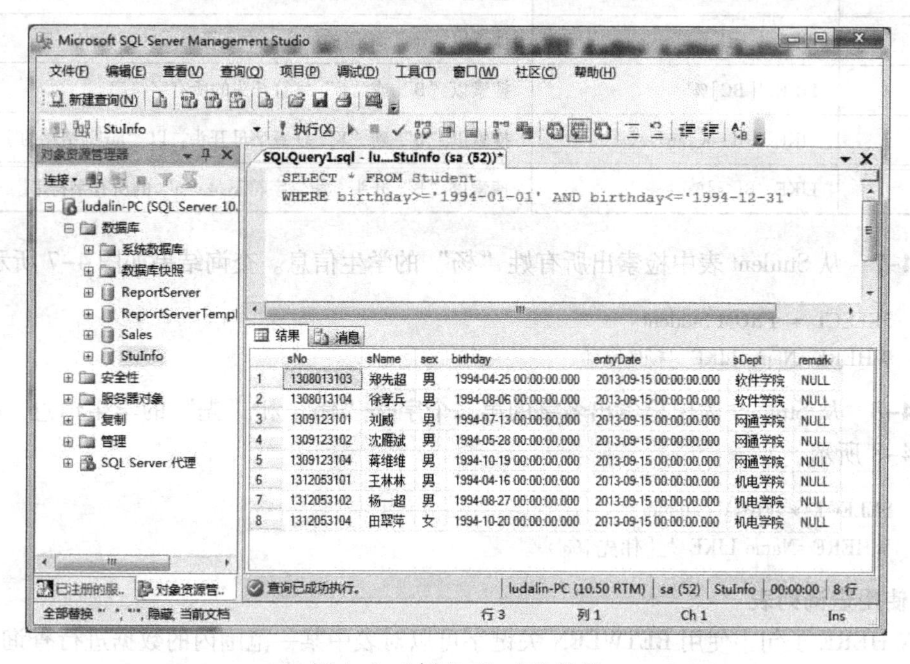

图 4-6 “例 4-6”查询结果

3. 使用字符串模糊匹配

使用 LIKE 关键字进行模糊查询。语法格式如下：

<表达式> [NOT] LIKE <匹配字符串> [ESCAPE <换码字符>]

说明：

- <匹配字符串>的含义是查找指定的属性列值与匹配字符串相匹配的记录。<匹配字符串>可以是一个完整的字符串，也可以使用4种匹配字符。如表4-5、表4-6所示。
- <换码字符>是指定的一个转义字符，在转义字符后的匹配字符（%、_、[]）不再具有匹配字符的含义，而是按照普通字符处理。

表4-5 匹配字符的含义

序　号	匹配字符	含　义	描　述
1	%	多个任意	代表多个（可以是0个）任意字符
2	_	单个任意	代表一个任意字符
3	[]	范围，单个	代表指定范围内的任意单个字符
4	[^]	不在范围，单个	代表不在指定范围内的任意单个字符

表4-6 匹配字符应用示例

序　号	表达式	描　述
1	LIKE 'RA%'	搜索以“RA”开头的所有字符串
2	LIKE '%ion'	搜索以“ion”结尾的所有字符串
3	LIKE '%ir%'	搜索任意位置包含字符串“ir”的所有字符串
4	LIKE '_mt'	搜索以“mt”结尾的所有三个字符组成的字符串
5	LIKE '[BC]%'	搜索以“B”或“C”字符开头的所有字符串
6	LIKE '[B-K]air'	搜索以“B”到“K”任意字母开头，以“air”结尾的字符串
7	LIKE 'B[^a]%'	搜索以“B”开头，第二字符不是“a”的所有字符串

例4-7 从Student表中检索出所有姓“杨”的学生信息。查询结果如图4-7所示。

```
SELECT * FROM Student
WHERE sName LIKE '杨%'
```

例4-8 从Student表中检索出名字的第二个字是“伟”和“先”的学生信息。查询结果如图4-8所示。

```
SELECT * FROM Student
WHERE sName LIKE '_[伟先]%'
```

4. 使用查询列表

在WHERE子句中使用BETWEEN关键字可以对表中某一范围内的数据进行查询，系统将逐行检查表中的数据是否在BETWEEN关键字设定的范围内。如果在其设定的范围内，则取出该行，否则不取该行。其语法格式如下：

<列名> [NOT] BETWEEN <表达式1> AND <表达式2>

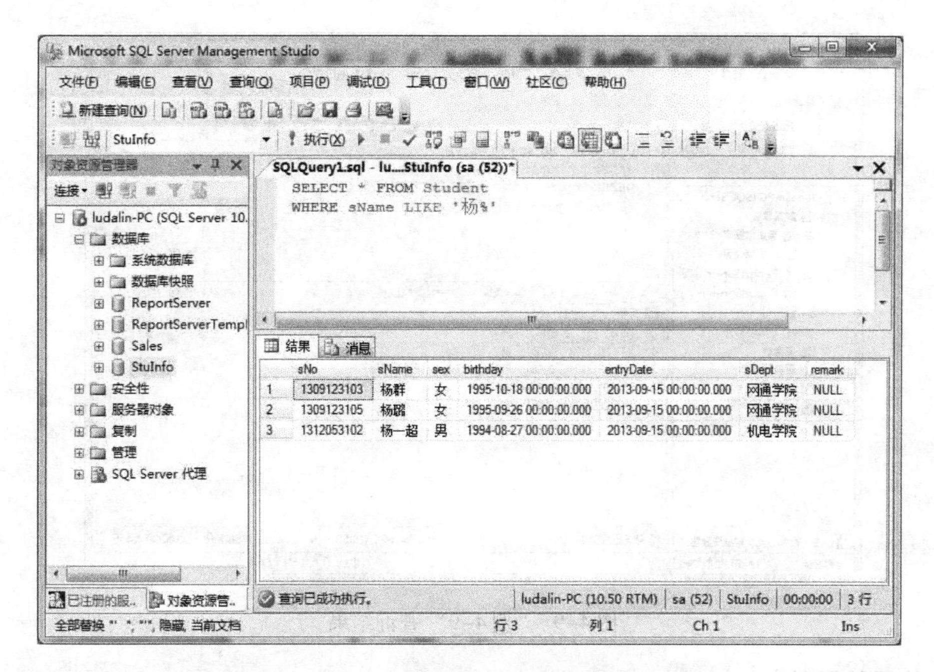

图 4-7 “例 4-7”查询结果

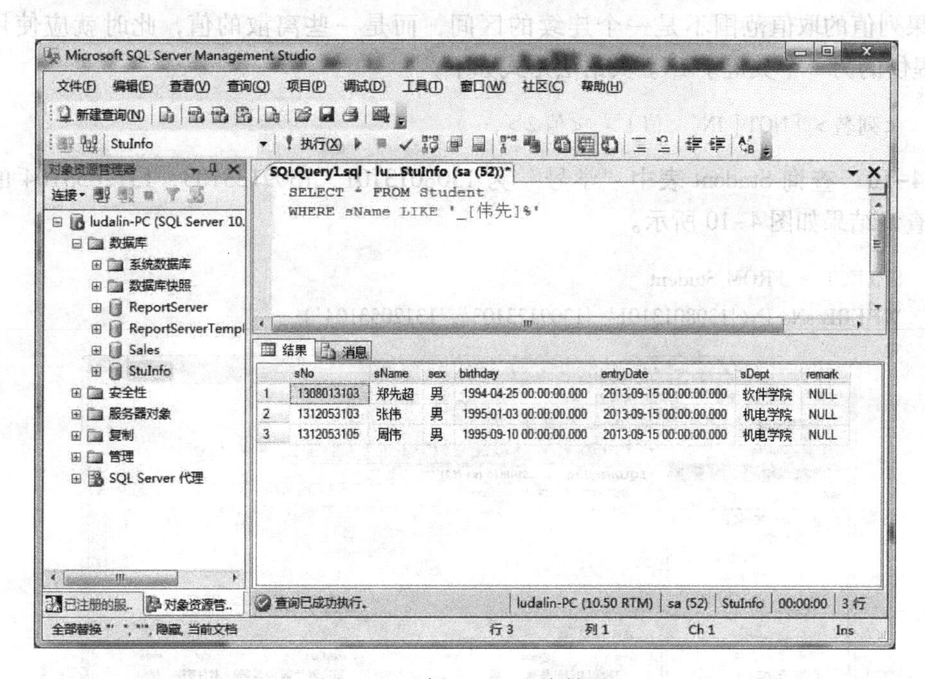

图 4-8 “例 4-8”查询结果

说明：指定的列值（不）在表达式 1 和表达式 2 之间。

例 4-9 从 Score 表中查询出成绩在 80 ~ 89 分的学生课程成绩信息。查询结果如图 4-9 所示。

```
SELECT * FROM Score
WHERE grade BETWEEN 80 AND 89
```

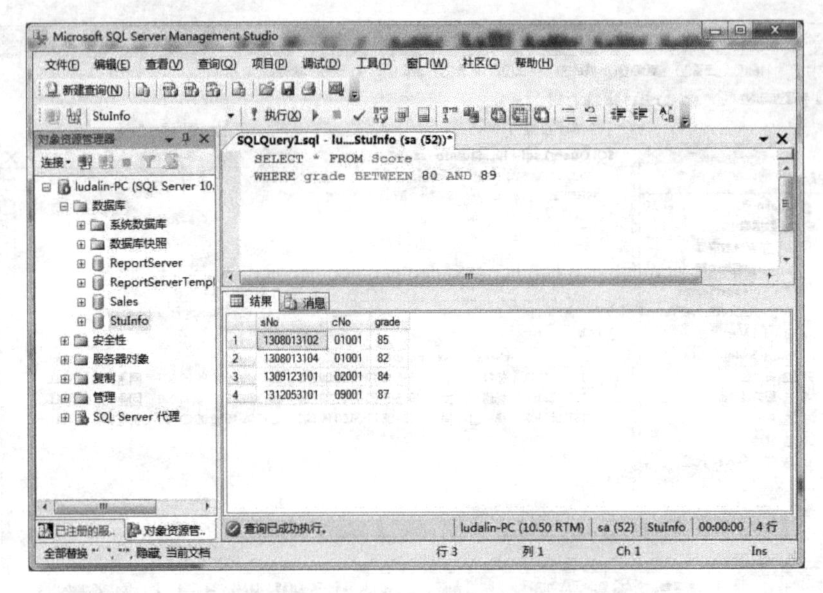

图 4-9 “例 4-9”查询结果

5. 使用数据列表

如果列值的取值范围不是一个连续的区间，而是一些离散的值，此时就应使用 SQL Server 提供的另一个关键字 IN。其语法格式如下：

<列名> [NOT] IN(<值 1>, <值 2>,…)

例 4-10 查询 Student 表中“学号”为 1308013101，1309123103，1312053104 的学生信息。查询结果如图 4-10 所示。

```
SELECT * FROM Student
WHERE sNo IN('1308013101','1309123103','1312053104')
```

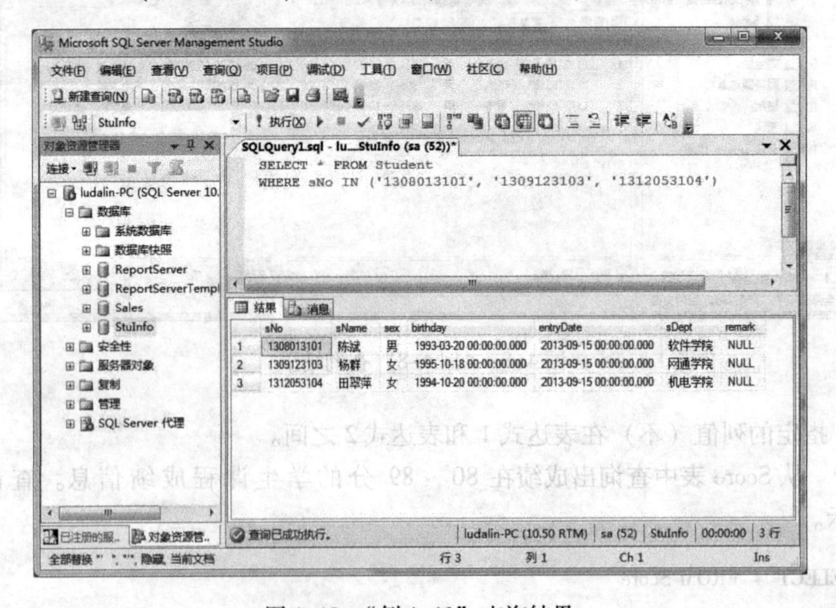

图 4-10 “例 4-10”查询结果

6. 空值的判断

在 SQL Server 中，用 NULL 表示空值，它仅仅是一个符号，不等于空格，也不等于 0。空值判断的语法格式如下：

```
<列名> IS [NOT] NULL
```

例 4-11　检索 Course 表中“备注”为空的课程记录。查询结果如图 4-11 所示。

```
SELECT * FROM Course
WHERE remark IS NULL
```

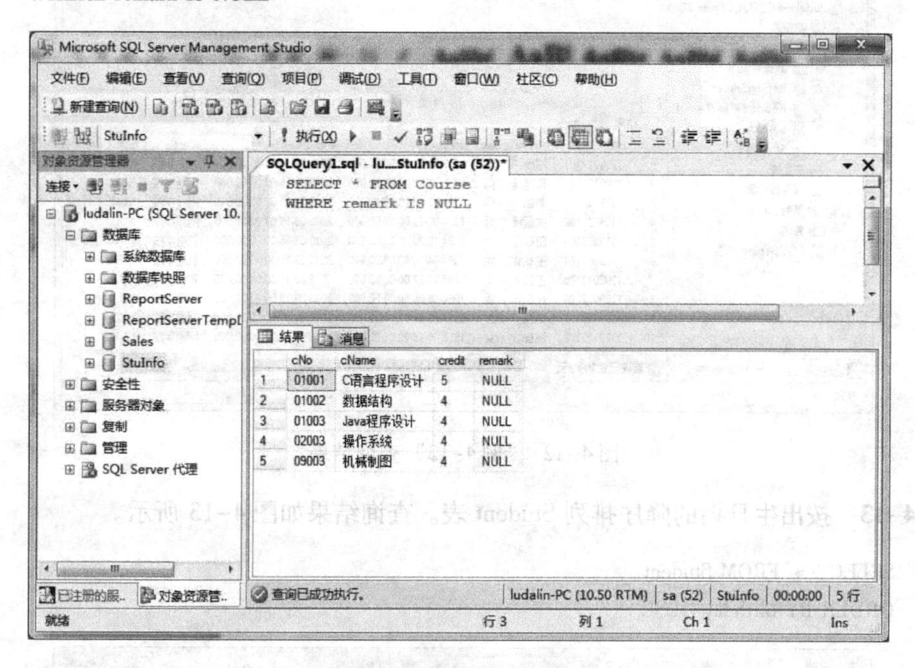

图 4-11　“例 4-11”查询结果

4.2.3　排序（ORDER BY）

在通常情况下，SQL Server 数据库中的数据记录行在显示时是无序的，它按照数据记录插入数据库时的顺序排列，因此用 SELECT 语句查询的结果也是无序的。通过 ORDER BY 子句，可以将查询结果进行排序显示。其语法格式如下：

```
SELECT <列名1>[,<列名2>,…]
FROM <表名>
WHERE <查询条件>
ORDER BY <列名>[ASC | DESC][,…n]
```

说明：

- 在默认情况下，ORDER BY 子句按升序进行排列，即默认使用的是 ASC 关键字，如果特别要求按降序进行排列，必须使用 DESC 关键字。
- 当 ORDER BY 子句指定了多个排序列时，系统先按照 ORDER BY 子句中第一列的顺序排列，当该列出现相同值时，再按照第二列的顺序排列，依次类推。

例 4-12　从 Student 表中按姓名顺序检索出所有学生的信息。查询结果如图 4-12 所示。

```
SELECT * FROM Student
ORDER BY sName ASC
```

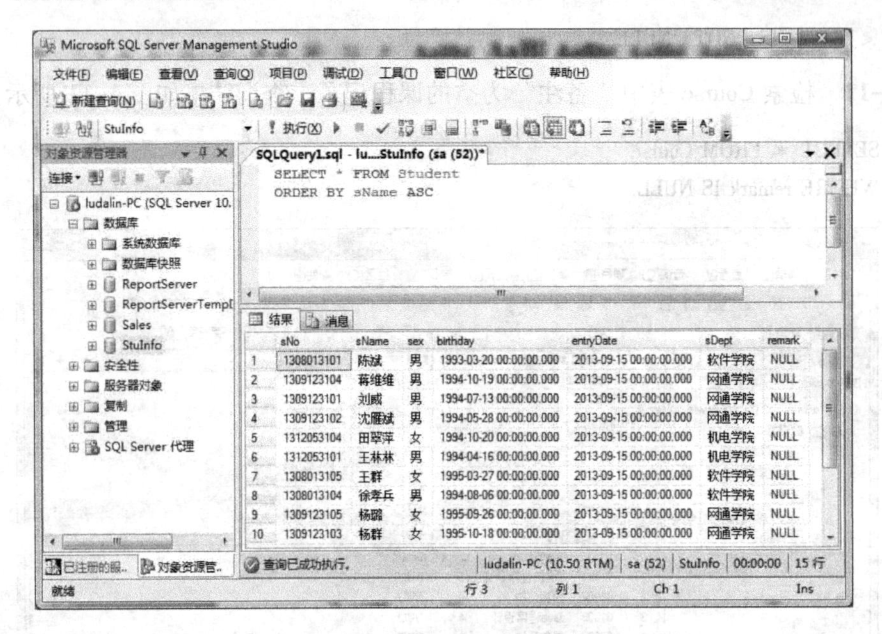

图 4-12　“例 4-12”查询结果

例 4-13　按出生日期的降序排列 Student 表。查询结果如图 4-13 所示。

```
SELECT * FROM Student
ORDER BY birthday DESC
```

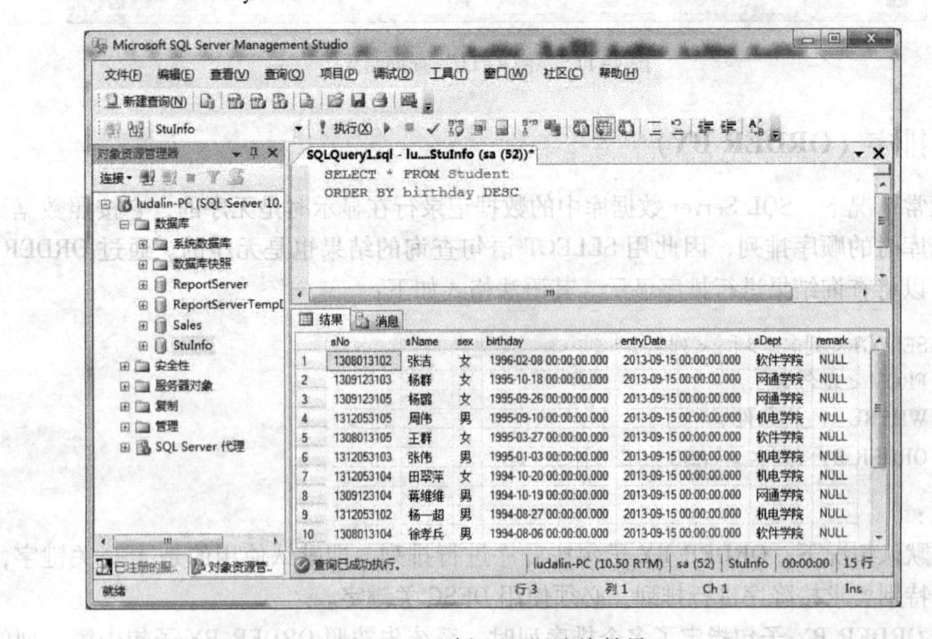

图 4-13　“例 4-13”查询结果

例 4-14 查询 Student 表中的数据，先按性别的降序排列，当性别相同时再按照学号的升序排列。查询结果如图 4-14 所示。

```
SELECT * FROM Student
ORDER BY sex DESC,sNo
```

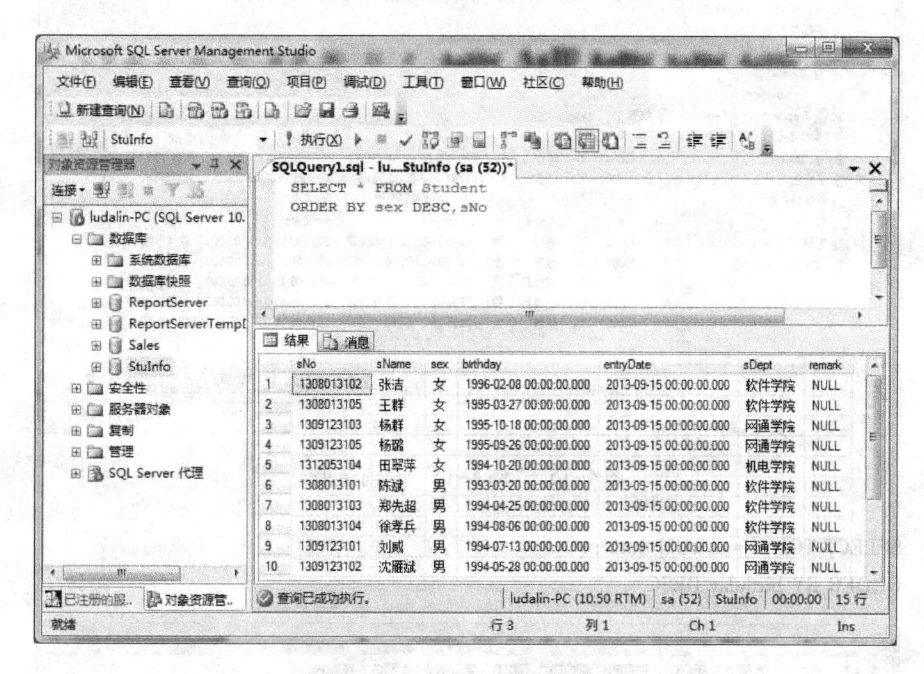

图 4-14 “例 4-14”查询结果

4.2.4 使用 TOP 和 DISTINCT 关键字

1. TOP 关键字

在 SELECT 子句中利用 TOP 关键字限制返回到结果集中的行数。其语法格式如下：

```
SELECT [ <TOP  n> | <TOP  n  PERCENT> ]  <列名表>
FROM <表名>
WHERE <查询条件>
```

其中，

- <TOP n>：表示返回前 n 行。
- <TOP n PERCENT>：表示返回前 n% 行。

例 4-15 分别从 Student 表中检索出前两个及表中前 30% 的学生信息。查询结果如图 4-15 所示。

```
SELECT TOP 2 * FROM Student
SELECT TOP 30 PERCENT * FROM Student
```

例 4-16 查询 Student 表中年龄最小的三个学生信息。查询结果如图 4-16 所示。

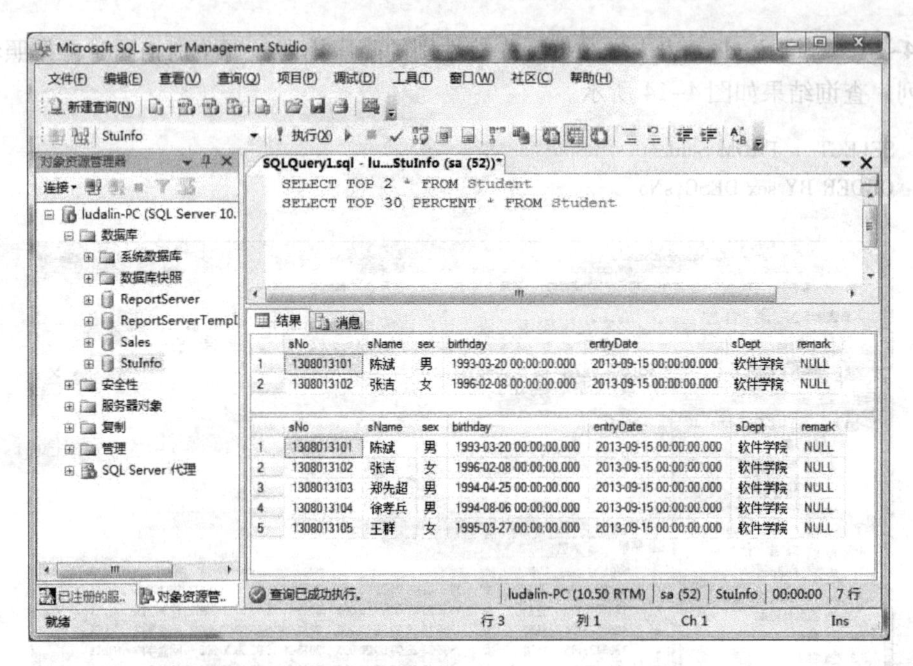

图 4-15 “例 4-15”查询结果

```
SELECT TOP 3 * FROM Student
ORDER BY birthday DESC
```

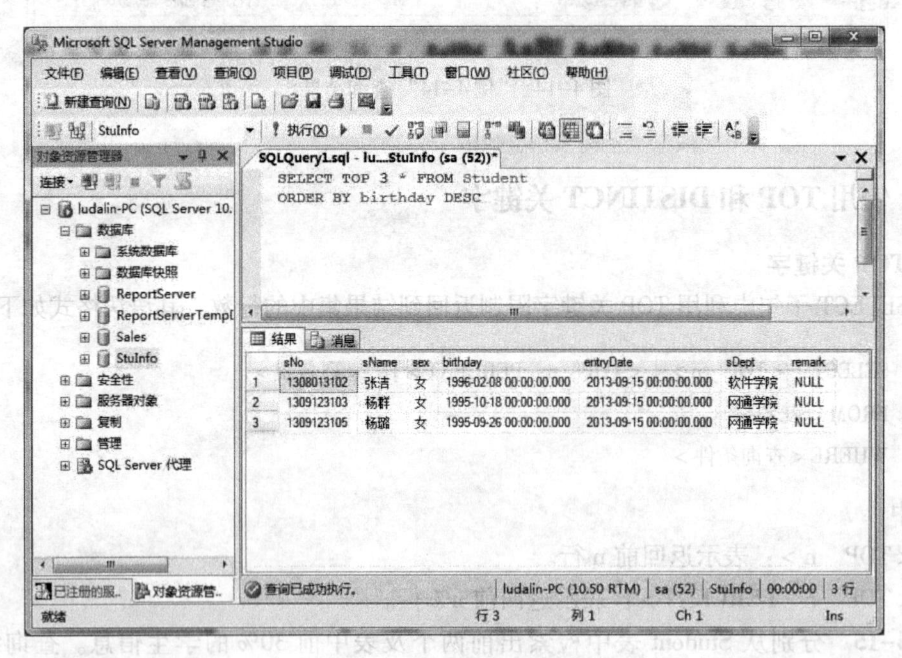

图 4-16 “例 4-16”查询结果

2. DISTINCT 关键字

使用 DISTINCT 关键字可以从返回的结果集中删除重复的行，使结果更简洁。其语法格式如下：

```
SELECT [ ALL | DISTINCT] < 列名表 >
FROM < 表名 >
WHERE < 查询条件 >
```

其中，

- DISTINCT：结果集删除多余行。
- ALL（默认）：结果集保留所有行。

例 4-17 查询 Score 表，显示选修了课程的学生学号，如果有多个相同的学号，只需显示一次学号。查询结果如图 4-17 所示。

```
SELECT DISTINCT sNo FROM Score
```

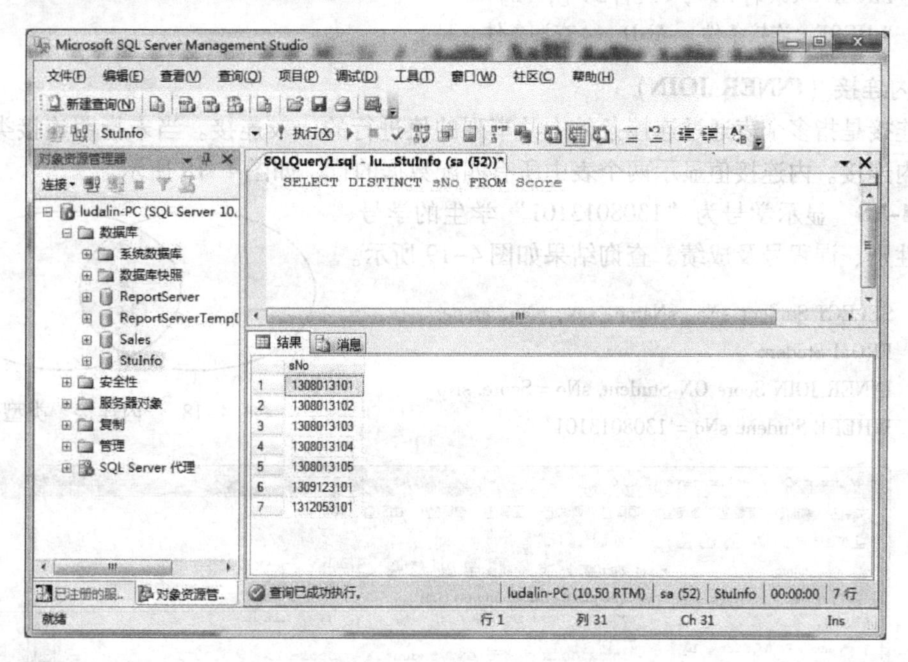

图 4-17 “例 4-17”查询结果

注：DISTINCT 关键字的作用范围是整个查询的结果集，而不是单独的一列。如果同时对两列数据进行查询时，使用 DISTINCT 关键字将返回这两列数据的唯一组合。

4.3 高级查询

4.3.1 多表查询

关系数据库数据表设计时，为了减少冗余，确保数据的一致性、完整性，要求数据表的设计符合规范（比如 3NF），为了遵循这些规范，往往需要将数据分离到多张表中。

然而实际应用时，又往往需要将多张表的相关数据提取，聚合后一起提供给用户，即需要多表查询。

多表查询的本质是多张表通过关联的列的连接，也称为“连接查询”。

多表（连接）查询有两种语法：ANSI 语法、SQL Server 语法。

- ANSI 连接查询语法如下：

```
SELECT <列名表>
FROM   <表名1>   [<连接类型>] JOIN   <表名2>   ON   <连接条件>
WHERE <查询条件>
```

注： 连接类型包括：内连接、外连接（左外、右外、完全）、交叉连接。

- SQL Server 连接查询语法如下：

```
SELECT <列名表>
FROM   <表名1>，<表名2>[,…n]
WHERE <连接条件> AND   <查询条件>
```

1. 内连接（INNER JOIN）

内连接是指多个表通过连接条件中共享列的值进行的比较连接。当未指明连接类型时，默认为内连接。内连接值显示两个表中所有匹配数据的行，如图 4-18 所示。

例 4-18 显示学号为“1308013101”学生的学号、姓名、性别、课程号及成绩。查询结果如图 4-19 所示。

```
SELECT Student.sNo, sName, sex, cNo, grade
FROM Student
INNER JOIN Score ON Student.sNo = Score.sNo
WHERE Student.sNo ='1308013101'
```

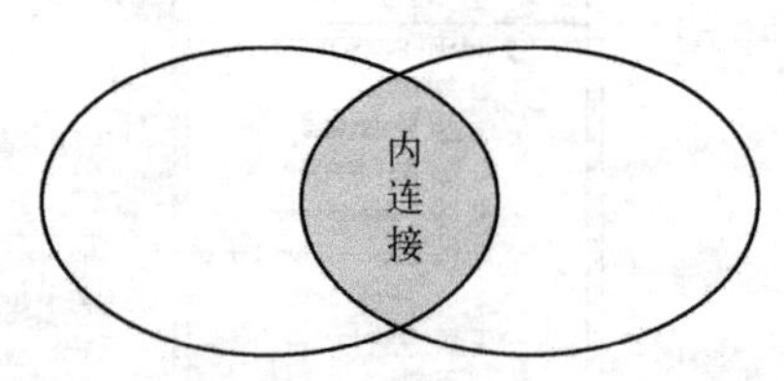

图 4-18 “内连接”类型

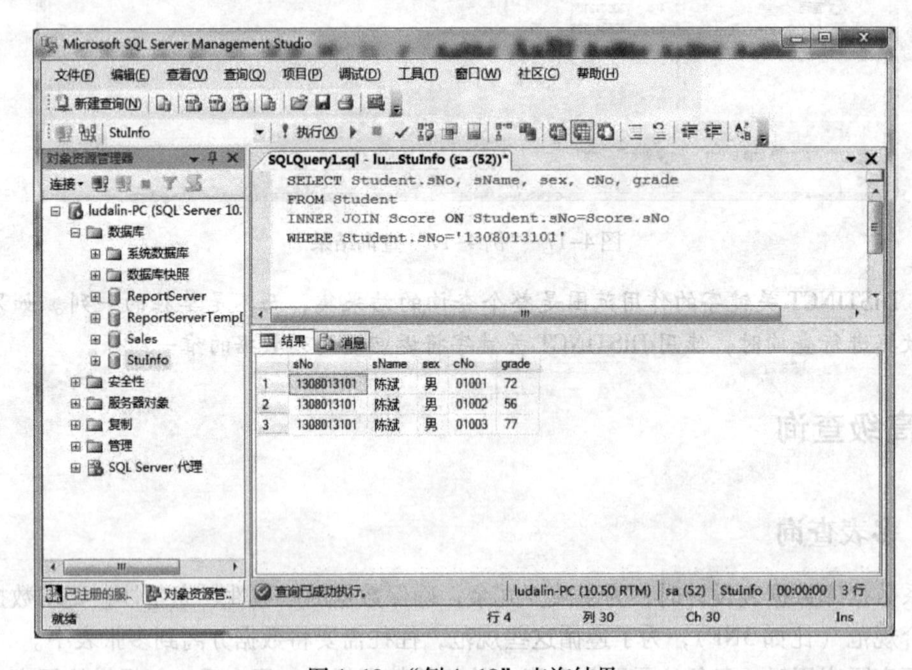

图 4-19 “例 4-18”查询结果

或：

```
SELECT Student.sNo,sName, sex, cNo, grade
```

```
FROM Student, Score
WHERE Student. sNo = Score. sNo
AND Student. sNo ='1308013101'
```

注：当单个查询引用多个表时，所有列都必须明确。在查询所引用的两个或多个表之间，任何重复的列名都必须用表名限定，如 Student. sNo，表示引用了 Student 表中的 sNo 列。如果某个列名在查询用到的两个或多个表中不重复，如 sName，则对该列的引用不必用表名限定。

为了增加可读性，可以使用表的别名。表的别名的命令语法格式如下：

```
FROM table_name table_alias
```

使用表的别名更改例 4-18 如下：

```
SELECT S. sNo,sName, sex, cNo, grade
FROM Student S
INNER JOIN Score G ON S. sNo = G. sNo
WHERE S. sNo ='1308013101'
```

注：一旦使用了别名代替某个表，则在连接时必须用表的别名，不能再用表的原名。

例 4-19 查询学号为“1308013101”学生的学号、姓名、性别、课程名及成绩。查询结果如图 4-20 所示。

```
SELECT S. sNo,sName, sex, cName, grade
FROM Student S
INNER JOIN Score G ON S. sNo = G. sNo
INNER JOIN Course C ON C. cNo = G. cNo
WHERE S. sNo ='1308013101'
```

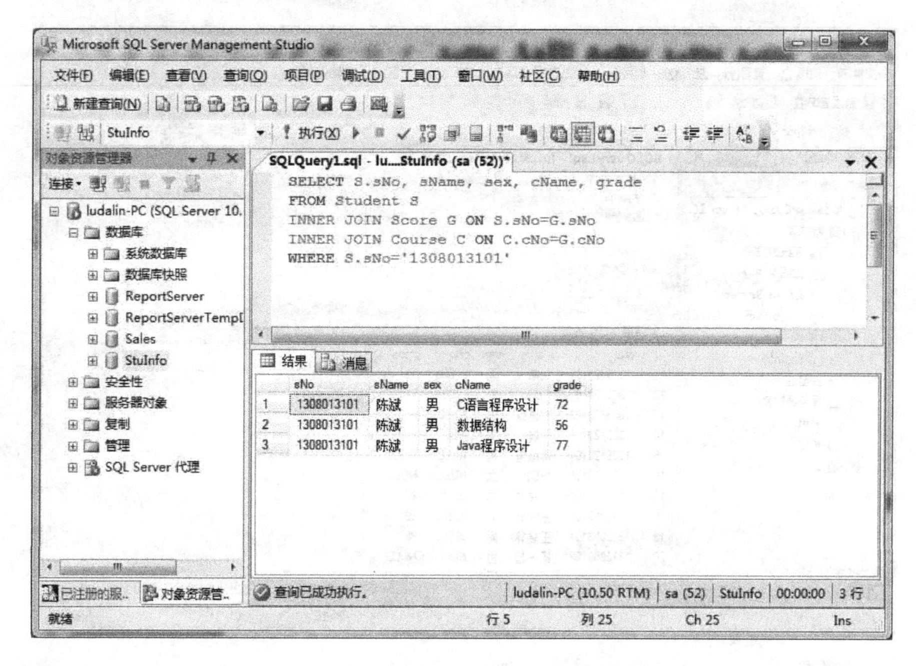

图 4-20 “例 4-19”查询结果

或：

```
SELECT S. sNo, sName, sex, cName, grade
FROM Student S, Score G, Course C
WHERE S. sNo = G. sNo
AND C. cNo = G. cNo
AND S. sNo ='1308013101'
```

2. 外连接（OUTER JOIN）

外连接显示包含来自一个表中所有行和来自另一个表中匹配行的结果集。如图 4-21 所示。

外连接又分为左外连接、右外连接和完全外连接。

（1）左外连接（LEFT OUTER JOIN）。

左外连接返回 LEFT OUTER JOIN 关键字左侧指定表（左表）的所有行和右侧指定表（右表）的匹配的行。对于来自左表中的行，在右表中没有发现匹配的行，那么在来自右表中数据的列中将显示 NULL 值。

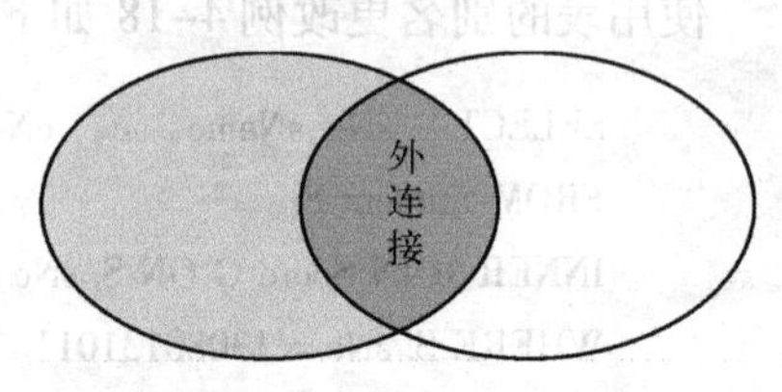

图 4-21 “外连接”类型

例 4-20 显示所有学生的学号、姓名、性别以及其选修的课程号和成绩。查询结果如图 4-22 所示。

```
SELECT S. sNo, sName, sex, cNo, grade
FROM Student S
LEFT OUTER JOIN Score G ON S. sNo = G. sNo
```

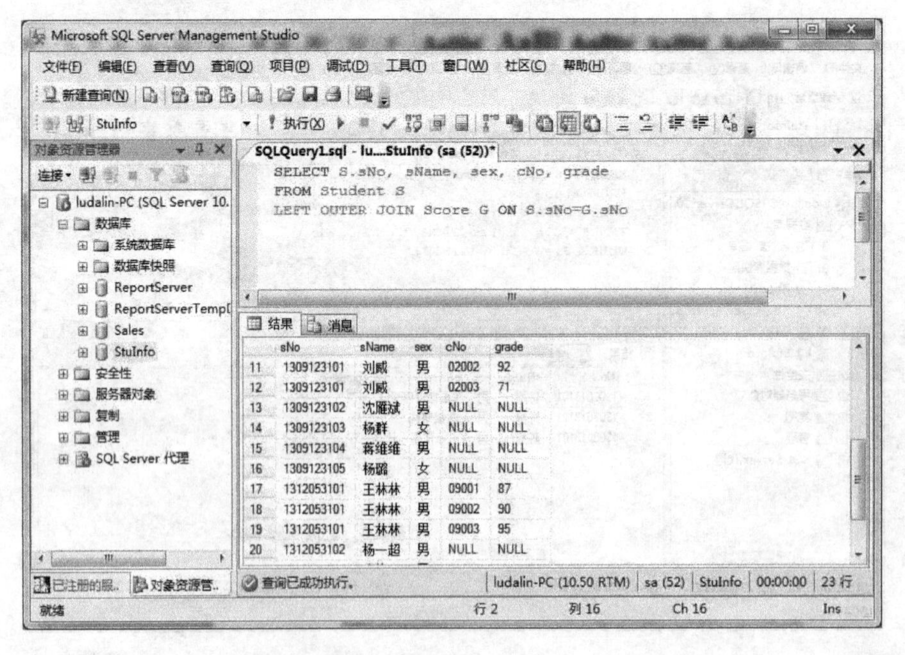

图 4-22 “例 4-20”查询结果

例 4-21　显示所有课程的课程号、课程名以及选修学生的学号和成绩。查询结果如图 4-23 所示。

```
SELECT C. cNo, cName, sNo, grade
FROM Course C
LEFT OUTER JOIN Score G ON C. cNo = G. cNo
```

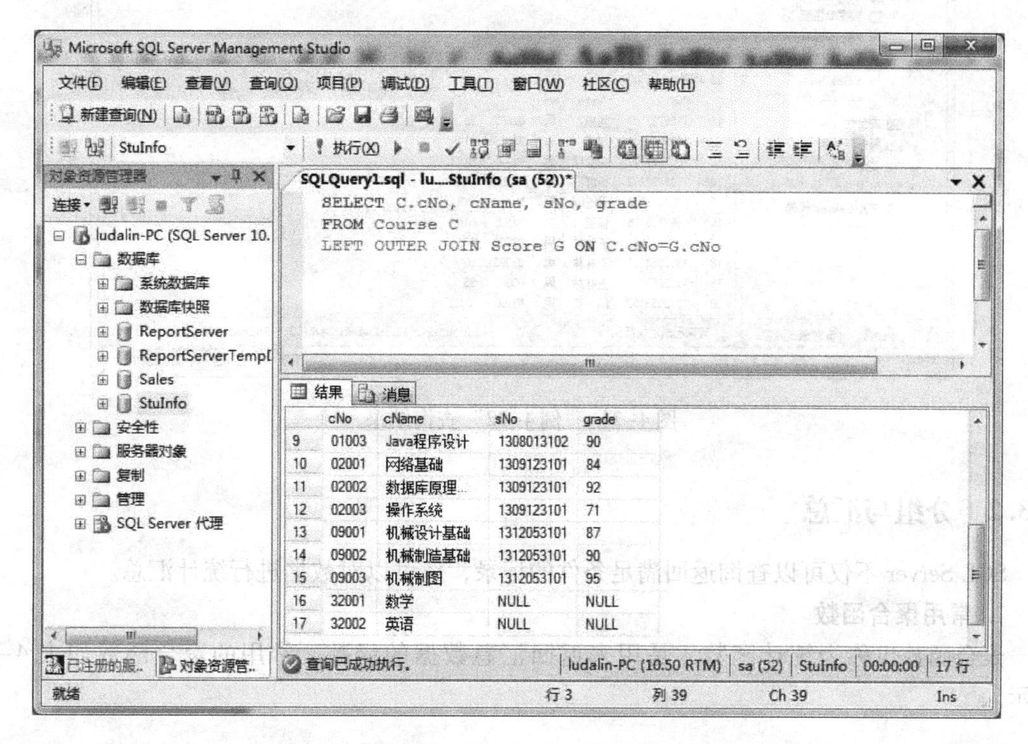

图 4-23　“例 4-21” 查询结果

（2）右外连接（RIGHT OUTER JOIN）。

右外连接即在连接两表时，结果集包含右表所有行以及左表匹配的行；对于来自右表的行，如果左表无匹配，左表的数据列显示 NULL。

例 4-22　将例 4-20 使用右外连接实现。查询结果如图 4-24 所示。

```
SELECT S. sNo,sName, sex, cNo, grade
FROM Score G
RIGHT OUTER JOIN Student S ON G. sNo = S. sNo
```

（3）完全外连接（FULL OUTER JOIN）。

完全外连接是左外连接和右外连接的组合。这个连接返回来自两个表的所有匹配和非匹配行。其中，匹配记录仅显示一次。在非匹配行的情况下，对于数据不可用的列将显示 NULL 值。

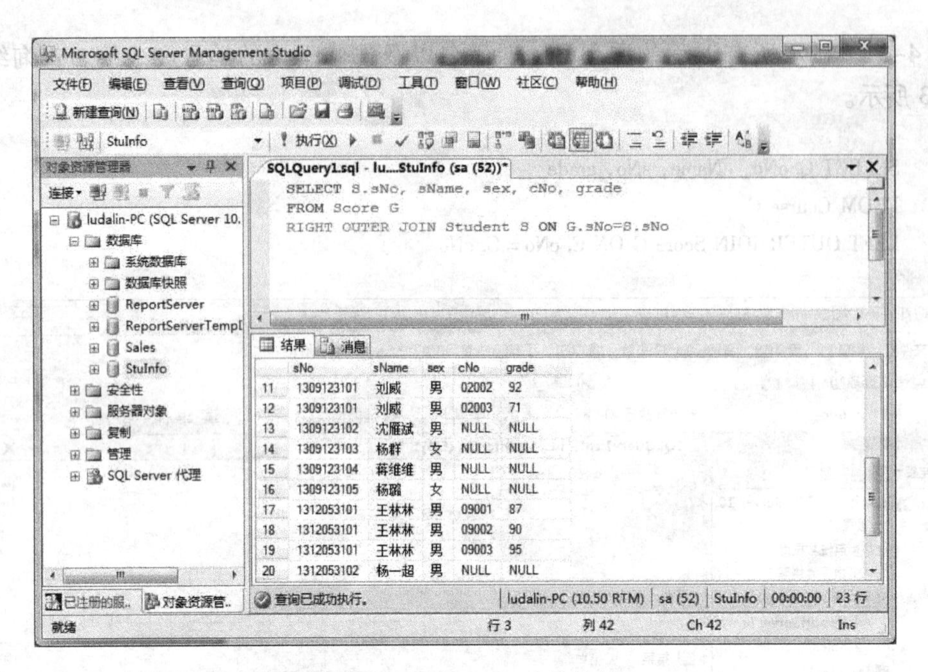

图 4-24 “例 4-22”查询结果

4.3.2 分组与汇总

SQL Server 不仅可以查询返回满足条件的记录，还可以对数据进行统计汇总。

1. 常用聚合函数

聚合函数也称为统计函数，是用来返回汇总数据的函数。常用的聚合函数如表 4-7 所示。

表 4-7 常用的聚合函数

序号	函数名	描述
1	AVG(expression)	平均值
2	MAX(expression)	最大值
3	MIN(expression)	最小值
4	SUM(expression)	求和
5	COUNT([DINTINCT] expression) COUNT(*)	统计数据记录行数。使用 DISTINCT 关键字，则删除重复值

例 4-23 求学号为“1308013101”学生选修课程的最高分、最低分、平均分以及总分。查询结果如图 4-25 所示。

```
SELECT MAX(grade) AS '最高分', MIN(grade) AS '最低分',
AVG(grade) AS '平均分', SUM(grade) AS '总分'
FROM Score WHERE sNo ='1308013101'
```

例 4-24 统计 Student 表中的学生人数。查询结果如图 4-26 所示。

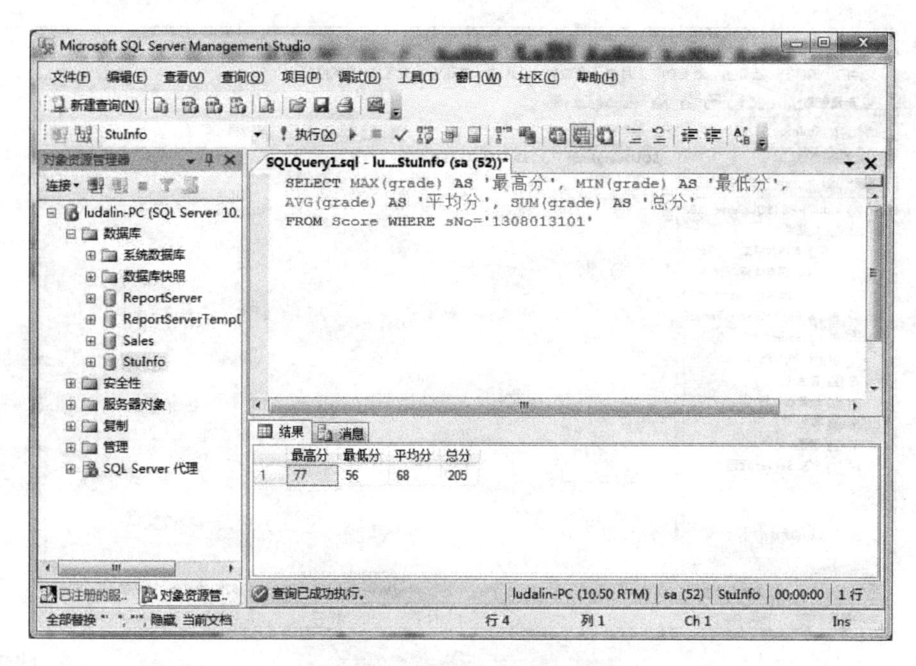

图 4-25 “例 4-23”查询结果

```
SELECT COUNT( * ) AS '学生人数'
FROM Student
```

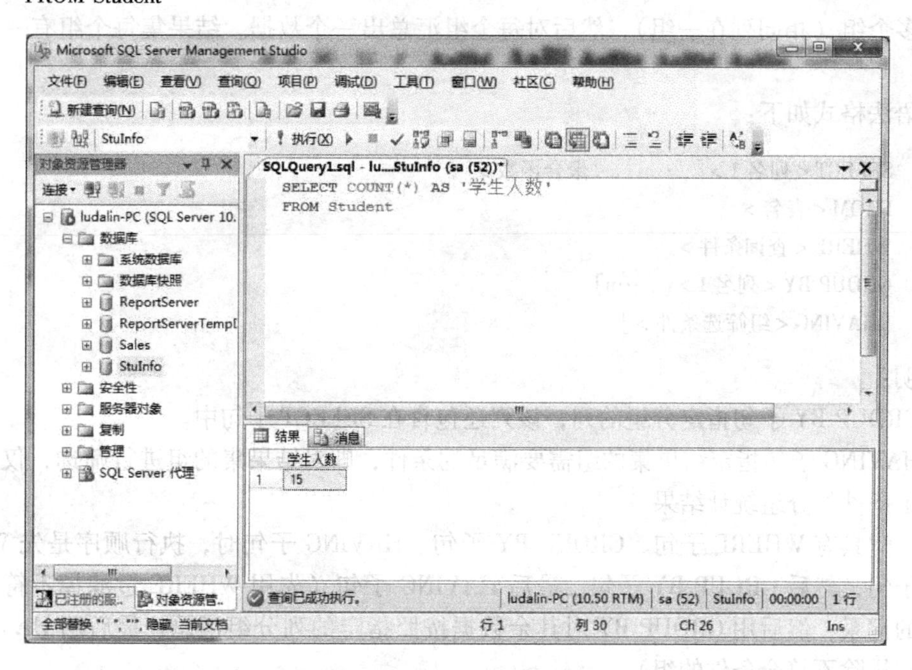

图 4-26 “例 4-24”查询结果

例 4-25 统计已被学生选修的课程数量。查询结果如图 4-27 所示。

```
SELECT COUNT(DISTINCT cNo) AS '选修课程数'
FROM Score
```

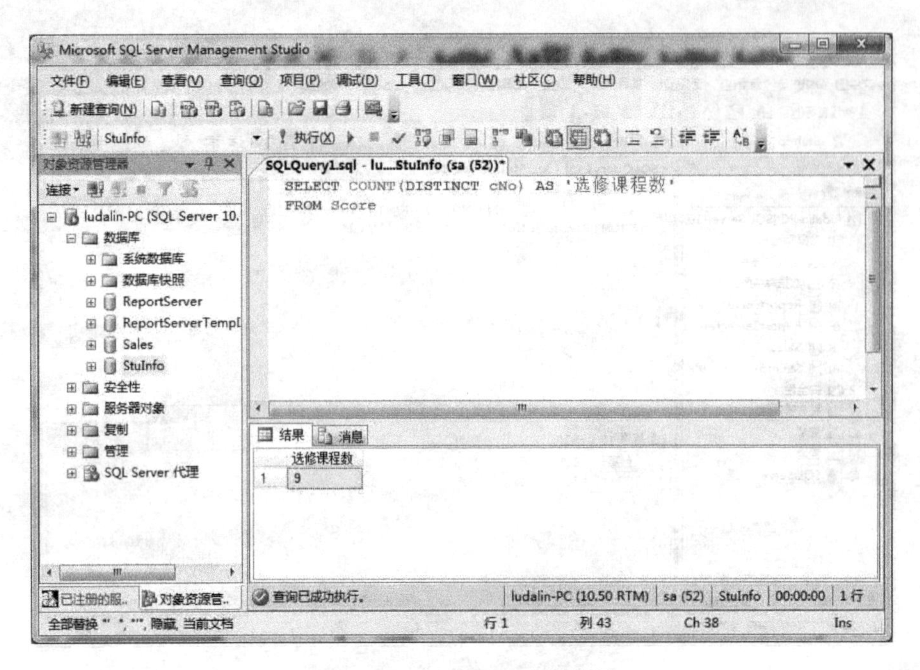

图 4-27 “例 4-25”查询结果

2. 使用分组汇总子句

使用 GROUP BY 子句，显示分组的汇总数据。该子句的功能是按照指定的列，先将数据分成多个组（相同列在一组），然后对每个组汇总出一个数据。结果集每个组有一行汇总数据。

其语法格式如下：

```
SELECT <列名1>[,…n],<聚合函数>
FROM <表名>
WHERE <查询条件>
GROUP BY <列名1>[,…n]
[HAVING <组筛选条件>]
```

说明：

- GROUP BY 子句指定分组的列，该列还包含在 SELECT 子句中。
- HAVING 子句指定结果集的组需要满足的条件，即对结果集的组进行筛选，仅显示满足条件的分组统计结果。
- 同时具有 WHERE 子句、GROUP BY 子句、HAVING 子句时，执行顺序是先 WHERE 子句，然后 GROUP BY 子句，最后 HAVING 子句（先用 WHERE 过滤掉不符合条件的记录；然后用 GROUP BY 对其余数据按照指定的列分组汇总；最后用 HAVING 子句排除不符合条件的组）。

例 4-26 分组统计男、女学生的人数。查询结果如图 4-28 所示。

```
SELECT sex AS '性别', COUNT(*) AS '学生人数'
FROM Student
GROUP BY sex
```

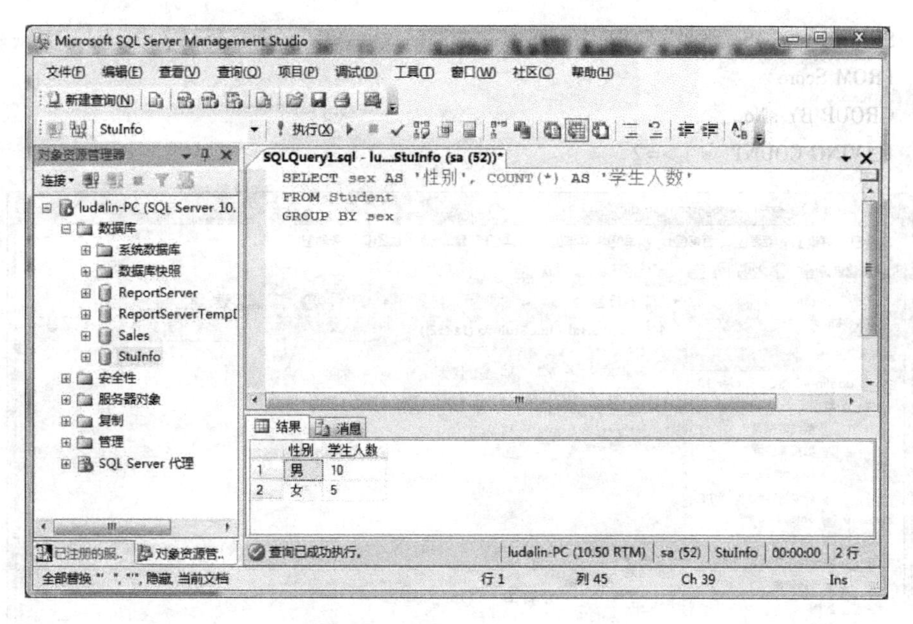

图 4-28 “例 4-26”查询结果

例 4-27 分组统计“软件学院”的男、女学生的人数。查询结果如图 4-29 所示。

```
SELECT sex,COUNT( * ) AS '学生人数'
FROM Student
WHERE sDept = '软件学院'
GROUP BY sex
```

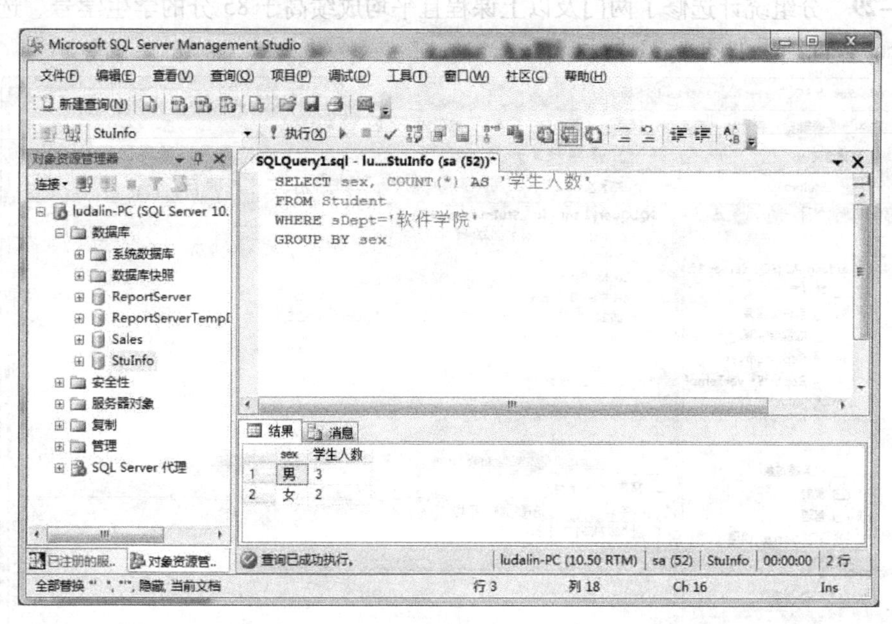

图 4-29 “例 4-27”查询结果

例 4-28 分组统计选修了两门及以上课程的学生学号、选课门数及平均分。查询结果如图 4-30 所示。

```
SELECT sNo AS '学号',COUNT( * ) AS '选课门数',AVG(grade) AS '平均分'
FROM Score
GROUP BY sNo
HAVING COUNT( * ) >=2
```

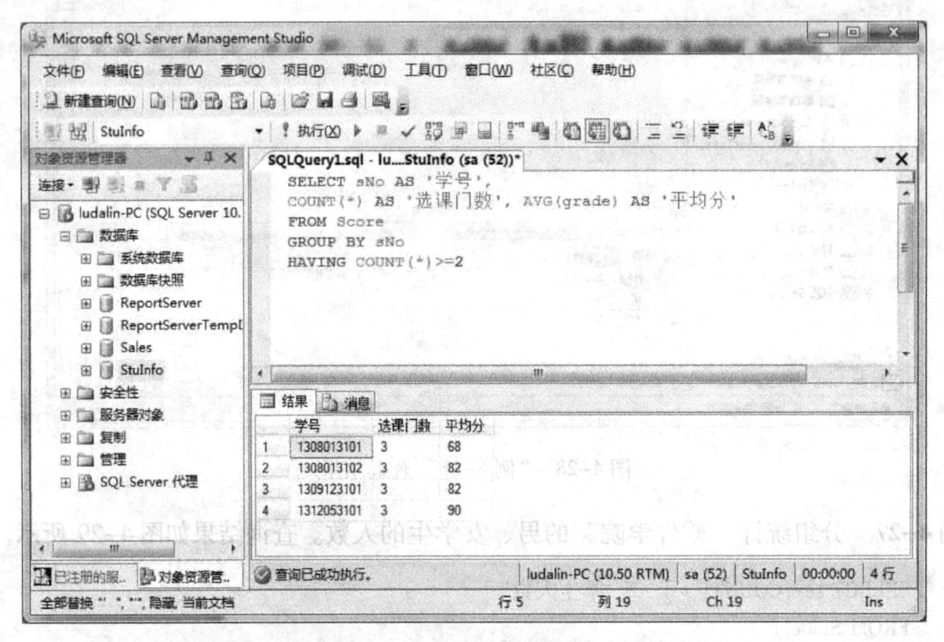

图 4-30 “例 4-28”查询结果

例 4-29 分组统计选修了两门及以上课程且平均成绩高于 85 分的学生学号、选修门数及平均分。查询结果如图 4-31 所示。

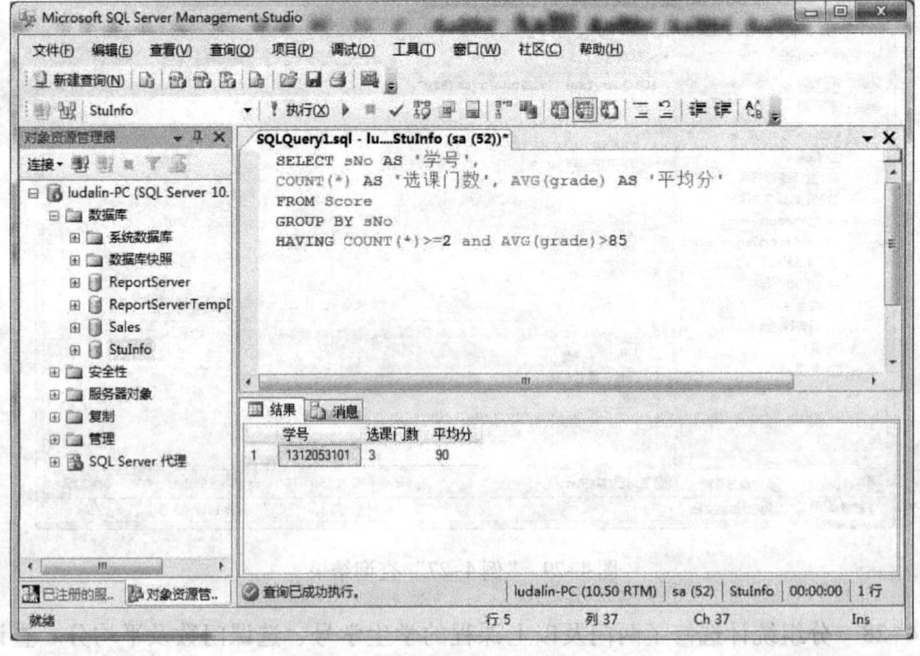

图 4-31 “例 4-29”查询结果

```
SELECT sNo AS '学号',COUNT( * ) AS '选课门数',AVG(grade) AS '平均分'
FROM Score
GROUP BY sNo
HAVING COUNT( * ) >=2 and AVG(grade) >85
```

4.3.3 嵌套查询

嵌套查询指的是一个 SELECT 语句内再嵌入另外一个 SELECT 语句。外层的 SELECT 语句称为外部查询、父查询，内层的 SELECT 语句称为内部查询、子查询。

使用子查询时需注意：

- 子查询可以嵌套多层。
- 子查询需用圆括号“()”括起来。
- 子查询中不能使用 COMPUTE [BY]和 INTO 子句。
- 子查询的 SELECT 语句中不能使用 image、text 或 ntext 数据类型。

1. 子查询返回值的类型为单列单值

可以使用父查询的字段值直接与之比较（关系运算）。

例 4-30 查询与学号“1308013101”的学生在同一个院系的学生名单。查询结果如图 4-32 所示。

```
SELECT * FROM Student
WHERE sDept =
(SELECT sDept FROM Student WHERE sNo ='1308013101 ')
```

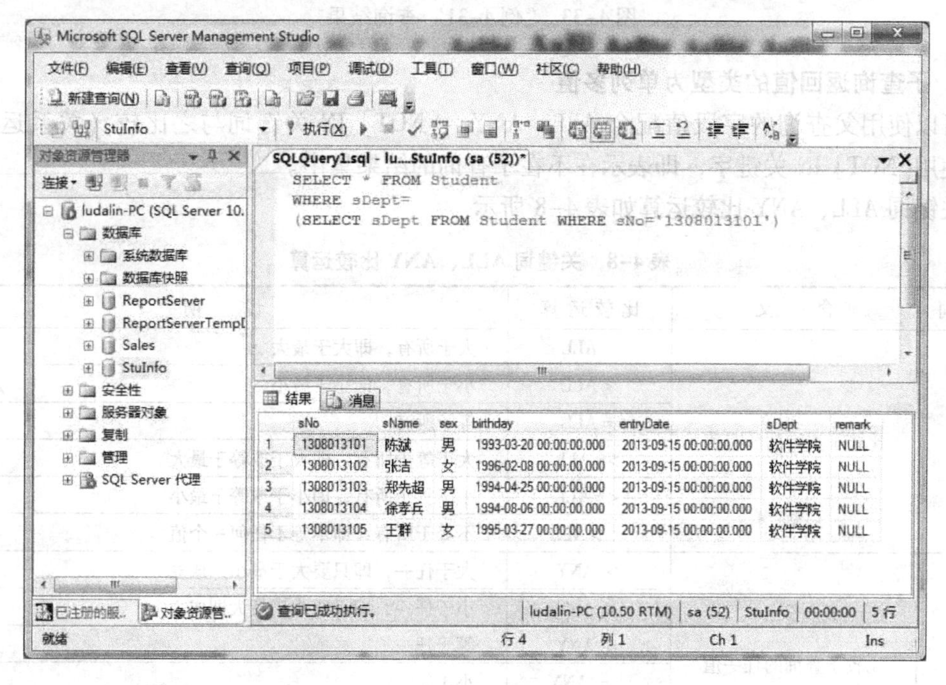

图 4-32 “例 4-30”查询结果

例 4-31 查询选修“01001”课程、成绩超过该课程平均分的学生学号及其成绩。查询结果如图 4-33 所示。

```
SELECT sNo,grade
FROM Score WHERE cNo = '01001 'And grade >
(SELECT avg(grade) FROM score WHERE cNo = '01001 ')
```

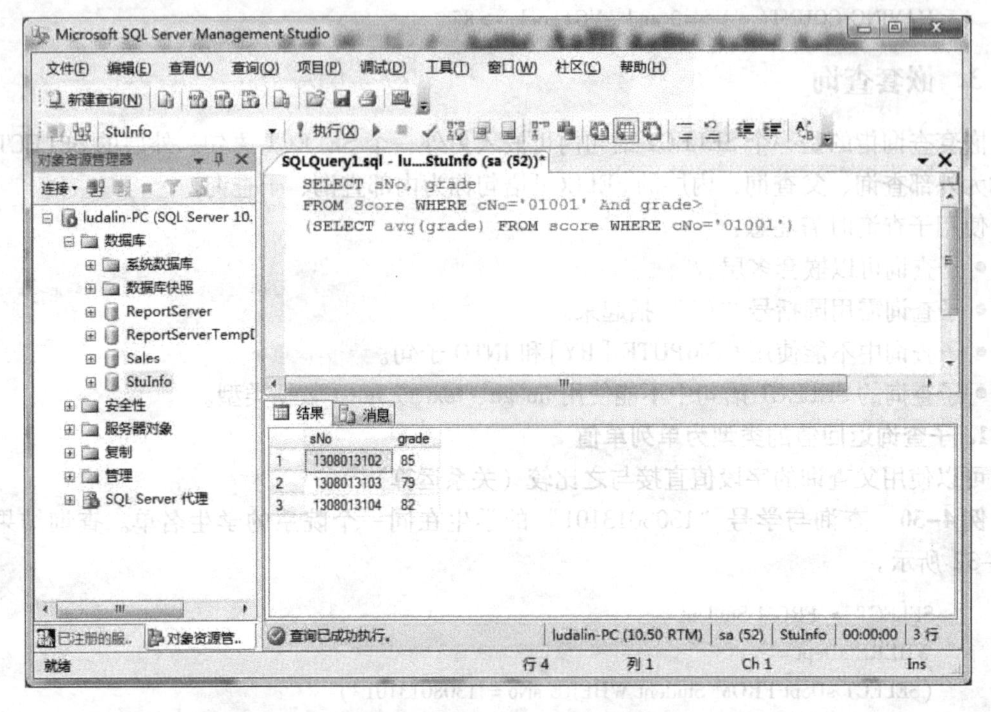

图 4-33 “例 4-31”查询结果

2. 子查询返回值的类型为单列多值

可以使用父查询的字段值配合 ALL、ANY、[NOT] IN 关键词与之比较（关系运算）。或者使用[NOT] IN 关键字，即表示在不在子查询的结果集中。

关键词 ALL、ANY 比较运算如表 4-8 所示。

表 4-8 关键词 ALL、ANY 比较运算

关键词	含　义	比较运算	说　明
ALL	比较子查询的所有值	>ALL	大于所有，即大于最大
		<ALL	小于所有，即小于最小
		=ALL	等于所有
		>=ALL	大于等于所有，即大于或等于最大
		<=ALL	小于等于所有，即小于或等于最小
		< >ALL	不等于所有，即不等于任何一个值
ANY	比较子查询的任一值	> ANY	大于任一，即只要大于最小即成立
		< ANY	小于任一，即只要小于最大即成立
		= ANY	等于任一
		>= ANY	小于等于任一
		<= ANY	大于等于任一
		< >ANY	不等于任一

例 4-32 查询选修了“01001”课程的学生名单。查询结果如图 4-34 所示。

```
SELECT * FROM Student
WHERE sNo =
ANY(SELECT sNo FROM Score WHERE cNo = '01001 ')
```

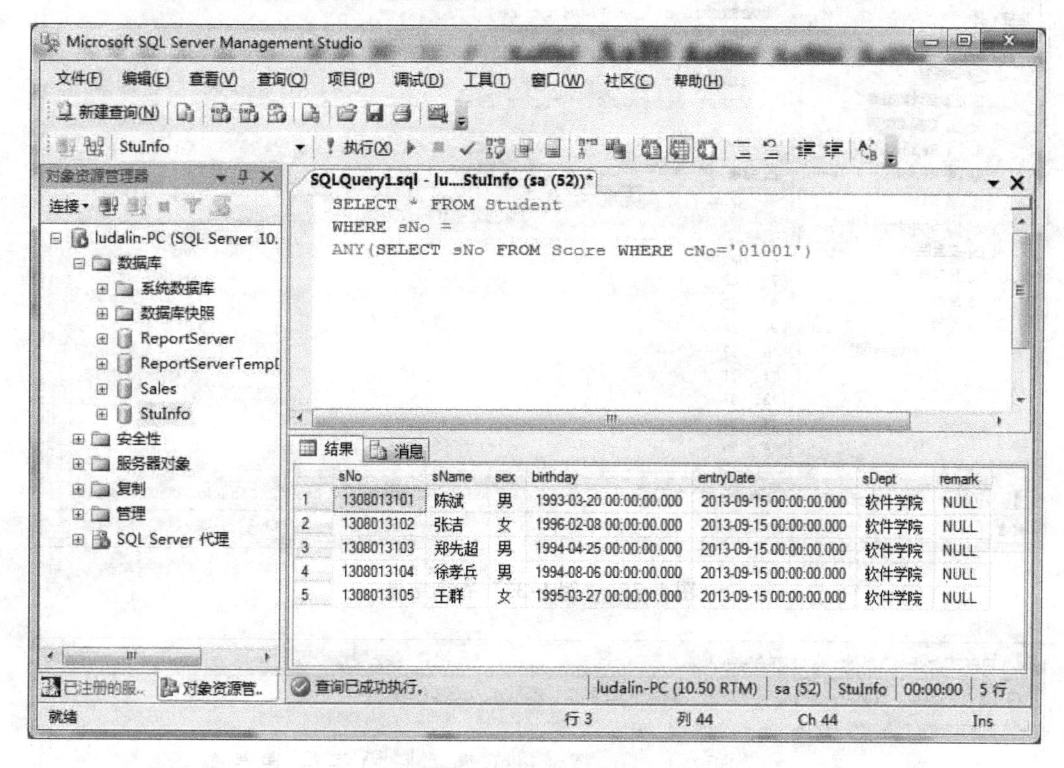

图 4-34 “例 4-32”查询结果

例 4-33 试比较下列两个查询语句的不同。查询结果如图 4-35 所示。

```
SELECT grade FROM Score
WHERE grade > ALL(SELECT grade FROM Score)
GO
SELECT grade FROM Score
WHERE grade > ANY(SELECT grade FROM Score)
```

例 4-34 例 4-32 使用 IN 关键字实现。查询结果如图 4-36 所示。

```
SELECT * FROM Student
WHERE sNo IN
(SELECT sNo FROM Score WHERE cNo = '01001 ')
```

例 4-35 显示没有选修“01001”课程的女生名单。查询结果如图 4-37 所示。

```
SELECT * FROM Student
WHERE sex = '女' And sNo NOT IN
(SELECT sNo FROM Score WHERE cNo = '01001 ')
```

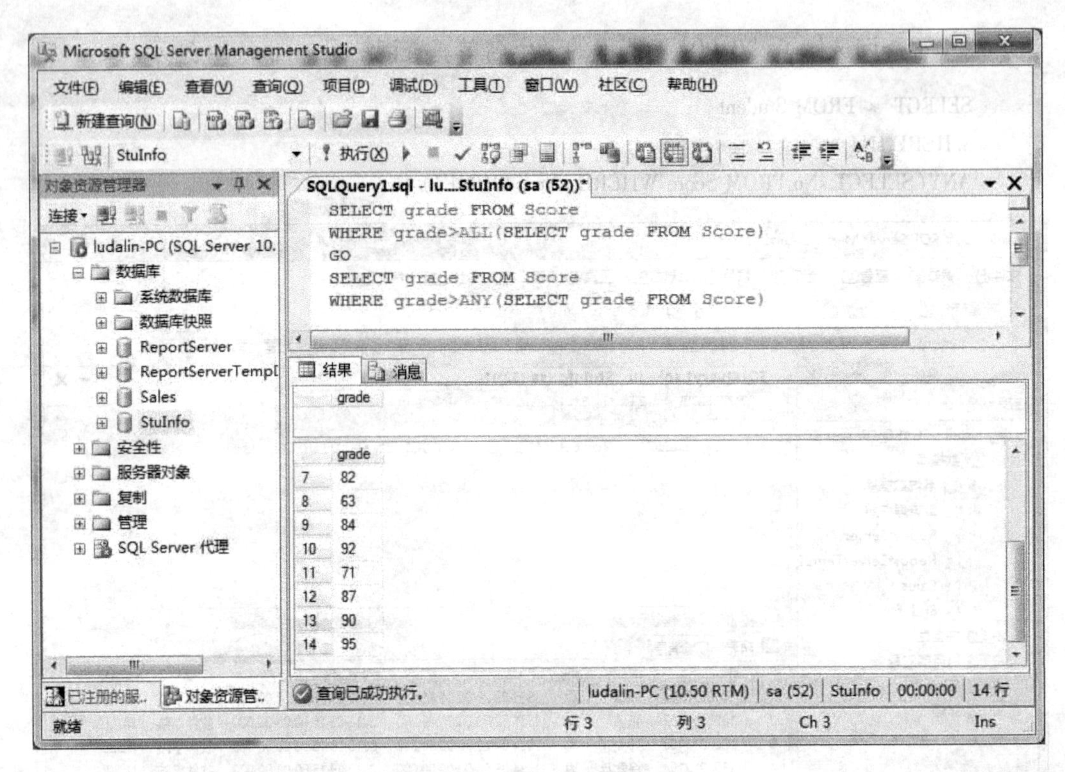

图 4-35 “例 4-33” 查询结果

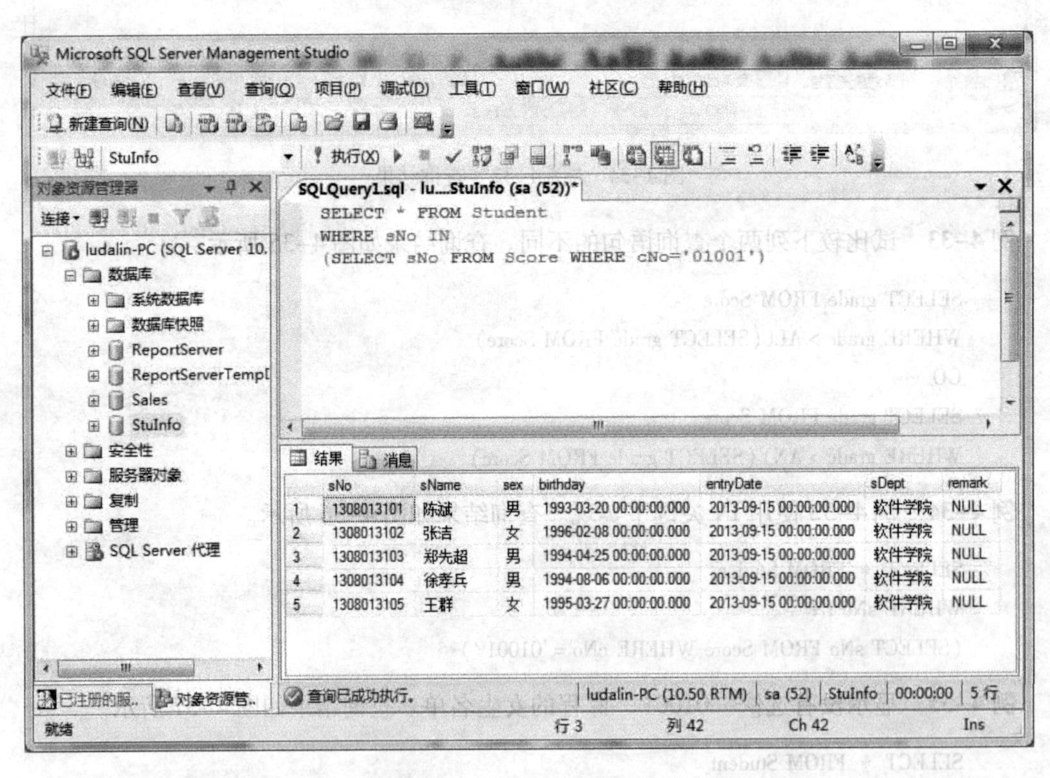

图 4-36 “例 4-34” 查询结果

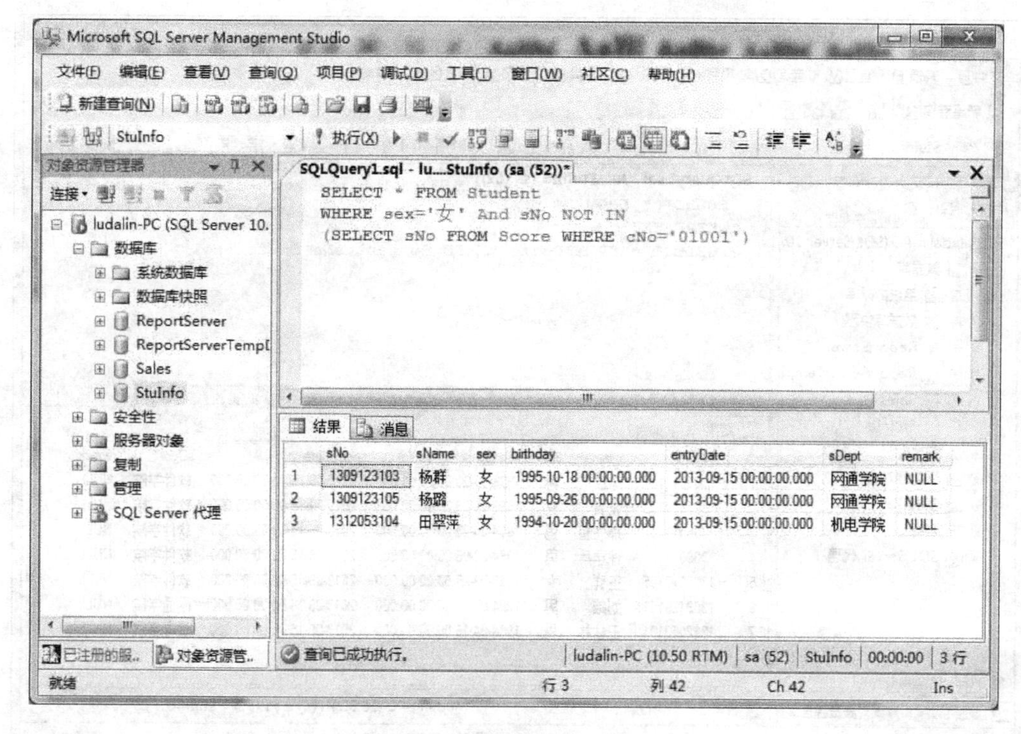

图 4-37 “例 4-35”查询结果

3. 子查询返回值的类型为多列数据

可以使用父查询字段与［NOT］EXISTS 组合使用。

在 WHERE 子句中使用 EXISTS 关键字，表示判断子查询的结果集是否为空，如果子查询至少返回一行时，WHERE 子句的条件为真，返回 TRUE；否则条件为假，返回 FALSE。加上关键字 NOT，则刚好相反。

子查询分为相关子查询和不相关子查询。

- 相关子查询：子查询的查询条件依赖父查询的某个表的属性值。
- 不相关子查询：子查询的查询条件不依赖父查询的某个表的属性值。

求解相关子查询和求解不相关子查询的过程是不同的，分别说明如下。

- 相关子查询：从外到里，逐行扫描父查询，核对子查询条件是否为真，若为真，则将此行作为记录集的一行。
- 不相关子查询：一次求解子查询，再求解父查询。

例 4-36 查询选修课程的学生名单，使用关键字 EXISTS。查询结果如图 4-38 所示。

```
SELECT * FROM Student
WHERE EXISTS
(SELECT * FROM Score WHERE Student.sNo = Score.sNo)
```

注：

- EXISTS 关键字前面没有列名、常量或其他表达式。
- 由 EXISTS 引出的子查询，其选择列表达式通常都用（*），这是因为，带 EXISTS 的子查询只是测试是否存在符合子查询中指定条件的行，所以不必列出列名。

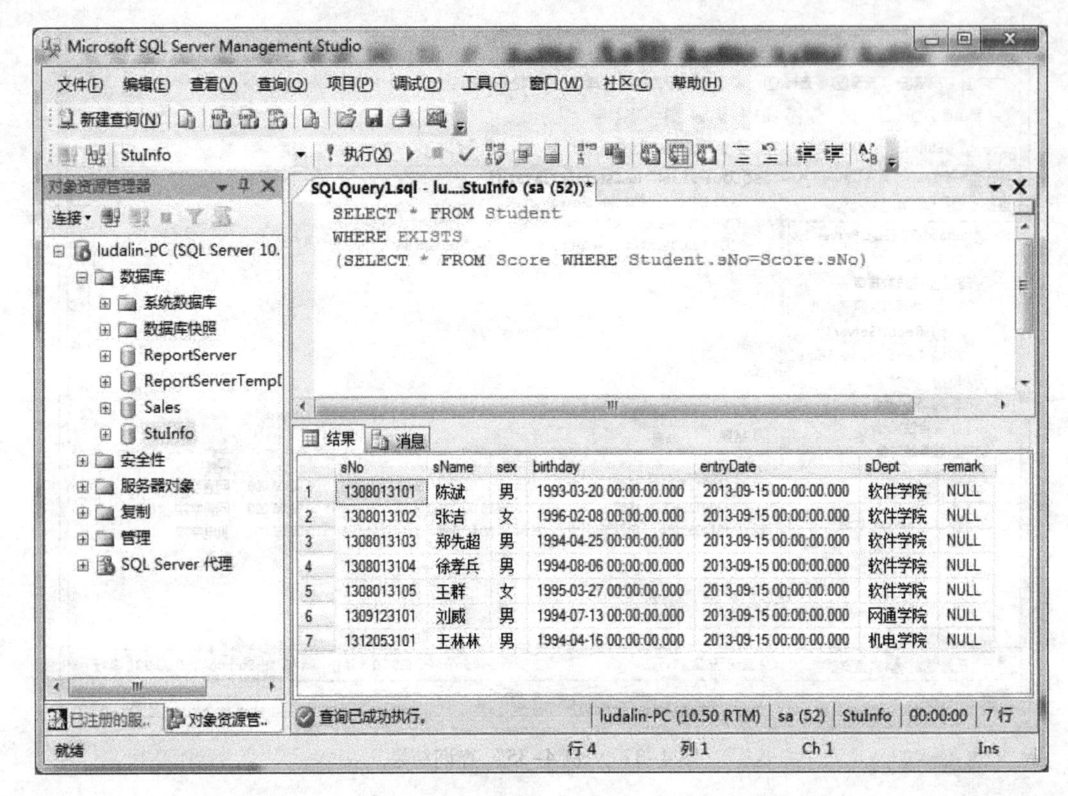

图 4-38 “例 4-36”查询结果

4.3.4 通过查询创建新表

在对表进行查询时，可以使用 INTO 子句将查询结果生成一个新表，此方法常用于创建表的副本或创建临时表（在表名前加#或##表示）。其语法格式如下：

```
SELECT <列名 1>[,…n]
INTO <新的表名>
FROM <表名>
WHERE <查询条件>
```

说明：新表的列为 SELECT 子句指定的列，原表中列的数据类型和允许为空属性不变，但其他所有信息，如默认值、约束等被忽略。

例 4-37 查询所有“网通学院”学生信息，并把查询结果保存到新表 temp_student 中。查询结果如图 4-39 所示。

```
SELECT *
INTO temp_student
FROM Student
WHERE sDept = '网通学院'
SELECT * FROM temp_student
```

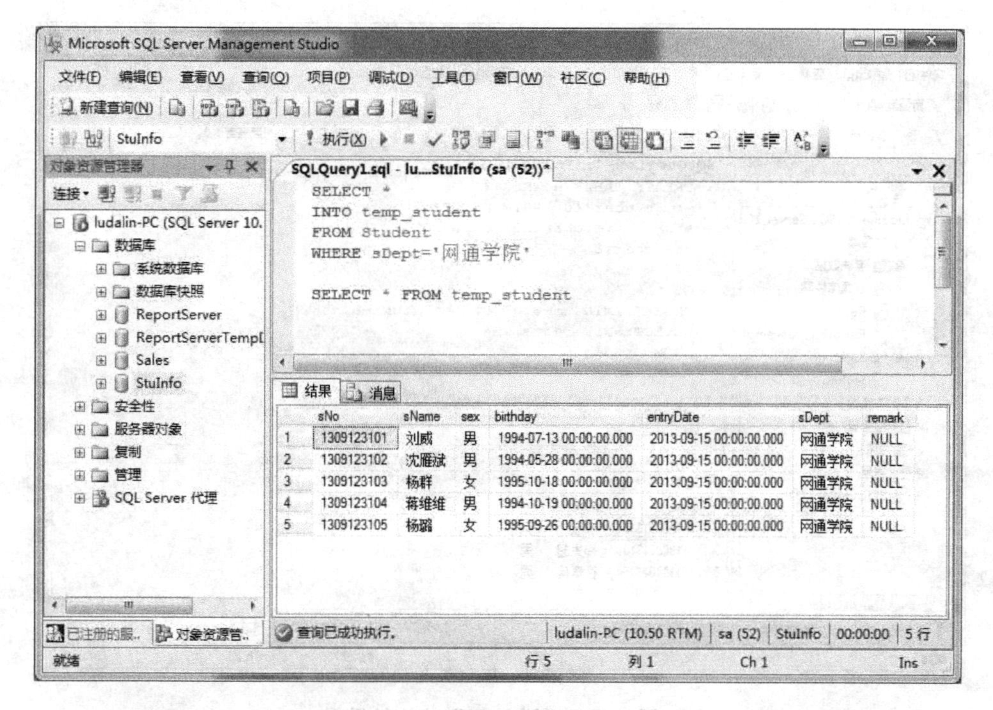

图 4-39 “例 4-37”查询结果

4.3.5 带子查询的数据更新

1. 插入子查询结果（INSERT）

其语法格式如下：

```
INSERT
INTO <表名> [ ( <字段 1> [ , <字段 2> … ] ) ]
SELECT [ ( <字段 A> [ , <字段 B> … ] ) ]
FROM <表名>
[ WHERE <条件表达式> ]
```

例 4-38 创建 newStu 表，包含三个字段 stuNo、stuName 和 sex。将 Student 表中的“软件学院”的男生数据插入到 newStu 表中。查询结果如图 4-40 所示。

```
CREATE TABLE newStu (
    stuNo char(10) PRIMARY KEY,
    stuName varchar(20),
    sex char(2)
)
GO
INSERT INTO newStu (stuNo,stuName,sex)
SELECT sNo,sName,sex
FROM Student
WHERE sDept = '软件学院' and sex ='男'
SELECT * FROM newStu
```

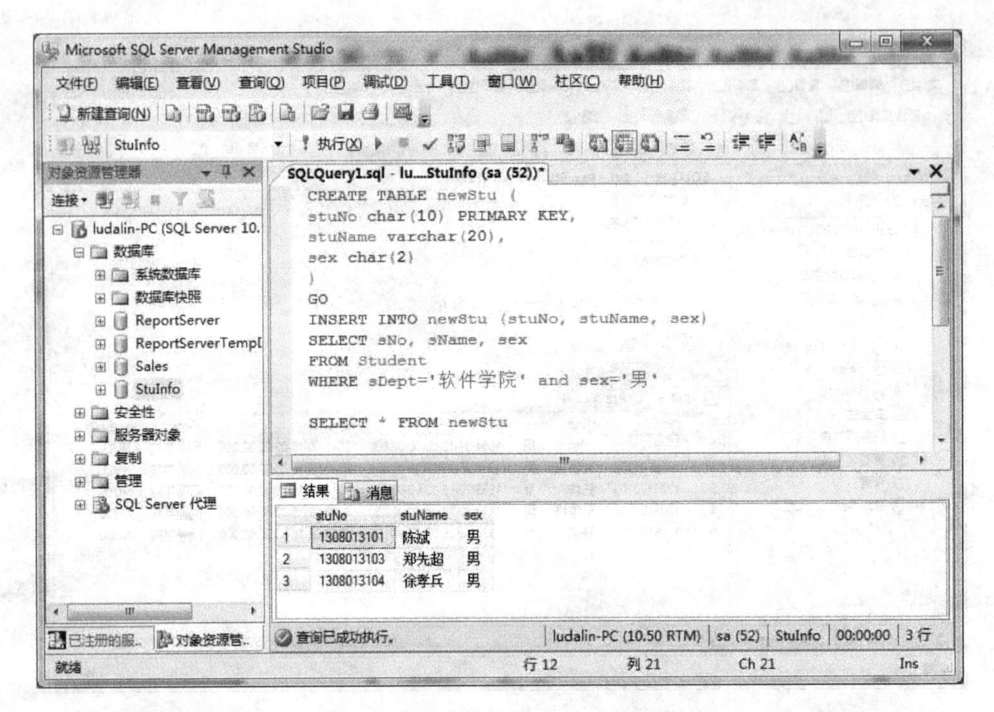

图 4-40 “例 4-38”查询结果

2. 带子查询的修改语句（UPDATE）

例 4-39 把“数据结构”课程的成绩统一下调 5%。查询结果如图 4-41 所示。

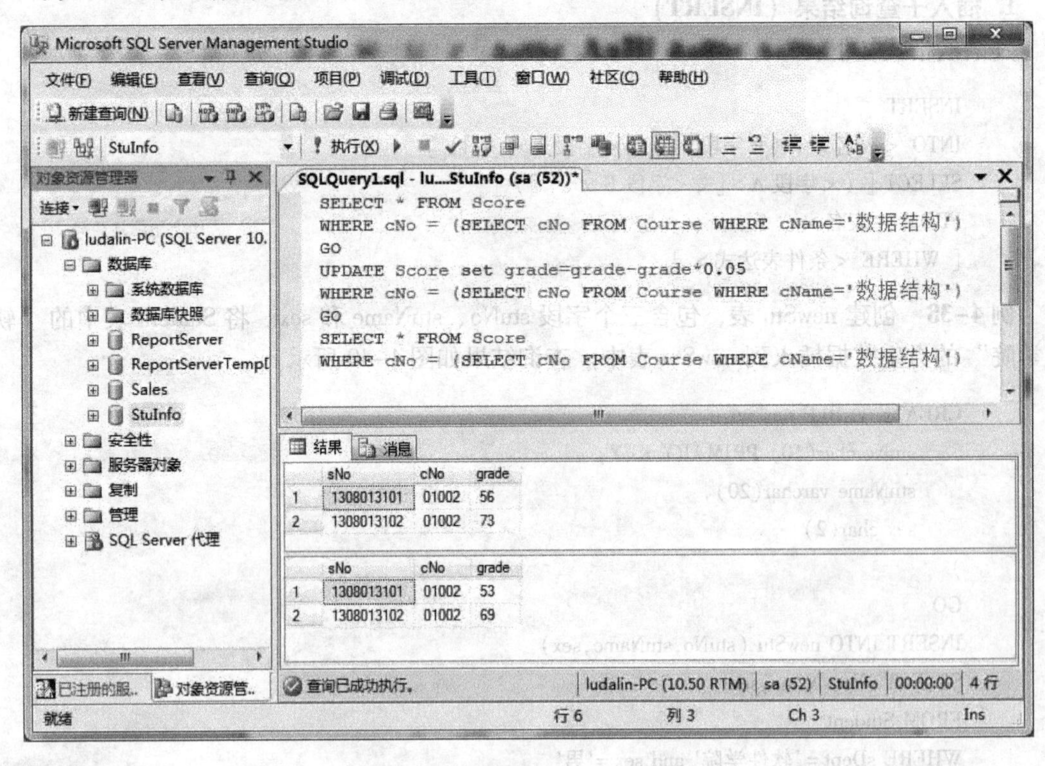

图 4-41 “例 4-39”查询结果

```
UPDATE Score set grade = grade - grade * 0.05
WHERE cNo =
(SELECT cNo FROM Course WHERE cName = '数据结构')
```

3. 带子查询的删除语句（DELETE）

例 4-40 把“软件学院”学生的成绩记录全部删除。查询结果如图 4-42 所示。

```
DELETE FROM Score
WHERE sNo IN
(SELECT sNo FROM Student WHERE sDept = '软件学院')
```

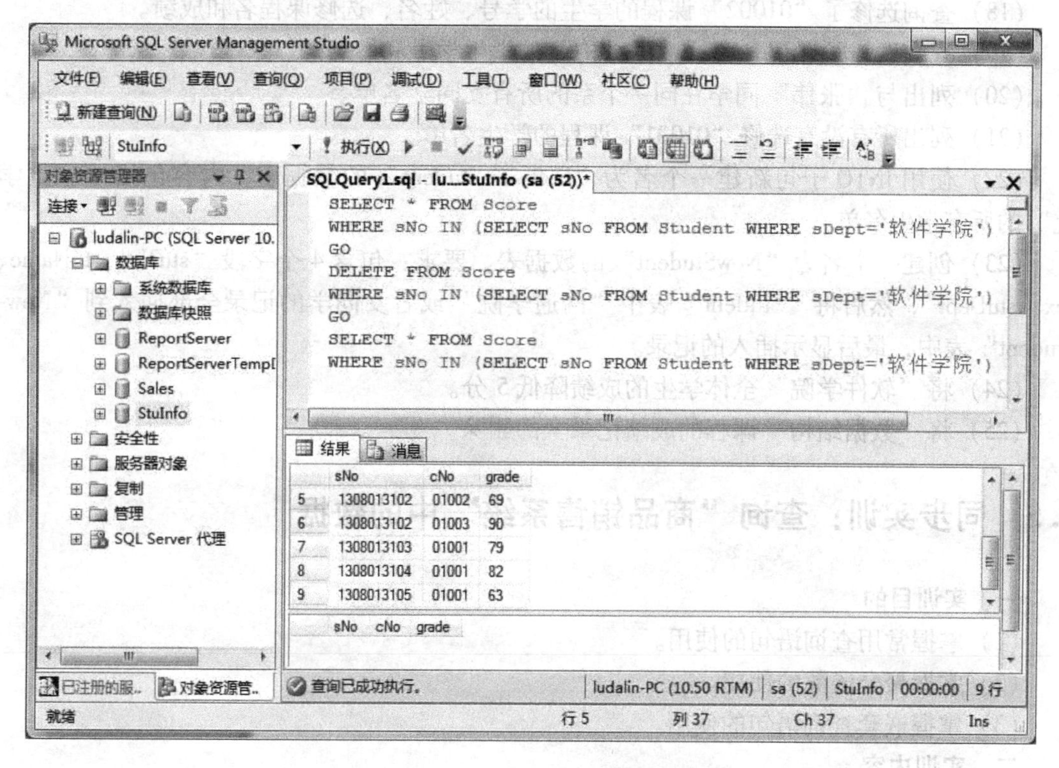

图 4-42 “例 4-40”查询结果

4.4 习题

（1）显示 Course 表中的所有信息。

（2）显示 Course 表中的所有信息，并以中文名显示标题列。

（3）查询 Student 表中“机电学院”的学生信息。

（4）查询 Student 表中女学生的信息。

（5）查询 Student 表中在 1994 年之后出生的学生信息。

（6）查询不是“软件学院”和“机电学院”学生的姓名和性别。

（7）查询所有姓“杨”且全名为三个汉字的学生的姓名、性别和院系名称。

（8）查询姓名中第 2 个字为“维”字的学生的姓名和学号。

（9）查询全体学生情况，结果按院系名称的升序排列，同一系的按年龄降序排列。

(10) 查询选修了“01003”号课程的学生学号及其成绩，查询结果按分数降序排列。

(11) 查询考试成绩在80分以上的学生学号。

(12) 统计所有男生的人数。

(13) 统计选修课程的学生人数。

(14) 计算选修“01001”课程的平均成绩、最高分和最低分。

(15) 通过课程号分组统计对应的选课人数及平均分数。

(16) 分组统计被选修过一次以上、且平均分大于80分的课程号及其平均分。

(17) 查询选修了“01003”课程且成绩在85分以上的所有学生名单。

(18) 查询选修了“01002”课程的学生的学号、姓名、选修课程名和成绩。

(19) 查询选修了课程名为“数据结构”的学生学号和姓名。

(20) 列出与“张伟”同学在同一个系的所有女同学名单。

(21) 列出所有没有选修“01001”课程的学生名单。

(22) 使用INTO子句新建一个名为“SoftwareStudent”的数据表，内容包括“软件学院”的所有学生名单。

(23) 创建一个名为“NewStudent”的数据表，要求：包含4个字段“stuNo、stuName、sex、stuDept”，然后将“Student”表中“网通学院”或者女同学的记录全部插入到“NewStudent”表中，最后显示插入的记录。

(24) 将“软件学院”全体学生的成绩降低5分。

(25) 将“数据结构”课程的成绩记录全部删除。

4.5 同步实训：查询“商品销售系统”中的数据

一、实训目的

(1) 掌握常用查询语句的使用。

(2) 掌握聚合函数的使用。

(3) 掌握嵌套查询语句的使用。

二、实训内容

(1) 显示Customer表中的所有信息。

(2) 显示Customer表中的CompanyName（公司名称）、ConnectName（联系人）、Telephone（电话）。

(3) 从Product表中查询所有商品的信息，包括商品的总价值，并以中文名显示标题列。

(4) 查询价格不在2~9元的商品信息。

(5) 查询Seller表中女销售人员的信息。

(6) 查询Seller表中在1985年之后出生的销售人员信息。

(7) 查询Seller表中SaleID为“S01”、“S03”、“S05”的销售人员信息。

(8) 在Seller表中查询姓“吴”的销售员信息。

(9) 在Seller表中查询第2个字为“宝”和”芳”的销售员信息。

(10) 按商品价格降序排列Product表。

（11）先按性别升序、再按出生日期降序排列 Seller 表。

（12）查询 Product 表中库存最低的三种商品。

（13）查询商品种类名称为“饮料”的所有商品信息。

（14）统计商品种类编号为“1”的商品的种类数量、平均价格、最高价、最低价以及总库存。

（15）统计商品编号为“P01001”的销售总量。

（16）统计 Product 表中，库存量大于 1000 的商品数量。

（17）统计 Product 表中的商品种数。

（18）查询 OrderID 为“10003”的销售员信息。

（19）显示商品种类编号为“1”以及价格高于该类商品平均价格的商品信息。

（20）查询 OrderID 为“10004”的订单所订购的商品信息（使用关键字 IN）。

（21）查询已有订单的销售员的详细信息（使用关键字 EXISTS）。

（22）查询商品种类名称为“调料”的 ProductID、ProductName、CategoryID、CategoryName、Price、Stocks，并把查询结果写入一个临时表中。

（23）创建 employee 表，包含 4 个字段 eID、eName、eSex 和 eBirthday。将 Seller 表中的女销售人员的数据插入到 employee 表中。

（24）把商品种类名称为“饮料”及“调料”的商品价格统一下调 5%。

（25）把销售员编号为“S02”的订单及订单明细全部删除。

第5章　索引的创建和使用

索引是一种与数据表相关的类似于目录的一种数据结构，使用索引可以提高查询的效率。本章主要讲述索引概述以及索引的创建和管理。本章学习要点如下：

- 索引的概念及优点；
- 索引的分类；
- 创建索引的方法；
- 修改、删除索引的方法。

5.1　索引概述

5.1.1　使用索引提高查询效率的原理

- 索引是由列生成的键值和数据页地址的指针组成的。
- 索引的键值是排序的。排序的数据可以利用各种高效的查找算法（如折半查找等）。

5.1.2　索引的优点

- 提高查询速度。
- 提高表与表之间连接的效率。
- 唯一索引还可以保证数据记录的唯一性。

5.1.3　索引的缺点

索引可以极大提高查询效率，但并不是索引创建的越多越好。

- 索引需要额外的维护时间，导致插入数据、更新数据需要更多的时间。
- 索引需要额外的存储空间。

5.1.4　使用索引的原则

科学地设计索引，在提高查询效率同时，尽量减少索引带来的副作用。

1. 考虑设置索引的情况

- 经常检索的列（在 WHERE 子句中使用的列）。
- 主键列、外键列（事实上，主键约束列、唯一约束列会自动创建索引）。
- 经常用于表间连接的列。

2. 考虑不设置索引的情况

- 检索中几乎不涉及的列。
- 重复值太多的列。
- 数据类型为 text、ntext、image 的列。

- 行数极少的表。
- 插入、更新效率比查询效率更重要的情况。

5.1.5 索引的分类

1. 聚集索引和非聚集索引

- 聚集索引：数据页的位置按照键值重新排序；查询速度非常快，维护时间相对长；一个表只能有一个聚集索引。
- 非聚集索引：不改变数据页的位置；非聚集索引是键值+指针，查询速度较聚集索引慢一些；每个表的非聚集索引最多为249个。

2. 唯一索引和非唯一索引

- 唯一索引：索引值不重复、键值也不重复；唯一索引可以限制重复列数据的输入；唯一索引既可以是聚集索引，也可以是非聚集索引。
- 非唯一索引：与唯一索引相对，非唯一索引只能是非聚集索引。

3. 其他类型索引

SQL Server 2008 系统还提供了一些其他类型的索引，例如复合索引、全文索引、XML 索引等。

- 复合索引：在对数据表创建索引时，有时创建基于单个字段的索引不能满足查询要求，这时需要对表创建多个字段的索引，这样的索引称为复合索引。
- 全文索引：一种特殊类型的基于标记的功能性索引，由 Microsoft SQL Server 全文引擎（MSFTESQL）服务创建和维护。用于帮助在字符串数据中搜索复杂的词。
- XML 索引：当一个查询是基于 XML 数据类型列时，为了提高查询速度，SQL Server 2008 允许在 XML 数据类型的列上创建索引，这种索引称为 XML 索引。

5.2 创建索引

5.2.1 使用 SSMS 创建索引

为 StuInfo 数据库中的 temp_student 表创建一个唯一聚集索引，依据字段 sNo 进行排序。在 SQL Server Management Studio 中的操作步骤如下：

（1）在“对象资源管理器”窗口中，依次展开“数据库→stuInfo→表”，在“temp_student”上单击鼠标右键，选择“设计”命令。

（2）执行如上命令后，在显示的表设计器窗口上单击右键，在弹出的快捷菜单上选择“索引/键”命令，显示如图5-1所示的对话框。

（3）单击“添加”按钮，单击“常规→列”项右侧的“...”按钮，选择列名“sNo”和排序规律（ASC 或 DESC）；在“常规→是唯一的”项选择“是”；在“常规→创建为聚集的”项选择“是”。单击“关闭”按钮关闭对话框。

（4）单击工具栏上的“保存”按钮，完成索引的创建。

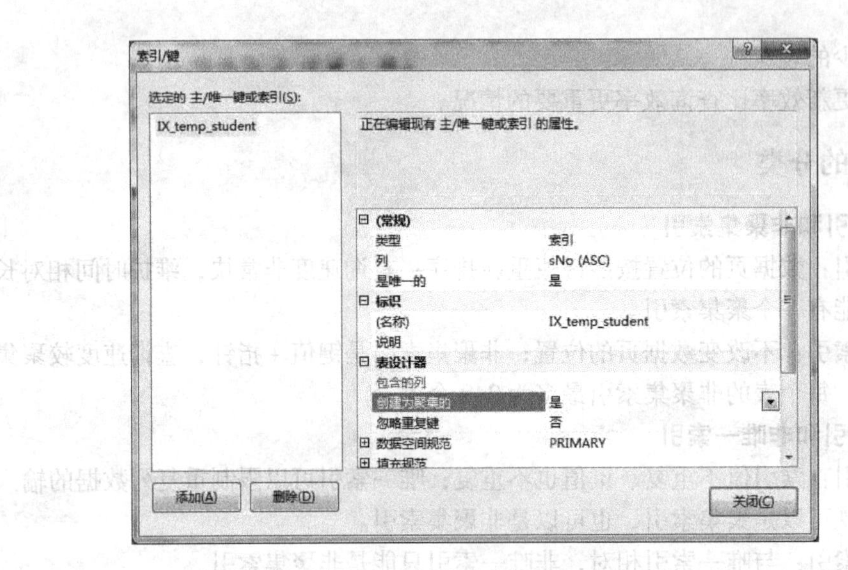

图 5-1 “索引/键”对话框

5.2.2 使用 T-SQL 语句创建索引

创建索引的语句为 CREATE INDEX，其语法格式如下：

```
CREATE [UNIQUE] [CLUSTERED|NONCLUSTERED] INDEX <索引名>
ON <表名> (<列名1> [ASC|DESC] [,…n])
```

说明：

- UNIQUE 表示唯一索引。索引值唯一，索引的列值（或列组合）唯一。默认为非唯一索引。
- CLUSETERD/NONCLUSETERD 表示聚集索引/非聚集索引。默认为非聚集索引。

例 5-1 使用 T-SQL 语句创建 5.2.1 中的索引。执行结果如图 5-2 所示。

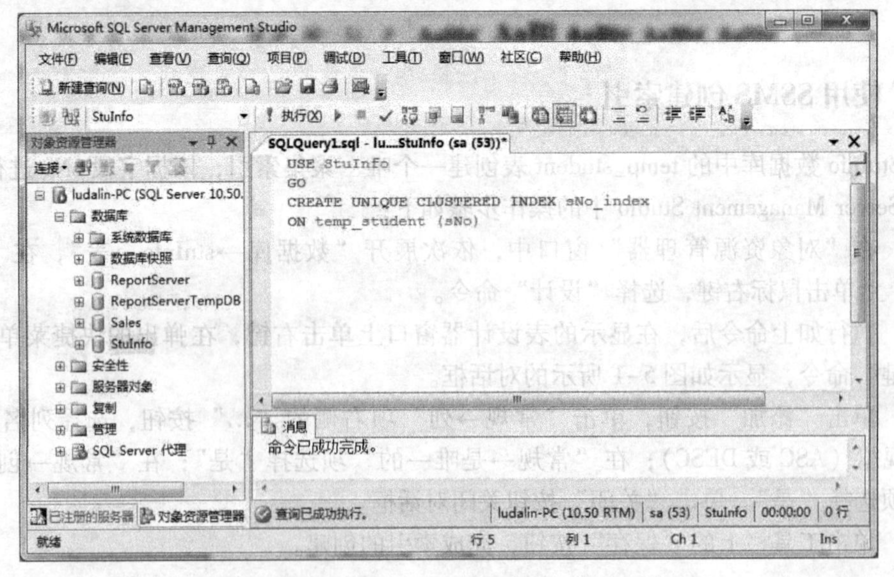

图 5-2 T-SQL 语句创建聚集索引“sNo_index”

```
USE StuInfo
GO
CREATE UNIQUE CLUSTERED INDEX sNo_index
ON temp_student (sNo)
```

例 5-2 在 temp_student 表的 sName 字段上创建一个非聚集索引。

```
CREATE INDEX sName_index
ON temp_student (sName)
```

5.3 管理索引

5.3.1 使用 SSMS 查看、修改和删除索引

在 SQL Server Management Studio 中的操作步骤如下：

（1）在“对象资源管理器”窗口中，依次展开“数据库→stuInfo→表→temp_student→索引”，可以查看 temp_student 表中的索引情况，如图 5-3 所示。

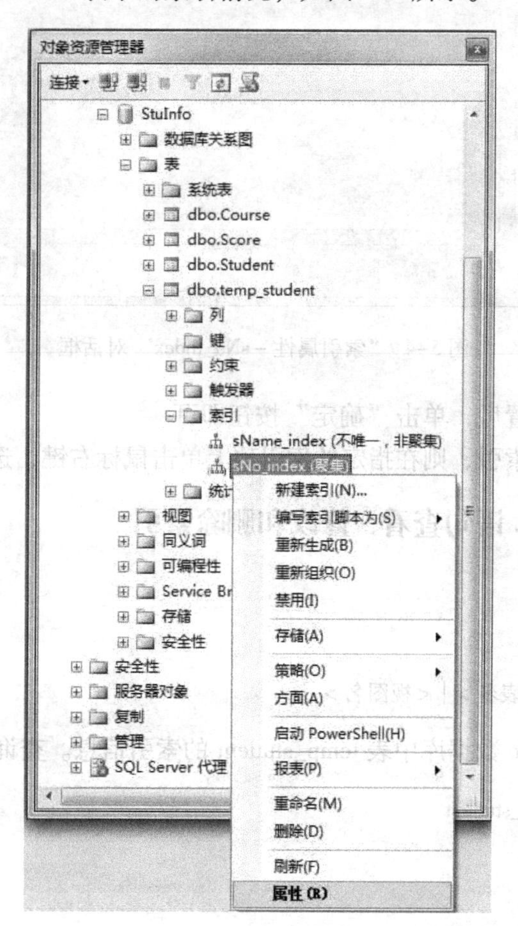

图 5-3 “对象资源管理器”窗口查看索引

（2）在索引项“sNo_index”上单击鼠标右键，选择“属性”命令，显示如图5-4所示对话框。

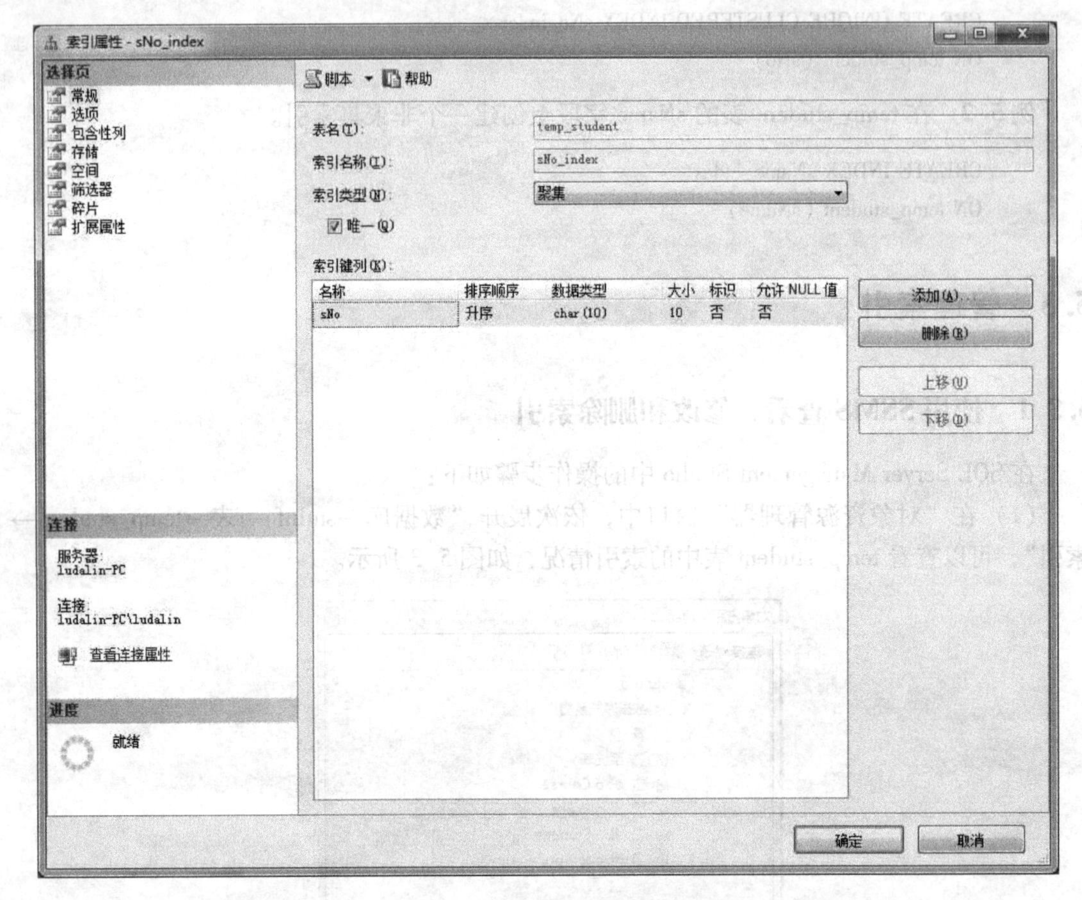

图5-4 “索引属性 - sNo_index”对话框

（3）完成相应的设置后，单击“确定”按钮即可。

（4）若需删除某一索引，则在指定的索引项上单击鼠标右键，选择“删除”命令即可。

5.3.2 使用T-SQL语句查看、修改和删除索引

1. 查看索引信息

其语法格式如下：

```
sp_helpindex [ <表名> | <视图名> ]
```

例5-3 查看StuInfo数据库中表temp_student的索引信息。查询结果如图5-5所示。

```
sp_helpindex temp_student
```

2. 修改索引名称

其语法格式如下：

```
sp_rename '表名.索引名','新的索引名'[,'对象类型']
```

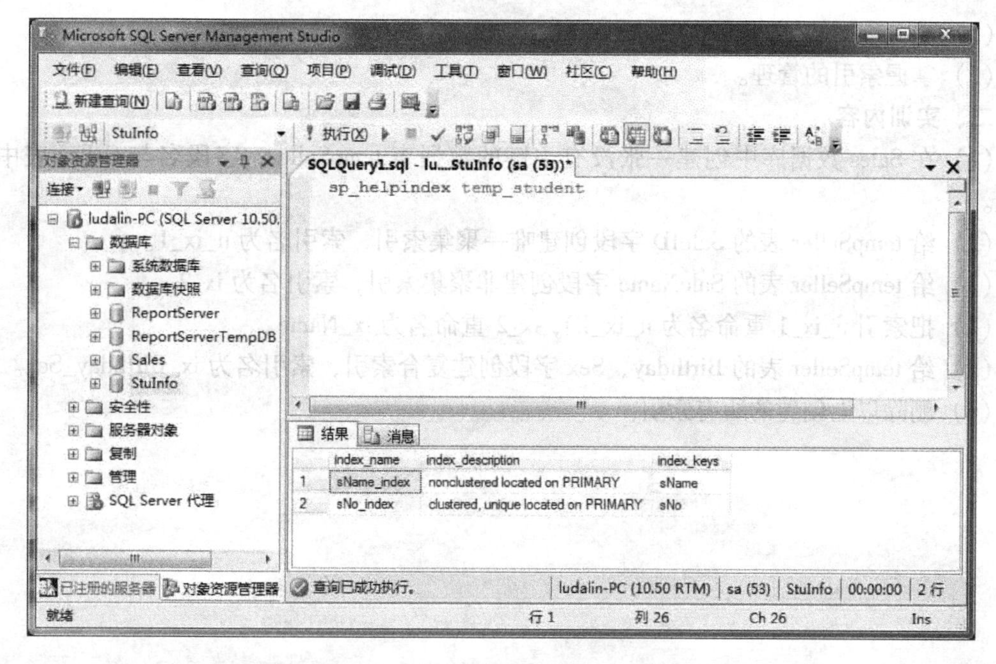

图 5-5　查看“temp_student”表中索引信息

例 5-4　将 temp_student 表中的索引 sNo_index 重命名为 sId_index。

```
sp_rename 'temp_student. sNo_index ','sId_index ','index '
```

3. 删除索引

其语法格式如下：

```
DROP INDEX <表名>. <索引名>[,…n]
```

例 5-5　删除 temp_student 表中的 sName_index 索引。

```
DROP INDEX temp_student. sName_index
```

5.4　习题

（1）在 StuInfo 数据库中创建一张没有主键的数据表 NewCourse，字段名与 Course 表中的一致。

（2）给 NewCourse 表的 cNo 字段创建唯一聚集索引，索引名为 cNo_index。

（3）给 NewCourse 表的 cName 字段创建唯一非聚集索引，索引名为 cName_index。

（4）把索引 cNo_index 重命名为 cId_index。

（5）删除以上所创建的索引。

5.5　同步实训：创建与管理索引

一、实训目的

（1）理解索引的概念和优点。

（2）掌握索引的创建。

（3）掌握索引的管理。

二、实训内容

（1）在 Sales 数据库中创建一张没有主键的数据表 tempSeller，字段名与 Seller 表中的一致。

（2）给 tempSeller 表的 SaleID 字段创建唯一聚集索引，索引名为 u_ix_1。

（3）给 tempSeller 表的 SaleName 字段创建非聚集索引，索引名为 ix_2。

（4）把索引 u_ix_1 重命名为 u_ix_ID，ix_2 重命名为 ix_Name。

（5）给 tempSeller 表的 Birthday、Sex 字段创建复合索引，索引名为 ix_Birthday_Sex。

（6）删除以上创建的所有索引。

第 6 章　视图的创建和使用

视图是一种存储查询的数据库对象，是基于查询的一种虚拟表，可以让用户对数据源进行查询和修改。本章主要讲述视图的概述以及视图创建、管理和应用。本章学习要点如下：

- 视图的概念及优点；
- 创建视图的方法；
- 修改、删除视图的方法；
- 通过视图修改源表数据。

6.1　视图概述

视图是一种存储查询的数据库对象，是基于查询的一种虚拟表。

- 视图保存的是一条查询语句，本身不含数据。用户使用视图可以屏蔽、隐藏底层表的物理结构和数据。
- 视图可以像表一样使用。通过视图不仅可以查询获得数据，还可以修改数据。

使用视图的优点包括以下几点。

- 直观的查询：用户只需要关注需要的数据，而不必关心底层复杂的实现。
- 安全的查询：视图的权限与表的权限可以完全不同。
- 可以更新的查询：可以通过视图增、删、改底层源表的记录。

6.2　创建视图

6.2.1　使用 SSMS 创建视图

创建视图 V_Student，列出“软件学院”学生的学号、姓名、性别、院系，然后查询该视图。在 SQL Server Management Studio 中的操作步骤如下：

（1）在“对象资源管理器”窗口中，依次展开“数据库→stuInfo”，在“视图”上单击鼠标右键，选择“新建视图”命令，如图 6-1 所示。

（2）执行如上命令后，显示如图 6-2 所示的“添加表”对话框。

（3）选择“student”表，单击“添加”按钮，显示如图 6-3 所示的视图设计界面。

（4）在视图设计界面的“关系窗格”中，选择查询涉及的列（SELECT、WHERE 中使用的列）。如果是有连接关系的多张表，则通过拖动连接字段设置表之间的连接关系。如图 6-4 所示。

（5）在如图 6-5 所示的视图设计界面的“条件窗格”中，设计如下项目。

- 输出：输出结果是否显示此字段，复选显示。本例默认全选。

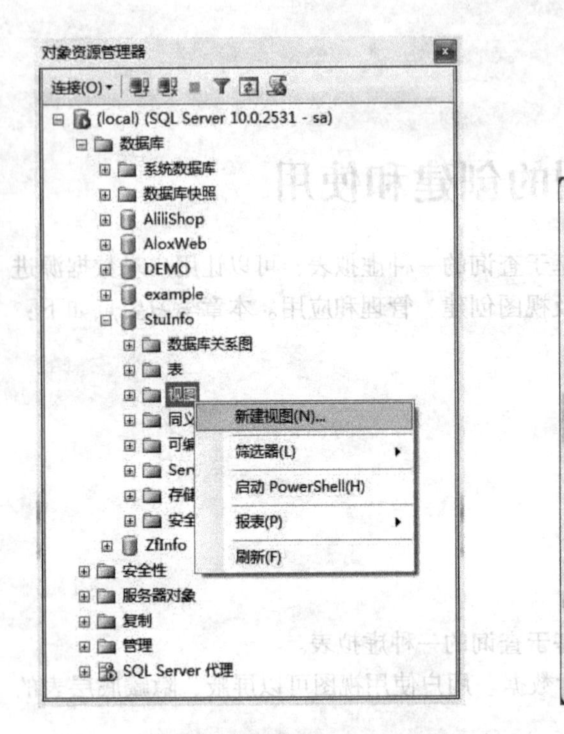

图 6-1 “对象资源管理器”中新建视图

图 6-2 “添加表”对话框

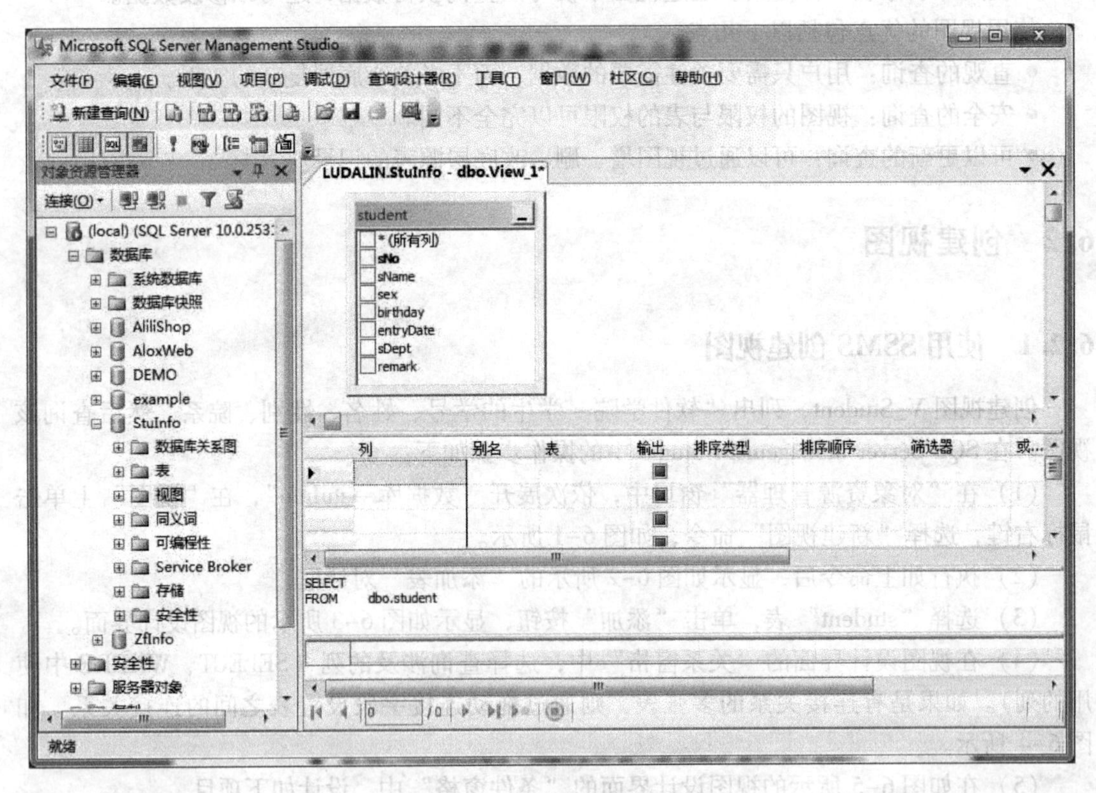

图 6-3 视图设计界面

● 筛选器：输入列的限制条件。本例设置：sDept = '软件学院'。

● 或：可以为该字段设置多个逻辑关系为“或”（OR）的条件；若为“与”（AND），可以在条件窗格中加入一个列，并对这个列设置筛选器。本例不需要设置。

● 排序类型：设置排序字段以及升降序。本例不需要设置。

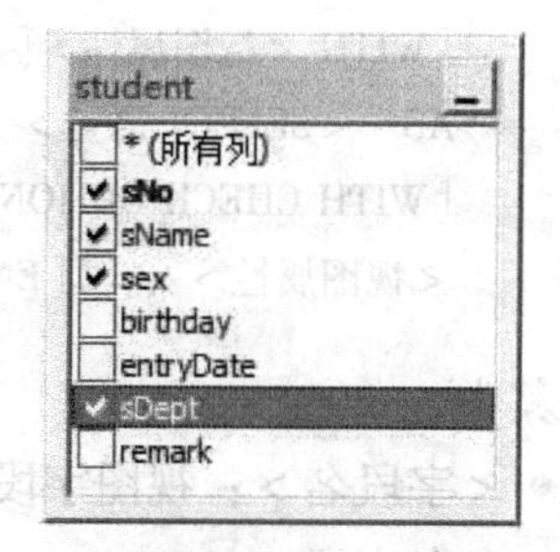

图 6-4　视图“关系窗格”设计界面

列	别名	表	输出	排序类型	排序顺序	筛选器	或...	或...
sNo	学号	Student	☑					
sName	姓名	Student	☑					
sex	性别	Student	☑					
sDept	院系	Student	☑			= '软件学院'		
			■					

图 6-5　视图“条件窗格”设计界面

（6）检查“SQL 窗格”中的查询语句，如图 6-6 所示。

```
SELECT   sNo AS '学号', sName AS '姓名', sex AS '性别',  sDept AS '院系'
FROM     dbo.Student
WHERE    (sDept = '软件学院')
```

图 6-6　视图“SQL 窗格”设计界面

（7）单击工具栏上的“!”按钮执行视图，在“结果窗格”可以看到对视图的查询结果，如图 6-7 所示。

学号	姓名	性别	院系
1308013101	陈斌	男	软件学院
1308013102	张洁	女	软件学院
1308013103	郑先超	男	软件学院
1308013104	徐孝兵	男	软件学院
1308013105	王群	女	软件学院
NULL	NULL	NULL	NULL

图 6-7　视图“结果窗格”设计界面

（8）以名称“V_Student”保存该视图。

（9）测试视图。在查询窗口中输入“SELECT * FROM V_Student”语句后执行。

6.2.2　使用 T-SQL 语句创建视图

创建视图的语句为 CREATE VIEW。语法格式如下：

```
CREATE VIEW <视图名>[(<字段名>[,…n])]
```

```
[WITH <视图属性>[,…n]]
AS    <SELECT 语句>
[WITH CHECK OPTION]
<视图属性>::={[ENCRYPTION][SCHEMABINDING]}
```

其中，

- <字段名>：视图字段的名称。一般该名称为所选数据源的字段名，用户也可以重新命名字段。
- ENCRYPTION：加密。加密的视图不可再次编辑。
- SCHEMABINDING：架构绑定。语句中使用的对象名必须指定架构名。
- <SELECT 语句>：用于创建视图的 SELECT 语句（查询语句）。可以单表查询，也可以多表查询。
- WITH CHECK OPTION：带有检查选项，即检查（默认不检查）。若包含此选项，利用视图插入、更新记录时，对于不符合视图定义（WHERE 子句规定的）的记录，将拒绝插入或更新；若无此选项，不符合视图定义的记录可以插入或更新（基表），但不会出现在视图的记录集中。

例 6-1 使用 T-SQL 语句创建 6.2.1 章节的视图，然后查询该视图。执行结果如图 6-8 所示。

```
Use StuInfo
GO
CREATE VIEW V_Student(学号,姓名,性别,院系)
AS
SELECT sNo,sName,sex,sDept
FROM Student WHERE sDept = '软件学院'
GO
SELECT * FROM V_Student WHERE 性别 = '男'
GO
```

例 6-2 创建视图 V_cNo_Grade，用以查询选修“01001”课程的学生学号、课程号及成绩，要求使用“WITH CHECK OPTION”子句，然后查询该视图。执行结果如图 6-9 所示。

```
CREATE VIEW V_cNo_Grade(学号,课程号,成绩)
AS
SELECT sNo,cNo,grade FROM Score
WHEREcNo = '01001 '
WITH CHECK OPTION
GO
SELECT * FROM V_cNo_Grade WHERE 成绩 >= 80
GO
```

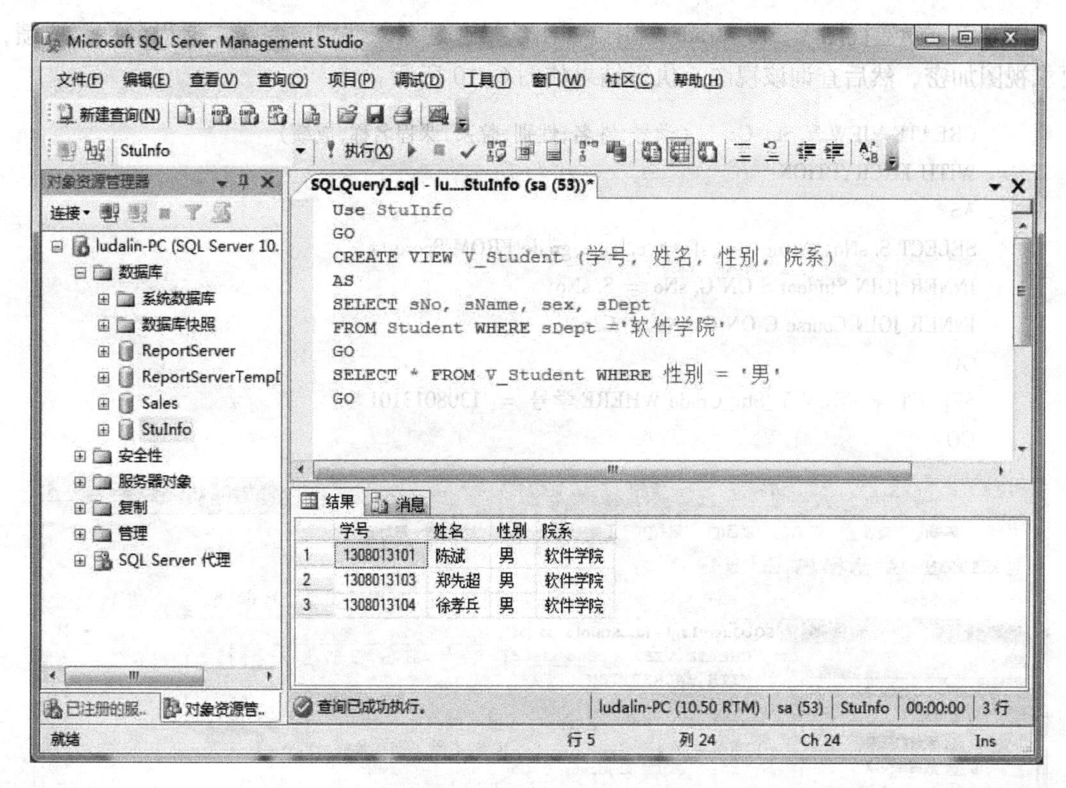

图 6-8 “例 6-1”执行结果

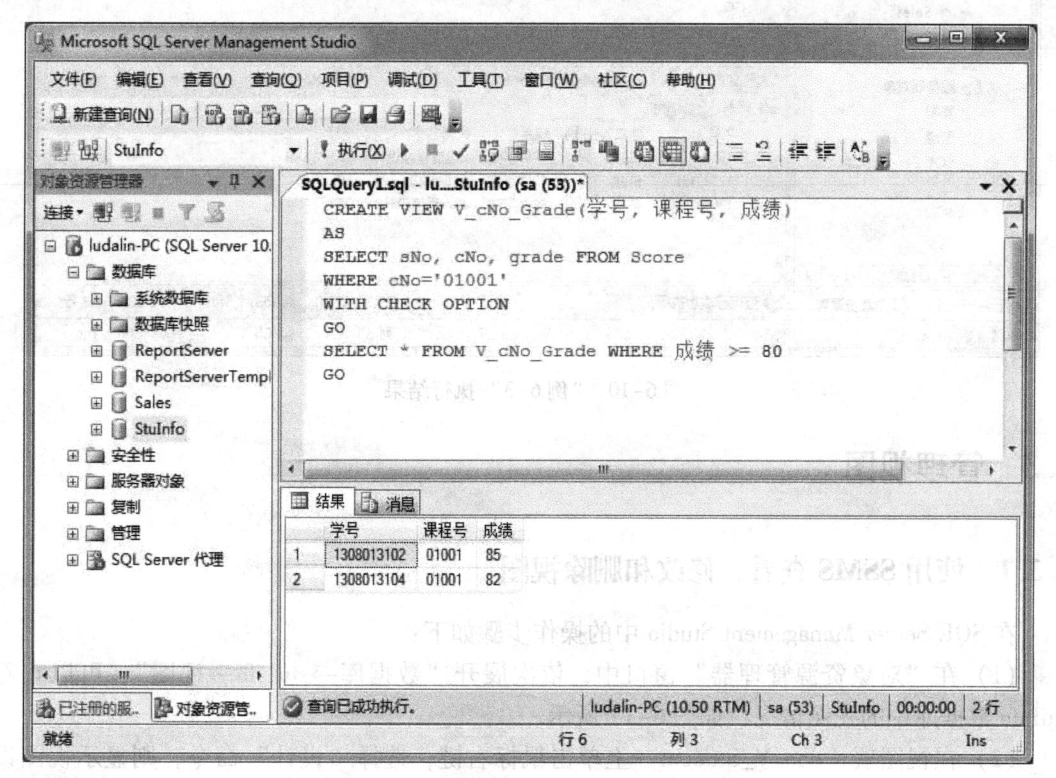

图 6-9 “例 6-2”执行结果

例 6-3 创建视图 V_Stu_Grade，用以列出学号、姓名、性别、院系、课程名称、成绩，要求视图加密，然后查询该视图。执行结果如图 6-10 所示。

```
CREATE VIEW V_Stu_Grade (学号,姓名,性别,院系,课程名称,成绩)
WITH ENCRYPTION
AS
SELECT S. sNo,sName,sex,sDept,cName,grade FROM Score G
INNER JOIN Student S ON G. sNo  =  S. sNo
INNER JOIN Course C ON G. cNo  =  C. cNo
GO
SELECT * FROM V_Stu_Grade WHERE 学号  =  '1308013101 '
GO
```

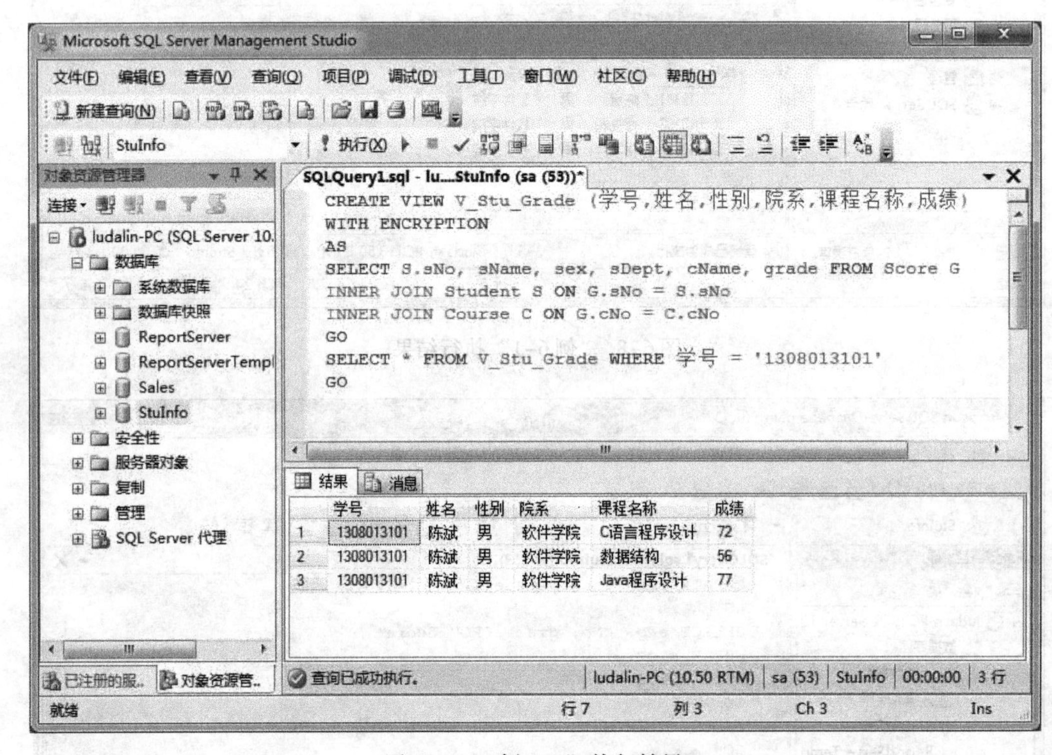

图 6-10 “例 6-3”执行结果

6.3 管理视图

6.3.1 使用 SSMS 查看、修改和删除视图

在 SQL Server Management Studio 中的操作步骤如下：

（1）在“对象资源管理器”窗口中，依次展开“数据库→stuInfo→视图”，可以查看 stuInfo 数据库中的视图情况，如图 6-11 所示。

（2）在视图项“dbo. V_Student”上单击鼠标右键，选择“设计”命令，则显示视图设计界面，在此可以实现视图的修改操作。

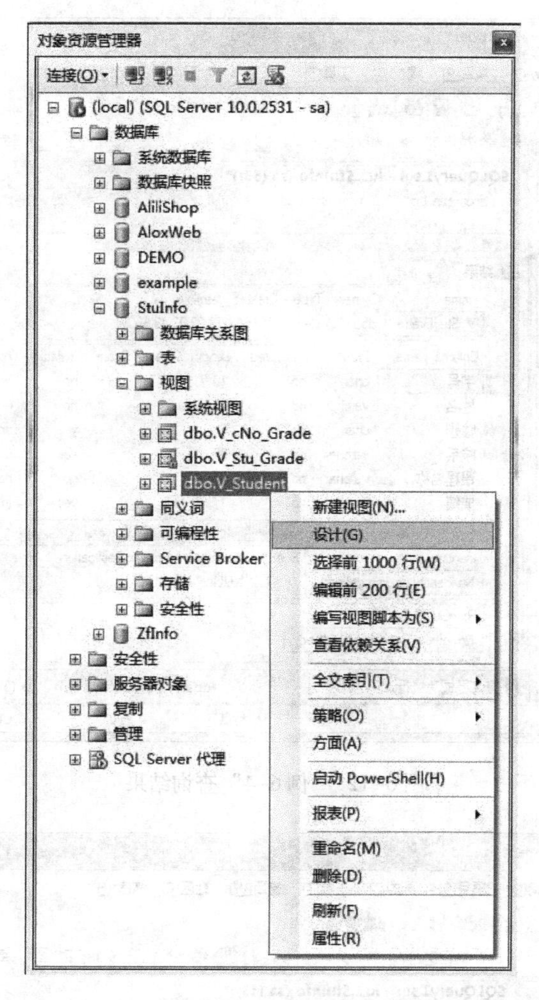

图 6-11 “对象资源管理器”查看视图

（3）若需删除某一视图，则在指定的视图项上单击鼠标右键，选择“删除”命令即可。

6.3.2 使用 T-SQL 语句查看、修改和删除视图

1. 查看视图信息

（1）使用 sp_help 显示视图的特征。

例 6-4 显示视图 V_Stu_Grade 的特征信息。查询结果如图 6-12 所示。

```
sp_help V_Stu_Grade
```

（2）使用 sp_depends 显示视图对表的依赖关系和引用的字段。

例 6-5 显示视图 V_Stu_Grade 的表依赖关系和引用的字段情况。查询结果如图 6-13 所示。

```
sp_depends V_Stu_Grade
```

2. 修改视图

修改视图的语句为 ALTER VIEW。其语法格式如下：

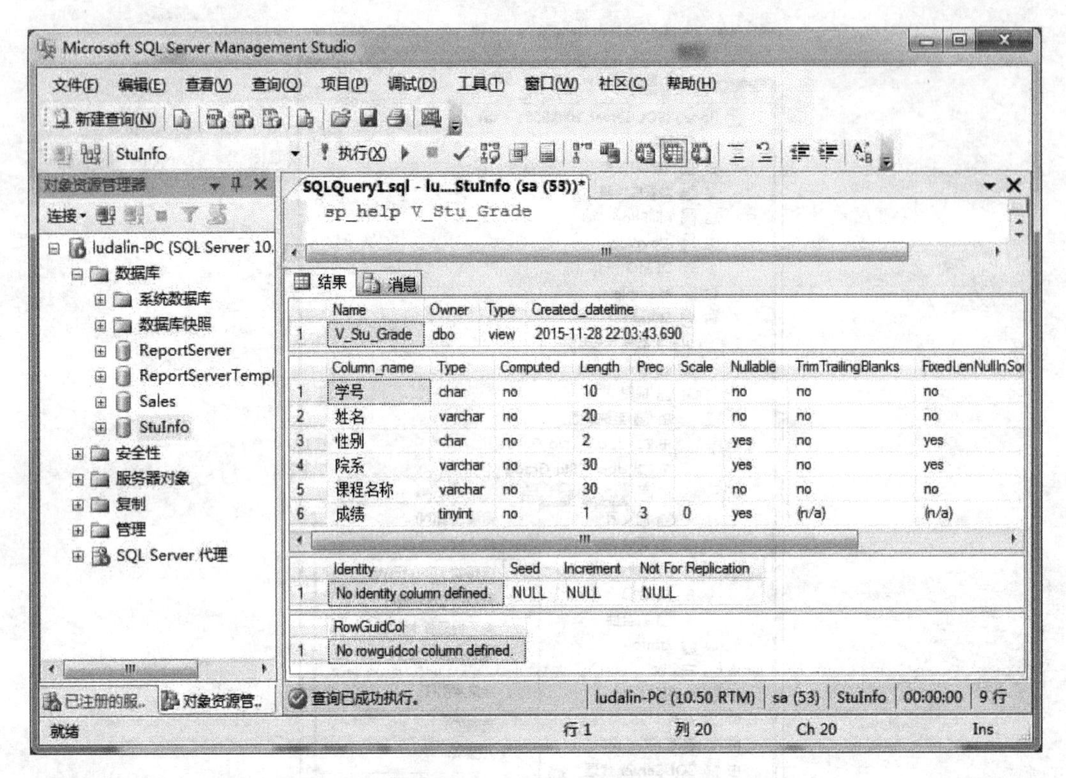

图 6-12 “例 6-4”查询结果

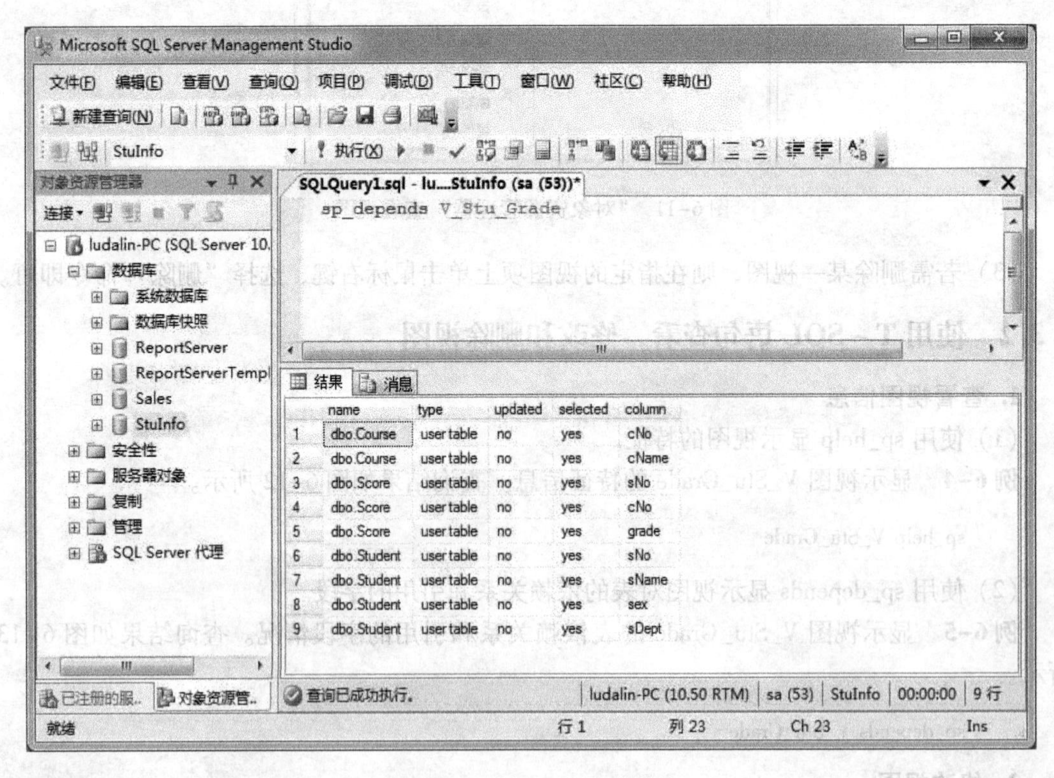

图 6-13 “例 6-5”查询结果

```
ALTER VIEW <视图名>[(<字段名>[,…n])]
[WITH <视图属性>[,…n]]
AS   <SELECT 语句>
[WITH CHECK OPTION]
<视图属性>::={[ENCRYPTION][SCHEMABINDING]}
```

例 6-6 利用 ALTER 命令去除视图 V_Stu_Grade 的加密属性。

```
ALTER VIEW V_Stu_Grade (学号,姓名,性别,院系,课程名称,成绩)
AS
SELECT S. sNo,sName,sex,sDept,cName,grade FROM Score G
INNER JOIN Student S ON G. sNo = S. sNo
INNER JOIN Course C ON G. cNo = C. cNo
```

3. 重命名视图

其语法格式如下:

```
sp_rename <视图名>,<新的视图名>
```

例 6-7 将视图 V_Stu_Grade 重命名为 V_Student_Grade。

```
sp_rename V_Stu_Grade,V_Student_Grade
```

4. 删除视图

其语法格式如下:

```
DROP VIEW <视图名>[,…n]
```

例 6-8 删除视图 V_Student_Grade。

```
DROP VIEW V_Student_Grade
```

6.4 通过视图修改数据

通过视图除了可以查询数据以外,还可以通过视图修改数据(插入、更新、删除记录)。通过视图修改数据需要注意下面的问题:

- 通过视图修改数据(INSERT、UPDATE、DELETE),不能同时修改多个基表的数据。
- 通过视图修改数据,不能修改计算列的数据。
- 若创建视图时指定了 WITH CHECK OPTION 选项,那么对视图 INSERT、UPDATE 需要保证插入或更新的数据符合视图定义的范围(WHERE 子句)。

6.4.1 使用视图插入数据

用户可以通过视图的插入记录,插入的记录保存在视图的基表中。通过视图插入记录的语法与插入表的语法基本相同。

插入记录需要注意:

- 利用视图插入、更新记录时,若包含 WITH CHECK OPTION 选项,对于不符合视图定义（WHERE 子句规定的）的记录，将拒绝插入或更新（基表）。

- 若无 WITH CHECK OPTION 选项，不符合视图定义的记录可以插入或更新（基表），但不会出现在视图的记录集中。

例 6-9 在视图 V_Student 中插入如下一条新数据，然后查询该视图。执行结果如图 6-14 所示。

```
INSERT V_Student
VALUES ('1308013110 ','王凯','男','软件学院')
GO
SELECT * FROM V_Student
```

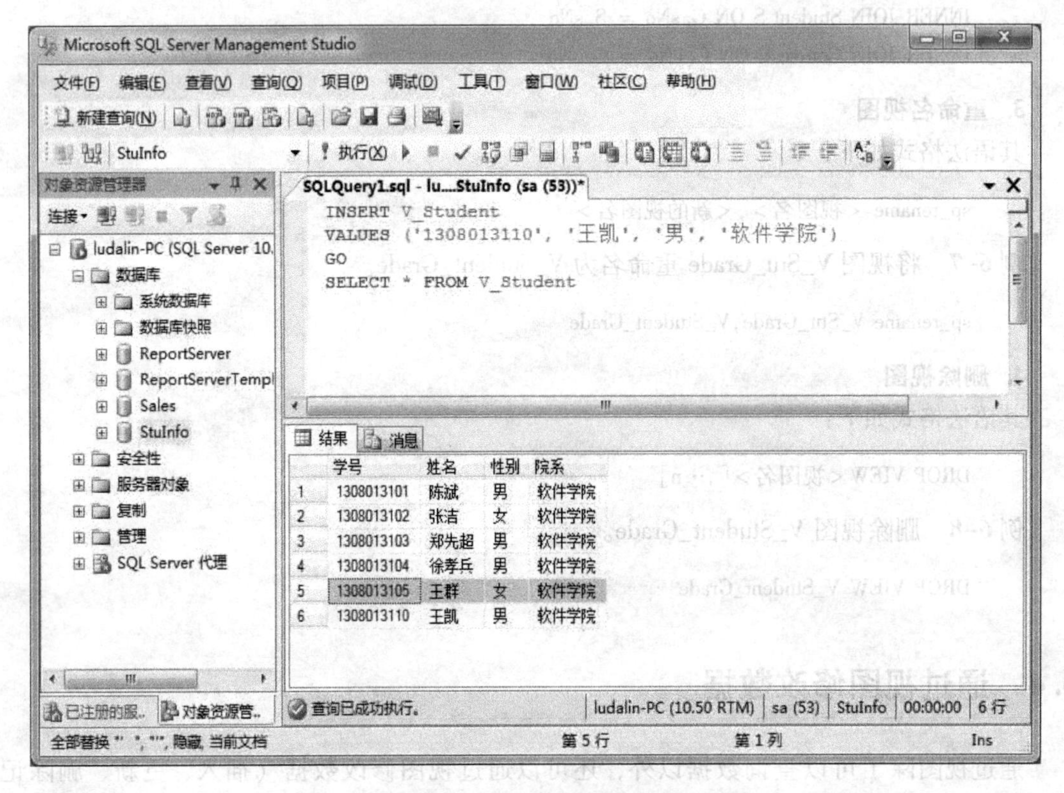

图 6-14 “例 6-9”执行结果

例 6-10 在视图 V_cNo_Grade 中插入如下一条新数据，然后查询该视图。执行结果如图 6-15 所示。

```
INSERT V_cNo_Grade
VALUES ('1308013110 ','01002 ',83)
GO
SELECT * FROM V_cNo_Grade
```

注 数据插入失败，违反了“CHECK OPTION”约束。

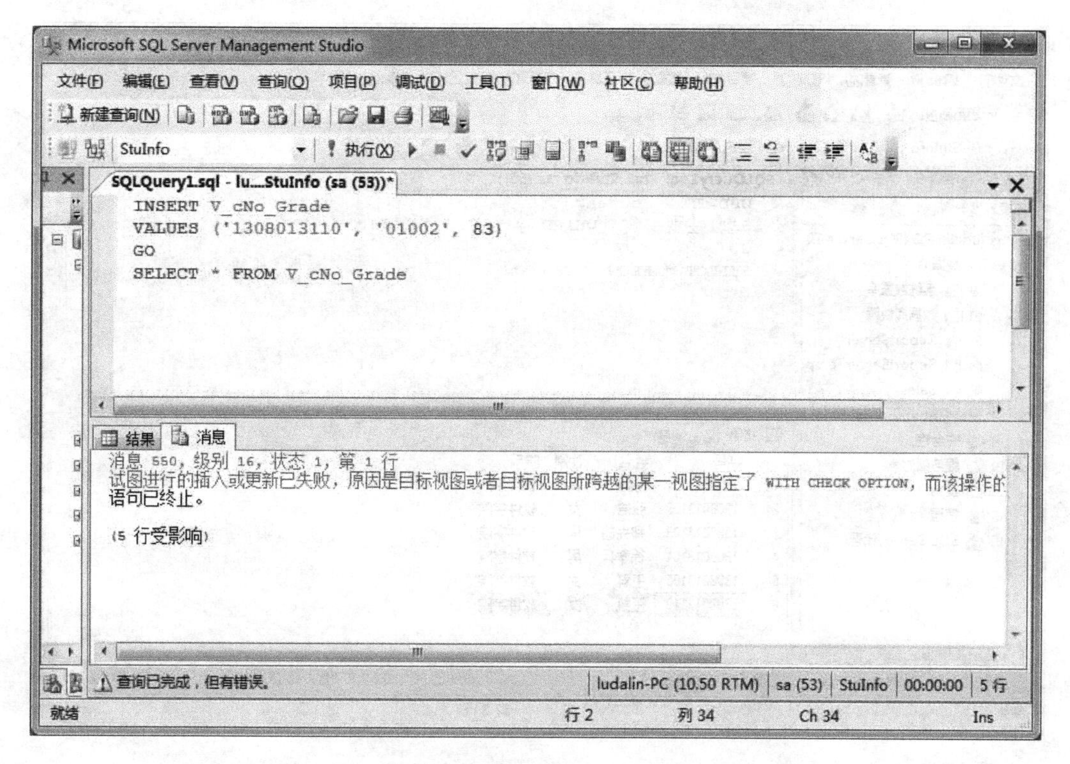

图 6-15 “例 6-10” 执行结果

6.4.2 使用视图更新数据

通过视图可以更新记录，更新的记录保存在视图的基表中。通过视图更新记录的语法与更新表语法相同。

视图定义的 WITH CHECK OPTION 选项对通过视图的 UPDATE 语句具有同样的影响。

例 6-11 通过视图 V_Student 修改学生记录，然后查询该视图。执行结果如图 6-16 所示。

```
UPDATE V_Student
    SET 性别 = '女'  WHERE 学号 = '1308013110 '
GO
SELECT * FROM V_Student
```

例 6-12 通过视图 V_cNo_Grade 修改课程信息，然后查询该视图。执行结果如图 6-17 所示。

```
UPDATE V_cNo_Grade
    SET 课程号 = '02001 '
    WHERE 学号 = '1308013101 ' AND 课程号 = '01001 '
GO
SELECT * FROM V_cNo_Grade
```

注 数据更新失败，违反了“CHECK OPTION”约束。

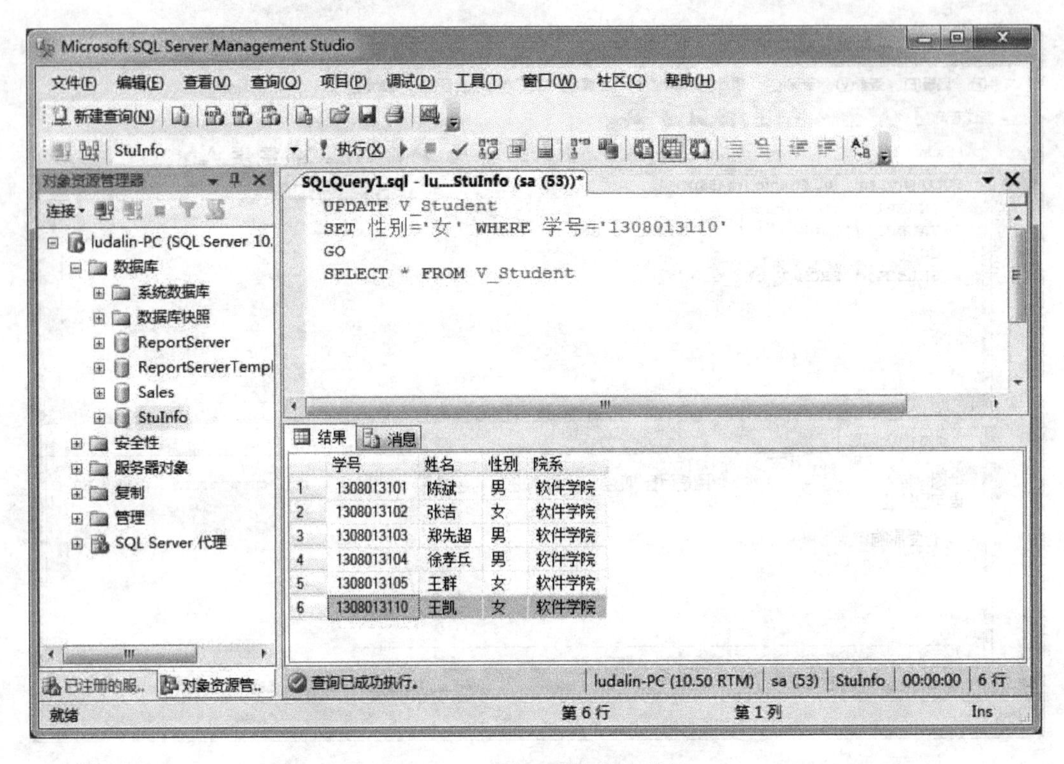

图 6-16 “例 6-11”执行结果

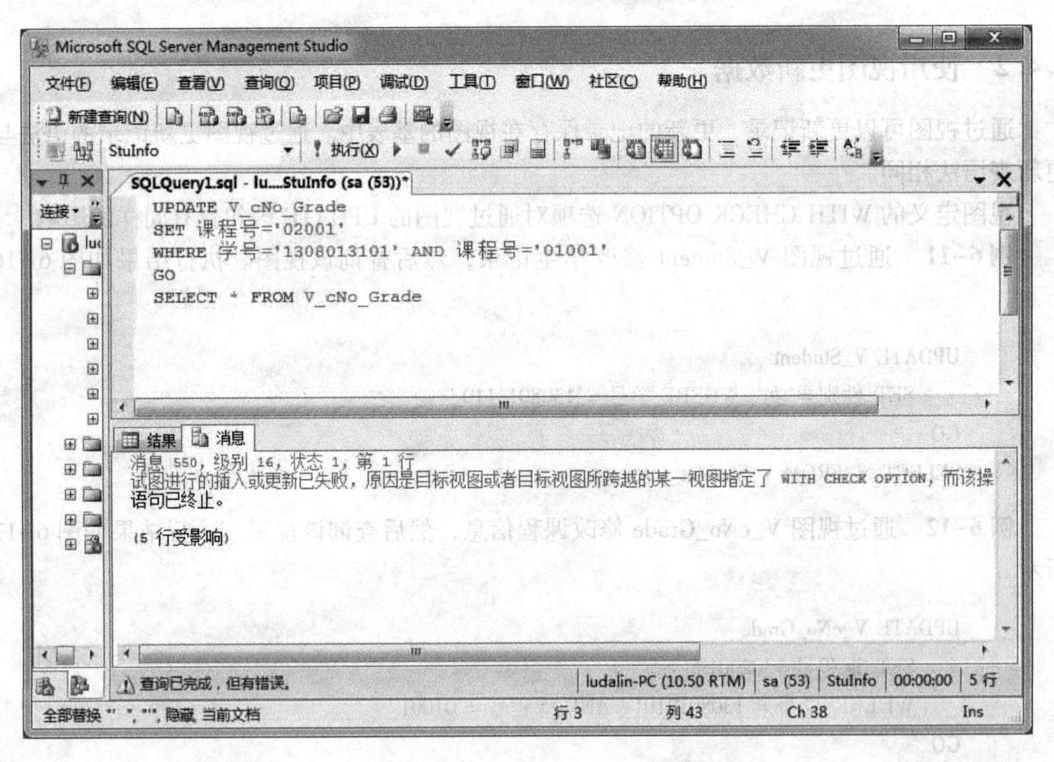

图 6-17 “例 6-12”执行结果

6.4.3　使用视图删除数据

通过视图可以删除记录，删除的是基表中的记录。通过视图删除记录的语法与删除表记录的语法相同。

例 6-13　利用视图 V_cNo_Grade 删除学号为“1308013101”学生的成绩记录，然后查询该视图。执行结果如图 6-18 所示。

```
DELETE FROM V_cNo_Grade
    WHERE 学号 = '1308013101 '
GO
SELECT * FROM V_cNo_Grade
```

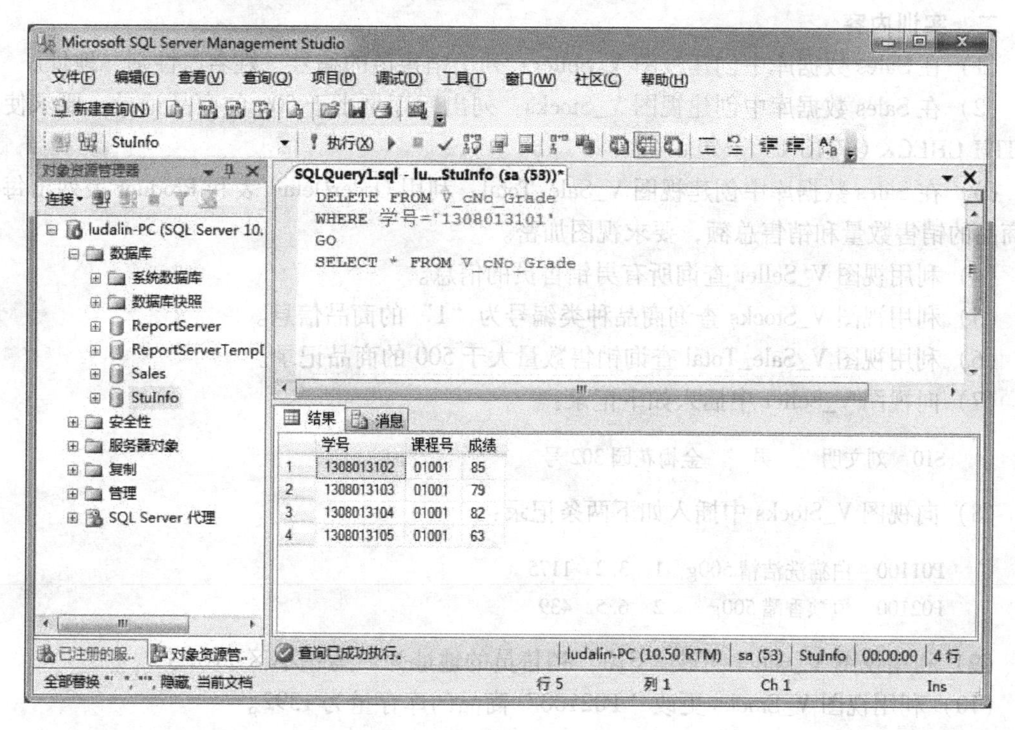

图 6-18　“例 6-13”执行结果

6.5　习题

（1）创建视图 V_view1：列出 Student 表中 1995 年之前出生的学生名单。

（2）创建视图 V_view2：查询学号为“1308013102”学生的学号、课程号、成绩，要求使用“WITH CHECK OPTION”子句。

（3）创建视图 V_view3：统计“01002”课程的选修人数以及平均分，要求视图加密。

（4）在视图 V_view1 中查询所有男学生的名单。

（5）向视图 V_view2 中插入如下两条记录：

1308013102　　02001　　72

1308013103　　02001　　86

（6）利用视图 V_view2 更改“01002”课程的成绩为 97。

（7）利用视图 V_view2 删除“01001”课程的成绩记录。

（8）删除视图 V_view1、V_view2、V_view3。

6.6 同步实训：创建与使用视图

一、实训目的

（1）理解视图的概念和优点。

（2）掌握视图的创建。

（3）掌握视图的管理和使用。

二、实训内容

（1）在 Sales 数据库中创建视图 V_Seller：列出销售员的编号、姓名、性别、地址。

（2）在 Sales 数据库中创建视图 V_Stocks：列出库存量小于 500 的商品记录，要求使用“WITH CHECK OPTION”子句。

（3）在 Sales 数据库中创建视图 V_Sale_Total：利用 OrderDetail 表和 Product 表列出每一种商品的销售数量和销售总额，要求视图加密。

（4）利用视图 V_Seller 查询所有男销售员的信息。

（5）利用视图 V_Stocks 查询商品种类编号为“1”的商品信息。

（6）利用视图 V_Sale_Total 查询销售数量大于 500 的商品记录。

（7）向视图 V_Seller 中插入如下记录：

S10　刘文明　男　金梅花园 302 号

（8）向视图 V_Stocks 中插入如下两条记录：

P01100　白猫洗洁精 500g　1　3.2　1175
P02100　恒顺香醋 500g　2　6.5　439

（9）利用视图 V_Seller 更改“S10”销售员的地址为“蓝钻小区 176 号”。

（10）利用视图 V_Stocks 更改“P02100”商品的库存量为 1392。

（11）利用视图 V_Seller 删除“S10”销售员的记录。

（12）利用视图 V_Stocks 删除“P02100”商品的记录。

（13）更改视图 V_Seller 的名称为 V_Employee。

（14）去除视图 V_Sale_Total 的加密属性。

（15）删除以上创建的所有视图。

第 7 章　SQL Server 安全性管理

安全性问题对于数据库应用程序来说是至关重要的，大型网络数据库管理系统都提供安全性管理，以确保数据的安全。本章主要讲述怎样来维护数据库中数据的安全性。本章学习要点如下：

- 身份验证模式；
- 登录账户管理；
- 数据库用户管理；
- 权限管理。

7.1　SQL Server 安全认证模式

用户若是想访问和操作 SQL Server 中某一数据库中的数据，必须满足以下三个条件。

（1）能通过身份验证登录服务器：登录账户（master 数据库系统表 syslogins 中）。

（2）是数据库用户或者是某角色成员：与登录账户关联的用户（用户数据库系统表 syusers 中）。

（3）具有相应操作权限：权限。

7.2　SQL Server 身份验证模式

从用户访问数据库具备的条件看，登录服务器首先需要满足的条件是身份验证，SQL Server 登录时身份验证有两种模式：Windows 身份验证模式和混合身份验证模式。

两种身份验证模式的比较如表 7-1 所示。

表 7-1　两种身份验证模式的比较

身份验证模式	含　义	特　点
Windows 身份验证模式	用户只能使用 Windows 账户连接数据库服务器	• 与 Windows 安全系统集成 • 使用简单。登录 Windows 时输入密码即可，登录 SQL Server 无需再次输入 • 更安全。可以利用 Windows 安全系统功能，如：密码过期、密码长度等
混合身份验证模式（SQL Server 和 Windows 身份验证）	用户可使用 Windows 身份验证或 SQL Server 身份验证连接数据库服务器	• SQL Server 身份验证需要提供 SQL Server 登录名和密码进行登录 • 主要用于复杂网络环境，多种客户操作系统等无法使用 Windows 身份验证模式的情况

通过 SQL Server Management Studio 设置身份验证模式的步骤如下：

（1）在“对象资源管理器”窗口中的“服务器”项上单击右键，选择“属性”命令，则显示如图 7-1 所示的“服务器属性”对话框。

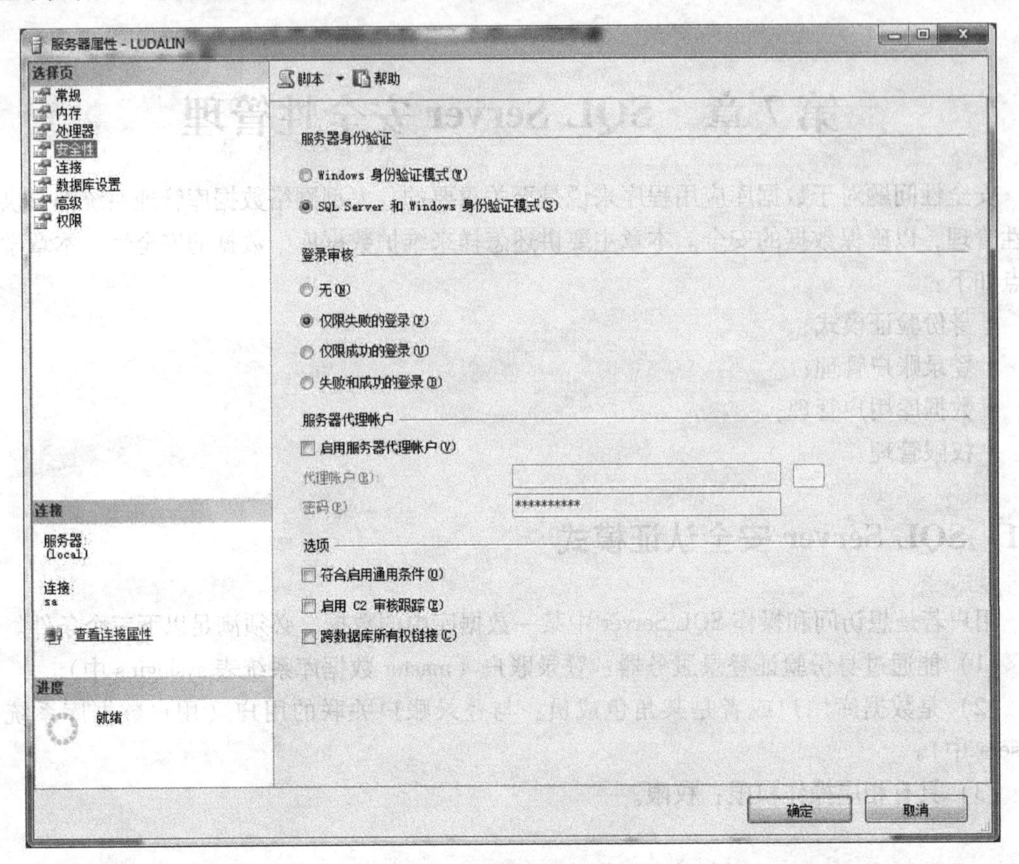

图 7-1 “服务器属性”对话框

（2）单击“安全性”选择页，修改“服务器身份验证”后，单击“确定”按钮。

（3）重启 SQL Server 服务后有效。

7.3 登录账户管理

在 SQL Server Management Studio 中，可以通过“对象资源管理器”窗口中的“服务器→安全性→登录名”，查看已经创建的登录账户情况。

7.3.1 系统安装时创建的登录账户

SQL Server 安装好之后，系统会自动产生一些系统内置登录账户，主要有以下两种。

- sa：系统管理员。
- <计算机名>\<安装 SQL Server 的用户名>：安装 SQL Server 时指定的 SQL Server 管理员（安装时选择“当前用户”即安装 SQL Server 的 Windows 用户，作为 SQL Server 管理员）。

这两个登录账户都是 sysadmin 固定服务器角色成员（系统管理员），拥有管理整个 SQL Server 的权限。

7.3.2 创建登录账户

SQL Server 身份验证方式有两种（Windows 身份验证、SQL Server 身份验证），则登录账户也有以下两种：

- Windows 登录账户；
- SQL Server 登录账户。

1. 使用 SSMS 创建 Windows 登录账户

以创建一个 Windows 登录账户 ZhangSan 为例，在 SQL Server Management Studio 中的操作步骤如下：

（1）创建 Windows 用户 ZhangSan，如图 7-2 所示。

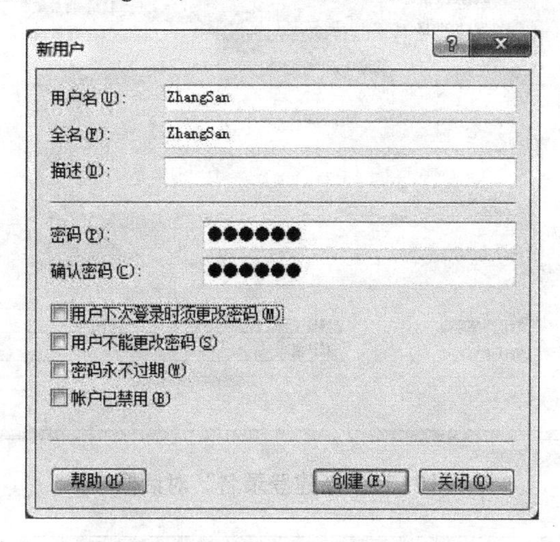

图 7-2 “新用户”对话框

（2）在“对象资源管理器”窗口中，依次展开“服务器→安全性”，在“登录名”上单击鼠标右键，选择“新建登录名”命令。

（3）执行如上命令后，显示如图 7-3 所示的“登录名 - 新建”对话框。

（4）选择“Windows 身份验证”；输入或搜索登录名，格式：计算机名 \ Windows 用户名；必要时选择默认数据库、默认语言。最后单击“确定”按钮完成创建。

注 可以切换 Windows 账户，以 ZhangSan 用户进行登录；然后再通过 Windows 身份验证方式登录 SQL Server 服务器，如图 7-4 所示。ZhangSan 尽管可以登录，但是对数据库并无访问与操作权限。

2. 使用 SSMS 创建 SQL Server 登录账户

以创建一个 SQL Server 登录账户 LiSi 为例，在 SQL Server Management Studio 中的操作步骤如下：

（1）在“对象资源管理器”窗口中，依次展开“服务器→安全性”，在“登录名”上单击鼠标右键，选择“新建登录名”命令。

（2）执行如上命令后，显示如图 7-5 所示的对话框。

（3）选择“SQL Server 身份验证”，输入登录名和密码，设置密码策略（在此取消勾选

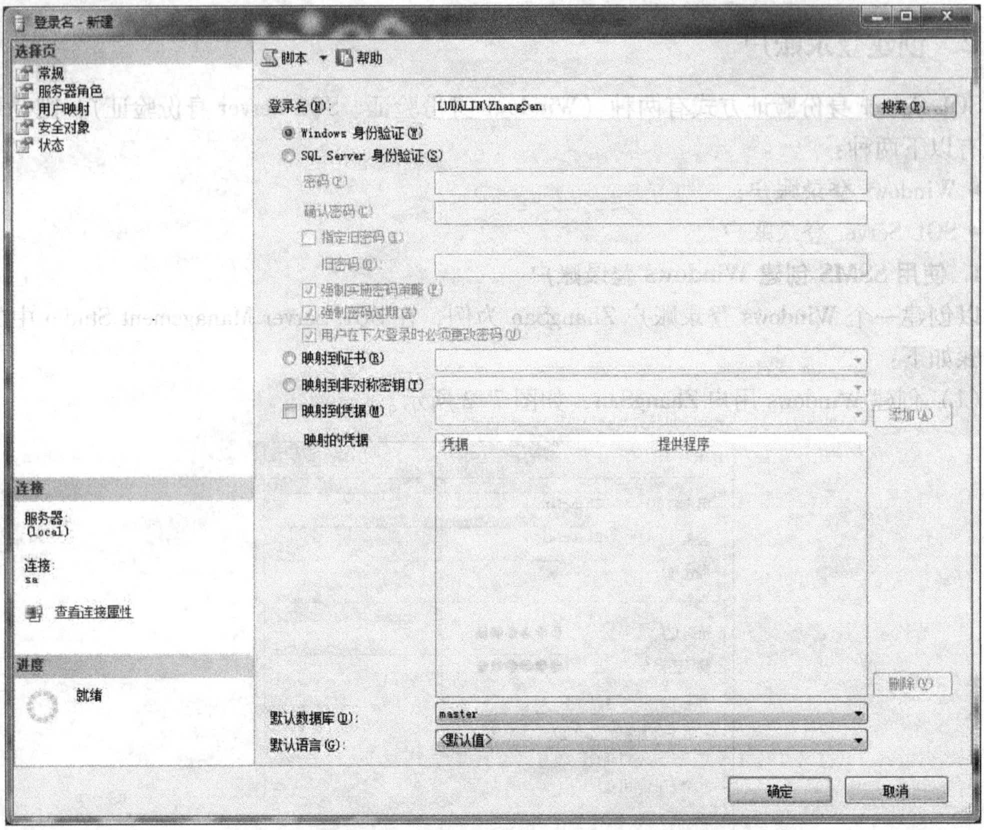

登录名 - 新建

选择页
常规
服务器角色
用户映射
安全对象
状态

脚本 ▾ 帮助

登录名(N): LUDALIN\ZhangSan 搜索(E)...
Windows 身份验证(W)
SQL Server 身份验证(S)
密码(P):
确认密码(C):
指定旧密码(I)
旧密码(O):
强制实施密码策略(F)
强制密码过期(X)
用户在下次登录时必须更改密码(U)
映射到证书(R)
映射到非对称密钥(T)
映射到凭据(M) 添加(A)
映射的凭据 凭据 提供程序
删除(V)
默认数据库(D): master
默认语言(G): <默认值>

连接
服务器:
(local)
连接:
sa
查看连接属性

进度
就绪

确定 取消

图 7-3 “新建登录名”对话框

连接到服务器

Microsoft SQL Server 2008 R2

服务器类型(T): 数据库引擎
服务器名称(S): ludalin-PC
身份验证(A): Windows 身份验证
用户名(U): ludalin-PC\ZhangSan
密码(P):
记住密码(M)

连接(C) 取消 帮助 选项(O) >>

图 7-4 “SQL Server 登录”对话框

“强制实施密码策略”）。必要时选择默认数据库、默认语言，最后单击“确定”按钮完成创建。

注 LiSi 可以通过 SQL Server 身份验证方式登录服务器（不必切换 Windows 用户），如图 7-6 所示。但是对数据库同样无访问和操作权限。

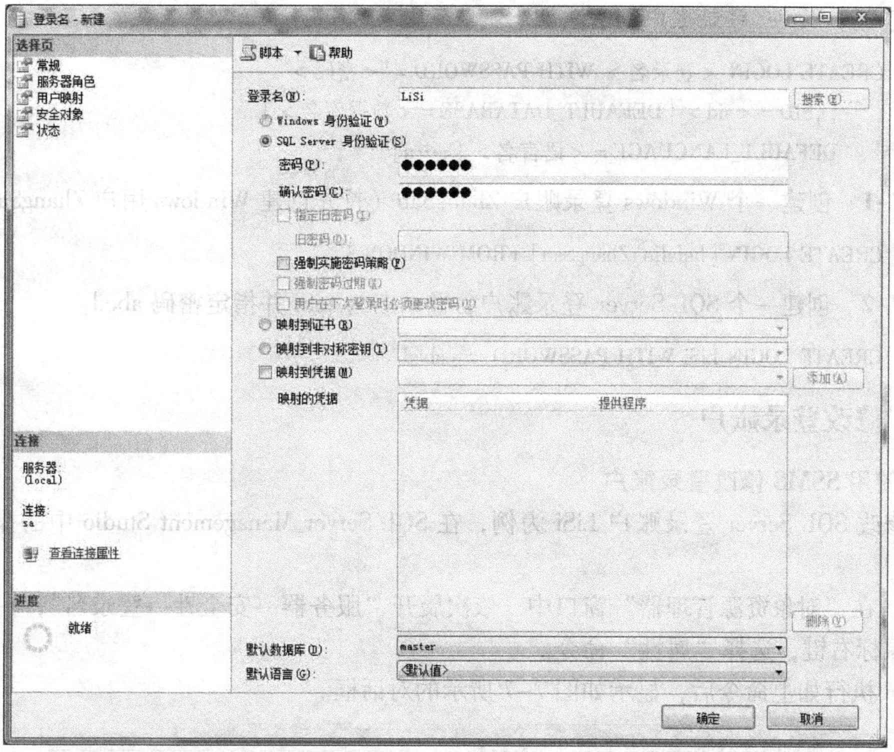

登录名 - 新建

选择页

常规

服务器角色

用户映射

安全对象

状态

脚本 帮助

登录名(N): LiSi 搜索(E)...

Windows 身份验证(W)

SQL Server 身份验证(S)

密码(P): ●●●●●●

确认密码(C): ●●●●●●

指定旧密码(I)

旧密码(O):

强制实施密码策略(F)

强制密码过期(X)

用户在下次登录时必须更改密码(U)

映射到证书(R)

映射到非对称密钥(T)

映射到凭据(M) 添加(A)

映射的凭据 凭据 提供程序

连接

服务器: (local)

连接: sa

查看连接属性

进度

就绪

删除(V)

默认数据库(D): master

默认语言(G): <默认值>

确定 取消

图 7-5 “登录名 - 新建”对话框

连接到服务器

Microsoft SQL Server 2008 R2

服务器类型(T): 数据库引擎

服务器名称(S): ludalin-PC

身份验证(A): SQL Server 身份验证

登录名(L): LiSi

密码(P): ******

记住密码(M)

连接(C) 取消 帮助 选项(O) >>

图 7-6 “SQL Server 登录”对话框

3. 使用 T - SQL 语句创建登录账户

创建登录账户的语句为 CREATE LOGIN。

创建 Windows 登录账户的语法如下：

```
CREATE LOGIN <计算机名>\<Windows 用户名> FROM WINDOWS
    [WITH DEFAULT_DATABASE = <数据库名> |
    DEFAULT_LANGUAGE = <语言名> [,…n]]
```

创建 SQL Server 登录账户的语法如下：

```
CREATE LOGIN <登录名> WITH PASSWORD = '<密码>'
    [,SID = <sid> | DEFAULT_DATABASE = <数据库名> |
    DEFAULT_LANGUAGE = <语言名> [,…n]]
```

例 7-1 创建一个 Windows 登录账户 ZhangSan（首先创建 Windows 用户 ZhangSan）。

```
CREATE LOGIN [ludalin\ZhangSan] FROM WINDOWS
```

例 7-2 创建一个 SQL Server 登录账户，登录名为 LiSi 并指定密码 abcd。

```
CREATE LOGIN LiSi WITH PASSWORD = 'abcd'
```

7.3.3 修改登录账户

1. 使用 SSMS 修改登录账户

以修改 SQL Server 登录账户 LiSi 为例，在 SQL Server Management Studio 中的操作步骤如下：

（1）在“对象资源管理器”窗口中，依次展开“服务器→安全性→登录名”，在“LiSi”上单击鼠标右键，选择“属性”命令。

（2）执行如上命令后，显示如图 7-7 所示的对话框。

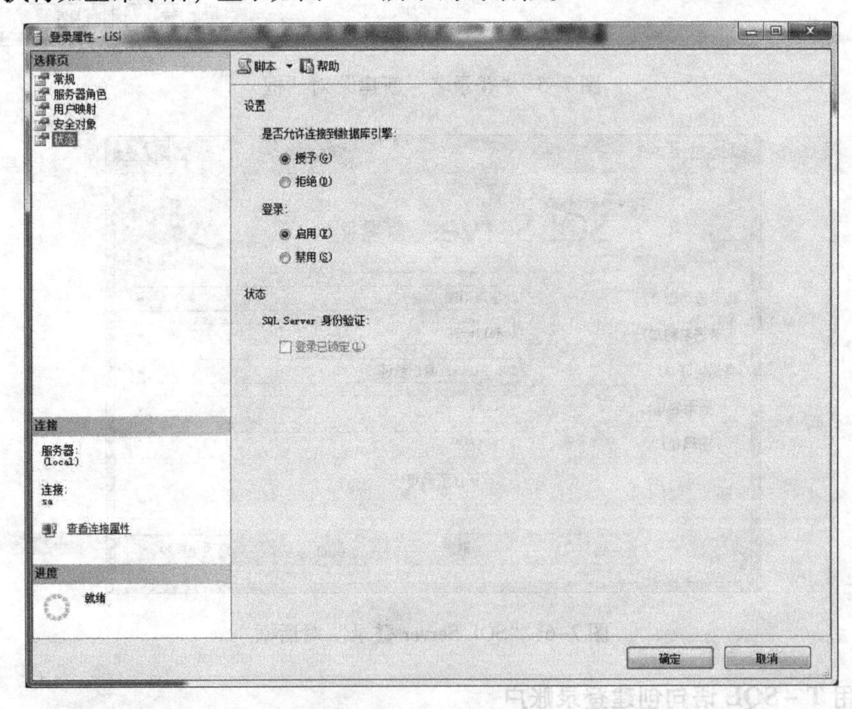

图 7-7 “登录属性 - LiSi”对话框

（3）在各种选择页中修改登录名的相关属性。如：密码、状态、服务器角色、用户映射等。单击“状态”选择页，可“启用/禁用”该登录账户。最后单击“确定”按钮完成修改。

2. 使用 T-SQL 语句修改登录账户

修改登录账户的语句为 ALTER LOGIN，其语法格式如下：

```
ALTER LOGIN <登录名>
    {<状态选项> | WITH <设置选项>[,…n]}
```

其中，

- <状态选项>::= ENABLE | DISABLE
- <设置选项>::= PASSWORD = '<口令>'[,OLDPASSWORD = '<旧口令>']
|NAME = <登录名>
|DEFAULT_DATABSE = <默认数据库>
|DEFAULT_LANGUAGE = <默认语言>

例 7-3 将登录账户 LiSi 的名称更改为 LiSi_new。

```
ALTER LOGIN LiSi WITH NAME = LiSi_new
```

例 7-4 将登录账户 LiSi_new 的密码修改为“abcdef”。

```
ALTER LOGIN LiSi_new WITH PASSWORD = 'abcdef'
```

例 7-5 禁用登录账户 LiSi_new。

```
ALTER LOGIN LiSi_new DISABLE
```

7.3.4 删除登录账户

1. 使用 SSMS 删除登录账户

以删除 SQL Server 登录账户 LiSi 为例，在 SQL Server Management Studio 中的操作步骤如下：

（1）在“对象资源管理器”窗口中，依次展开“服务器→安全性→登录名”，在“LiSi”上单击鼠标右键，选择“删除”命令。

（2）执行如上命令后，显示如图 7-8 所示的对话框。

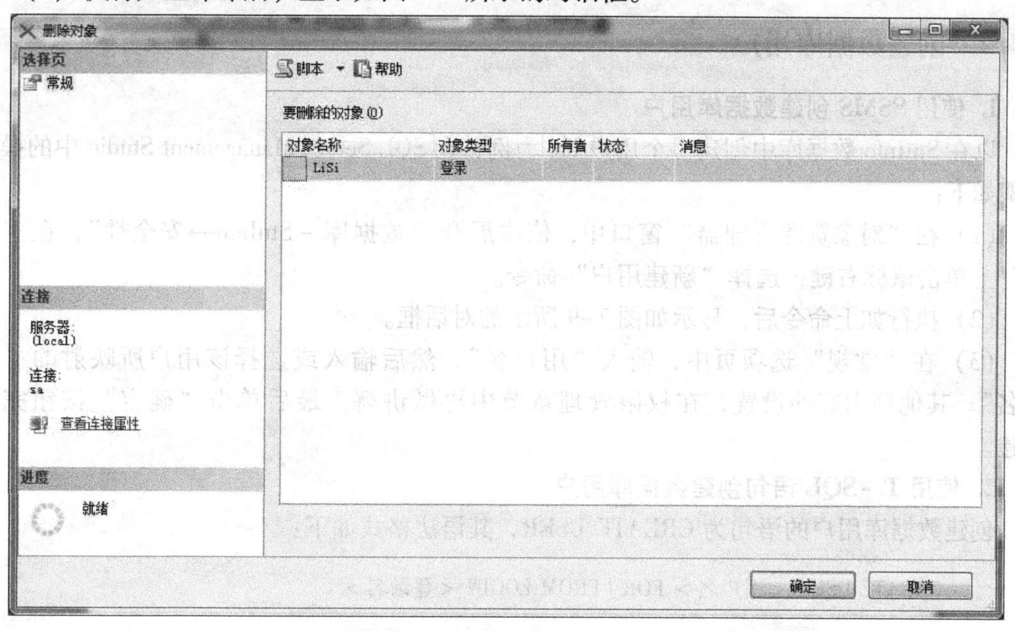

图 7-8 “删除对象”对话框

（3）单击“确定”按钮完成删除。

2. 使用 T - SQL 语句删除登录账户

删除登录账户的语句为 DROP LOGIN，其语法格式如下：

```
DROP LOGIN <登录名>
```

例 7-6 删除登录账户 LiSi_new。

```
DROP LOGIN LiSi_new
```

7.4 数据库用户管理

除了具有连接数据库的登录账户，用户若要访问数据库，还需要有关联到登录账户的数据库用户。

在 SQL Server Management Studio 中，可以通过“对象资源管理器”窗口中的“数据库 - StuInfo→安全性→用户”，查看 StuInfo 数据库中已经创建的数据库用户情况。

7.4.1 默认数据用户

默认数据库用户主要包括：dbo、guest、Information_schema 和 sys，其中 dbo 是最重要的一个默认用户，表示的是数据库拥有者，具体说明如下：

- dbo 用户拥有数据库中的所有对象。
- 每个数据库都有 dbo，sysadmin 服务器角色的成员自动映射成 dbo，无法删除 dbo 用户，且此用户始终出现在每个数据库中。
- 登录名 sa 映射为库中的用户 dbo，另外，由固定服务器角色 sysadmin 的任何成员创建的任何对象都自动属于 dbo。

7.4.2 创建数据库用户

1. 使用 SSMS 创建数据库用户

以在 StuInfo 数据库中创建一个用户 lisi 为例，在 SQL Server Management Studio 中的操作步骤如下：

（1）在“对象资源管理器”窗口中，依次展开“数据库 - StuInfo→安全性”，在“用户”上单击鼠标右键，选择“新建用户”命令。

（2）执行如上命令后，显示如图 7-9 所示的对话框。

（3）在“常规”选项页中，输入“用户名”，然后输入或选择该用户所映射的“登录名”。其他项内容的设置，在权限管理章节中再做讲解。最后单击“确定”按钮完成创建。

2. 使用 T - SQL 语句创建数据库用户

创建数据库用户的语句为 CREATE USER，其语法格式如下：

```
CREATE USER <用户名> FOR | FROM LOGIN <登录名>
```

注 FOR 和 FROM 关键字的效果相同。

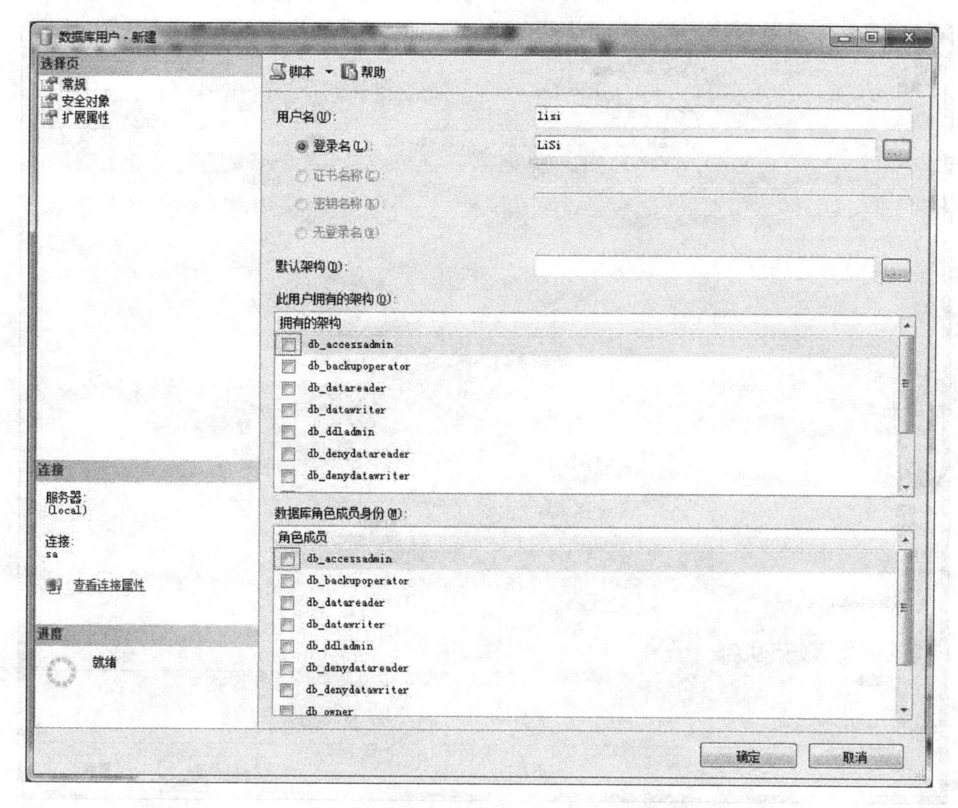

图 7-9 “数据库用户 - 新建”对话框

例 7-7 在 StuInfo 数据库中创建数据库用户 myUser，其登录名为 myLogin。

```
Use StuInfo
Go
CREATE USER myUser FROM LOGIN myLogin
```

7.4.3 删除数据库账户

1. 使用 SSMS 删除数据库用户

以删除 StuInfo 数据库中的用户 lisi 为例，在 SQL Server Management Studio 中的操作步骤如下：

（1）在“对象资源管理器”窗口中，依次展开“数据库 - StuInfo→安全性→用户”，在“lisi”上单击鼠标右键，选择“删除”命令。

（2）执行如上命令后，显示如图 7-10 所示的对话框。

（3）单击“确定”按钮完成删除。

2. 使用 T - SQL 语句删除数据库用户

删除数据库用户的语句为 DROP USER，其语法格式如下：

```
DROP USER <用户名>
```

例 7-8 删除 StuInfo 数据库中的用户 myUser。

```
DROP USER myUser
```

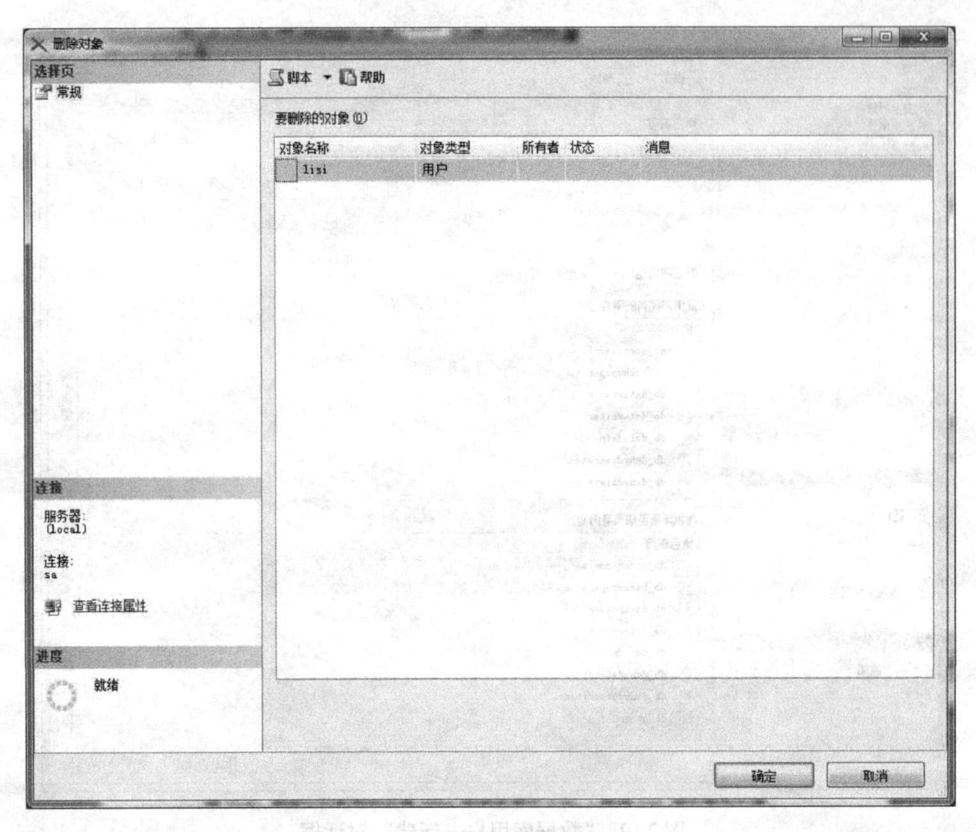

图 7-10 “删除对象”对话框

7.5 角色管理

7.5.1 角色的概念及分类

角色是为了易于管理而按相似的工作属性对用户进行分组的一种方式。在 SQL Server 中，组是通过角色来实现的。

在 SQL Server 中，角色分为服务器角色和数据库角色两种。服务器角色是服务器级别的一个对象，只能包含登录名。数据库角色是数据库级别的一个对象，只能包含数据库用户名。

SQL Server 角色分为以下两类。

(1) 服务器角色。

(2) 数据库角色。

- 固定数据库角色；
- 用户自定义数据库角色。

7.5.2 固定服务器角色

固定服务器角色属于服务器级别，是针对登录名的分组。固定服务器角色共有 8 个，如表 7-2 所示。

表 7-2　固定服务器角色

序号	角　色	含　义	说　明
1	sysadmin	系统管理	SQL Server 服务器中执行任何操作
2	serveradmin	服务器管理	配置服务器设置
3	setupadmin	配置管理	添加/删除链接服务器，执行某些系统存储过程
4	securityadmin	安全管理	管理服务器登录账户
5	processadmin	进程管理	管理 SQL Server 中运行的进程
6	dbcreator	数据库创建者	创建修改数据库
7	diskadmin	磁盘管理	管理磁盘文件
8	bulkadmin	大容量数据管理	执行 BULK INSERT 语句

1. 使用 SSMS 给登录账户设置固定服务器角色

以给登录账户 LiSi 设置固定服务器角色“sysadmin”为例，在 SQL Server Management Studio 中的操作步骤如下：

（1）在“对象资源管理器”窗口中，依次展开“服务器→安全性→登录名”，在“LiSi”上单击鼠标右键，选择“属性”命令。

（2）执行如上命令后，显示如图 7-11 所示的对话框。

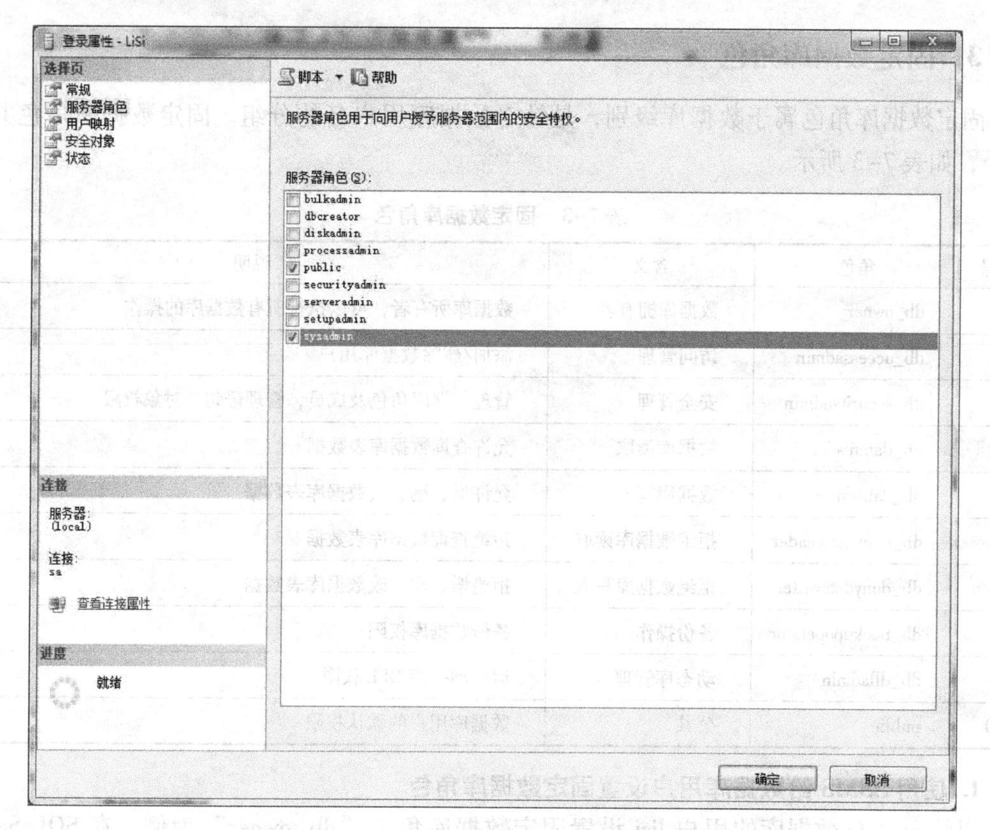

图 7-11　“登录属性 - LiSi”对话框

（3）单击“服务器角色”选项页，在“服务器角色”栏中勾选“sysadmin”。最后单击“确定”按钮完成设置。

（4）如果是撤销该登录账户的固定服务器角色，则取消对该角色的勾选即可。

2. 使用 T-SQL 语句给登录账户设置固定服务器角色

将登录账户添加到固定服务器角色中的语法格式如下：

```
sp_addsrvrolemember 'login','rolename'
```

其中，

- login：添加到固定服务器角色中的登录名。
- rolename：要添加登录名的固定服务器角色的名称。

给登录账户撤销固定服务器角色的语法格式如下：

```
sp_dropsrvrolemember 'login','rolename'
```

例 7-9 将登录账户 LiSi 添加到固定服务器角色 sysadmin 中。

```
sp_addsrvrolemember 'LiSi','sysadmin'
```

例 7-10 给登录账户 LiSi 撤销固定服务器角色 sysadmin。

```
sp_dropsrvrolemember 'LiSi','sysadmin'
```

7.5.3 固定数据库角色

固定数据库角色属于数据库级别，是针对数据库用户名的分组。固定数据库角色共有 10 个，如表 7-3 所示。

表 7-3 固定数据库角色

序号	角色	含义	说明
1	db_owner	数据库拥有者	数据库所有者，可以执行所有数据库的操作
2	db_accessadmin	访问管理	添加/删除数据库用户
3	db_securityadmin	安全管理	管理数据库角色及成员，管理语句、对象权限
4	db_datareader	数据库读取	允许查询数据库表数据
5	db_datawriter	数据库写入	允许增、删、改数据库表数据
6	db_denydatareader	拒绝数据库读取	拒绝查询数据库表数据
7	db_denydatawriter	拒绝数据库写入	拒绝增、删、改数据库表数据
8	db_backupoperator	备份操作	备份数据库权限
9	db_dlladmin	动态库管理	运行动态库 DLL 权限
10	public	公共	数据库用户的默认权限

1. 使用 SSMS 给数据库用户设置固定数据库角色

以给 StuInfo 数据库的用户 lisi 设置固定数据库角色“db_owner”为例，在 SQL Server Management Studio 中的操作步骤如下：

（1）在“对象资源管理器”窗口中，依次展开“数据库→StuInfo→安全性→用户”，在“lisi”上单击鼠标右键，选择“属性”命令。

（2）执行如上命令后，显示如图 7-12 所示的对话框。

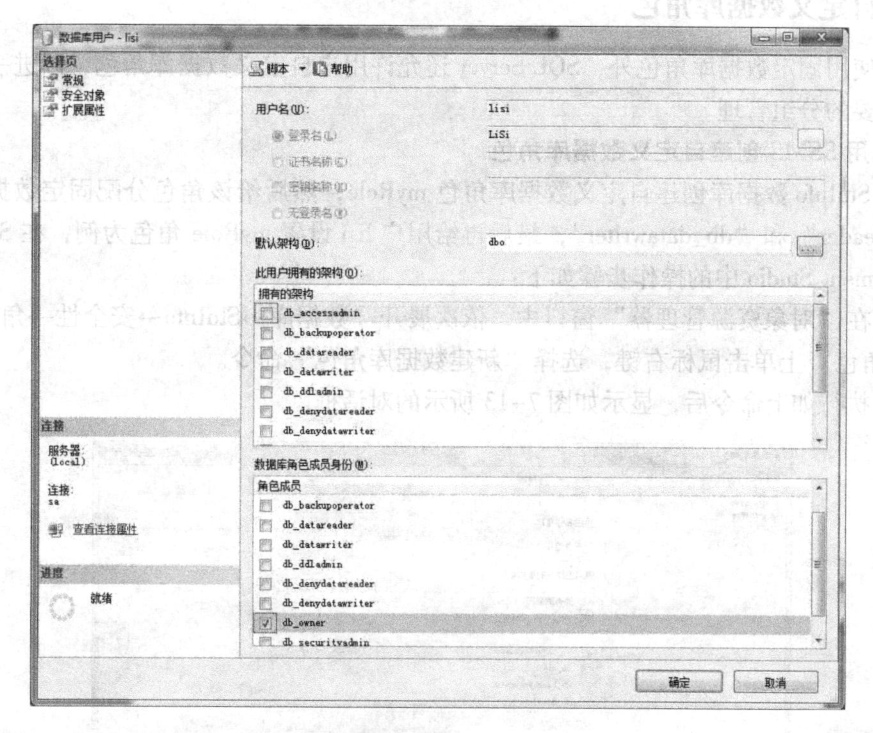

图 7-12 “数据库用户 - LiSi” 对话框

（3）单击“常规”选项页，在“数据库角色成员身份”栏中勾选“db_owner”。最后单击“确定”按钮完成设置。

（4）如果是撤销该数据库用户的固定数据库角色，则取消对该角色的勾选即可。

2. 使用 T-SQL 语句给数据库用户设置固定数据库角色

将数据库用户添加到固定数据库角色中的语法格式如下：

```
sp_addrolemember 'rolename','user'
```

其中，

- rolename：当前数据库中的数据库角色的名称。
- user：添加到该角色的用户。

给数据库用户撤销固定数据库角色的语法格式如下：

```
sp_droprolemember 'rolename','user'
```

例 7-11 将数据库用户 lisi 添加到固定数据库角色 db_owner 中。

```
UseStuInfo
Go
sp_addrolemember 'db_owner', 'lisi'
```

例 7-12 给数据库用户 lisi 撤销固定数据库角色 db_owner 中。

```
sp_droprolemember 'db_owner','lisi'
```

7.5.4 自定义数据库角色

除了使用固定数据库角色外，SQL Server 还允许用户自定义数据库角色，以进一步实现用户所需要的分组管理。

1. 使用 SSMS 创建自定义数据库角色

以给 StuInfo 数据库创建自定义数据库角色 myRole，然后给该角色分配固定数据库角色“db_datareader”和“db_datawriter”，最后再给用户 lisi 设置 myRole 角色为例，在 SQL Server Management Studio 中的操作步骤如下：

（1）在“对象资源管理器”窗口中，依次展开“数据库→StuInfo→安全性→角色”，在“数据库角色”上单击鼠标右键，选择“新建数据库角色”命令。

（2）执行如上命令后，显示如图 7-13 所示的对话框。

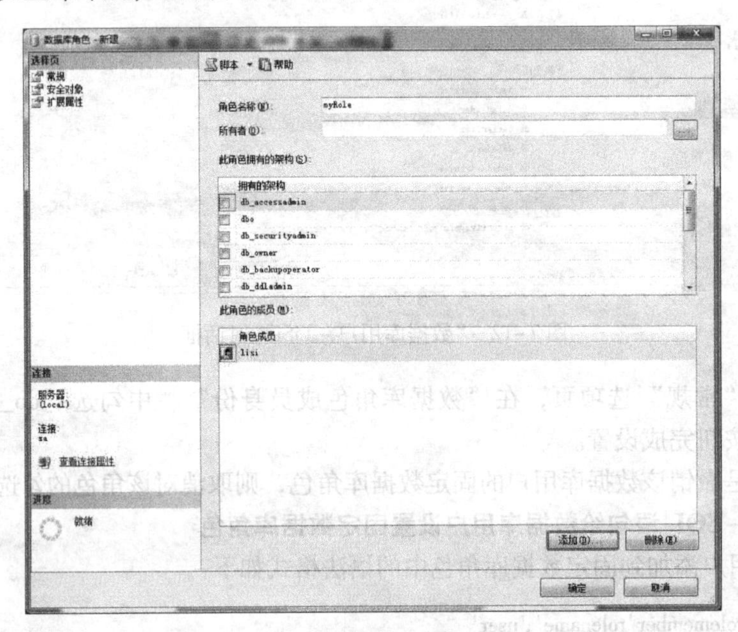

图 7-13 “数据库角色 - 新建”对话框

（3）单击“常规”选项页，在“角色名称”中输入“myRole”，单击“添加”按钮，显示如图 7-14 所示的对话框。

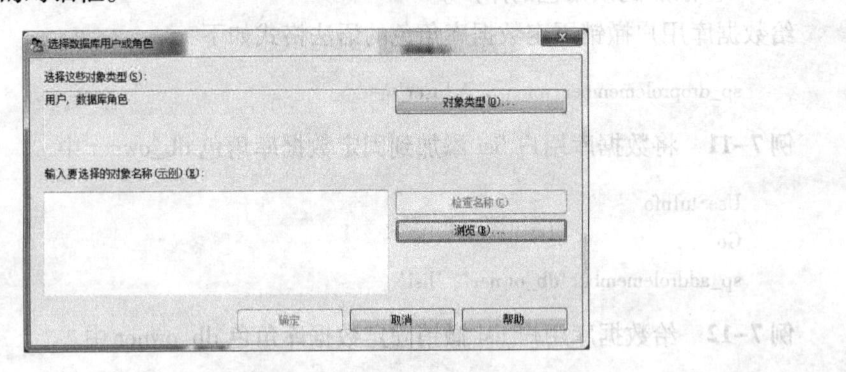

图 7-14 “选择数据库用户或角色”对话框

（4）单击“浏览”按钮，显示如图 7-15 所示的对话框。选择“lisi”用户，单击“确定”按钮后返回。

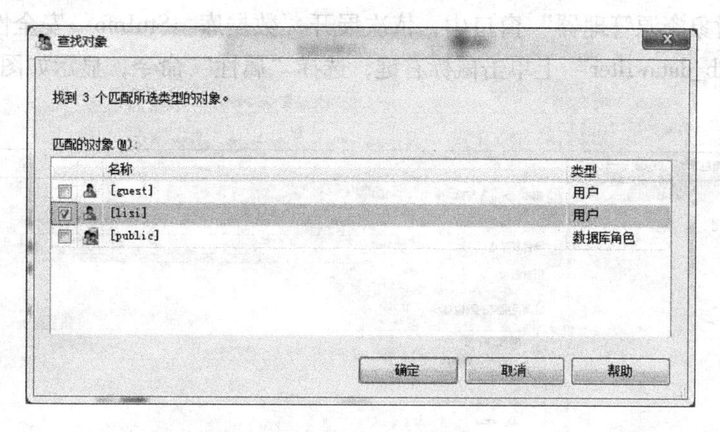

图 7-15 “查找对象”对话框

（5）在“数据库角色 - 新建”对话框中，单击“确定”按钮完成自定义数据库角色的创建，不过当前 myRole 角色不具有任何权限功能。

（6）在“对象资源管理器”窗口中，依次展开“数据库→StuInfo→安全性→角色→数据库角色”，在“db_datareader”上单击鼠标右键，选择“属性”命令，显示如图 7-16 所示的对话框。

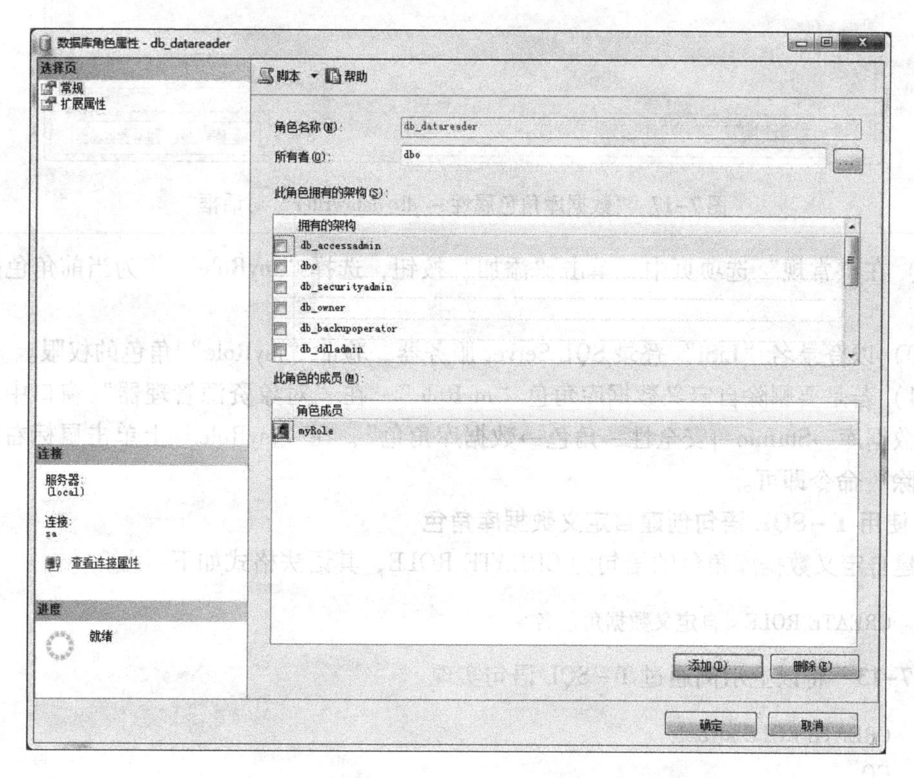

图 7-16 “数据库角色属性 - db_datareader”对话框

(7) 在“常规”选项页中，单击“添加”按钮，选择“myRole”作为当前角色的角色成员。

(8) 在“对象资源管理器”窗口中，依次展开“数据库→StuInfo→安全性→角色→数据库角色”，在“db_datawriter”上单击鼠标右键，选择“属性”命令，显示如图7-17所示的对话框。

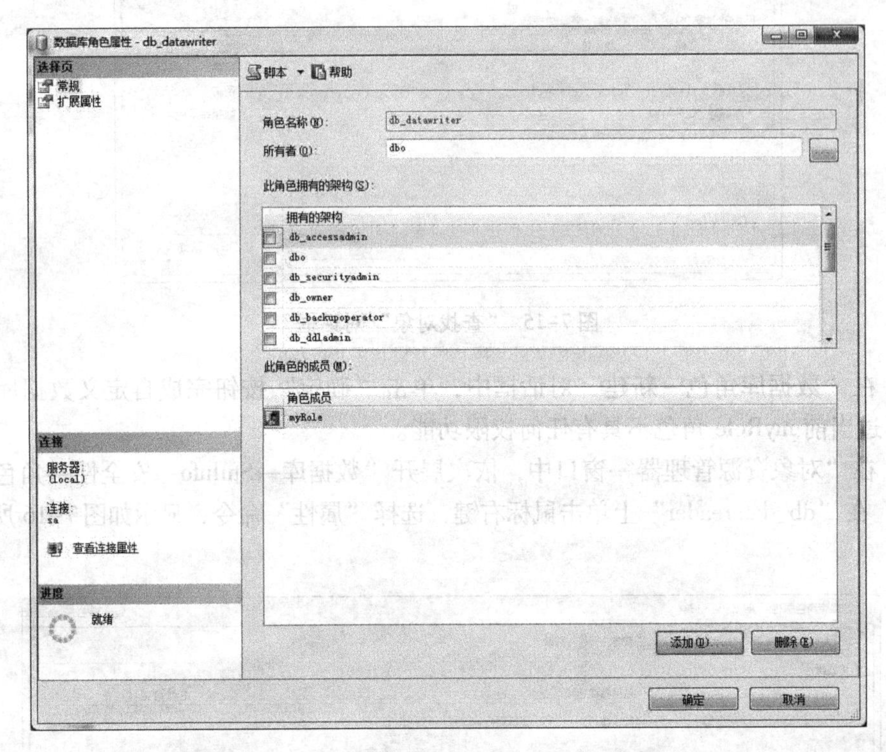

图7-17 “数据库角色属性 - db_datawriter”对话框

(9) 在“常规”选项页中，单击“添加”按钮，选择“myRole”作为当前角色的角色成员。

(10) 以登录名“LiSi”登录SQL Server服务器，验证“myRole”角色的权限。

(11) 若是要删除自定义数据库角色“myRole”，在“对象资源管理器”窗口中，依次展开“数据库→StuInfo→安全性→角色→数据库角色”，在“myRole”上单击鼠标右键，选择“删除”命令即可。

2. 使用T-SQL语句创建自定义数据库角色

创建自定义数据库角色的语句为CREATE ROLE，其语法格式如下：

```
CREATE ROLE <自定义数据角色名>
```

例7-13 将以上示例通过T-SQL语句实现。

```
CREATE ROLE myRole
GO
sp_addrolemember 'db_datareader', 'myRole'
GO
```

```
sp_addrolemember 'db_datawriter', 'myRole'
GO
sp_addrolemember 'myRole', 'lisi'
```

3. 使用 T-SQL 语句删除自定义数据库角色

删除自定义数据库角色的语句为 DROP ROLE，其语法格式如下：

```
DROP ROLE <自定义数据角色名>
```

例 7-14 删除自定义数据库角色 myRole。

```
DROP ROLE myRole
```

注：固定服务器角色、固定数据库角色不能删除，用户自定义数据库角色可以删除。

7.6 权限管理

权限是用来控制用户如何访问和操作数据库的对象。用户获得权限有以下两种方式：

- 直接分配获得；
- 作为角色成员，继承角色权限。

7.6.1 权限类型

1. 对象权限

对象权限是指用户访问和操作数据库中表、视图、存储过程等对象的权限，共有以下 5 种对象权限。

（1）查询 SELECT；

（2）插入 INSERT；

（3）更新 UPDATE；

（4）删除 DELETE；

（5）执行 EXECUTE。

注：前 4 种权限用于表和视图，最后 1 种权限只能用于存储过程。

2. 语句权限

语句权限是指用户创建数据库或在数据库中创建或修改对象、执行数据库或事务日志备份的权限。语句权限主要有以下 4 种。

- 创建数据库、表、视图（CREATE DATABASE/TABLE/VIEW）；
- 创建规则、默认（CREATE RULE/DEFAULT）；
- 创建函数、存储过程（CREATE FUNCTION/PROCEDURE）；
- 备份数据库、事务日志（BACKUP DATABSE/LOG）。

3. 暗示性权限

暗示性权限是指系统预定义角色的成员或数据库对象所有者所拥有的权限。例如，sysadmin 固定服务器角色成员自动继承在 SQL Server 安装中进行操作或查看的全部权限；数据库对象所有者 db_owner 可以对所拥有的对象执行一切活动。

7.6.2 权限设置

用户或角色权限存在以下三种形式。

- 授予 granted：允许用户某种权限；
- 拒绝 denied：禁止用户某种权限；
- 废除 revoked：撤销以前授予或者拒绝的权限。

1. 使用 SSMS 管理权限

以给 StuInfo 数据库用户 lisi 授予查询 Student 表的权限为例，在 SQL Server Management Studio 中的操作步骤如下：

（1）在“对象资源管理器”窗口中，依次展开“数据库→StuInfo→安全性→用户”，在“lisi”上单击鼠标右键，选择“属性”命令。

（2）执行如上命令后，显示如图 7-18 所示的对话框。

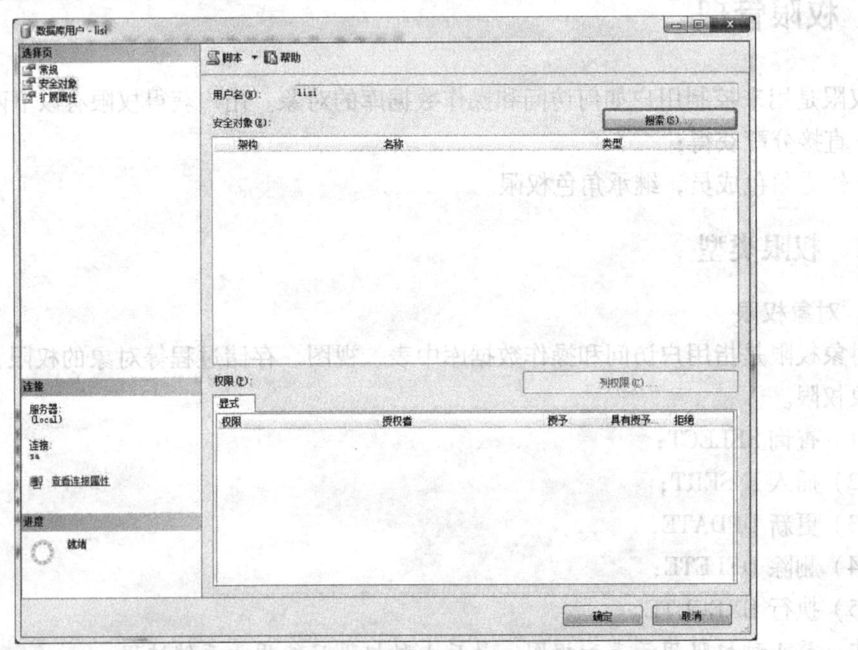

图 7-18 “数据库用户 - lisi”对话框

（3）单击“安全对象”选项页，单击“搜索”按钮，显示如图 7-19 所示的对话框。

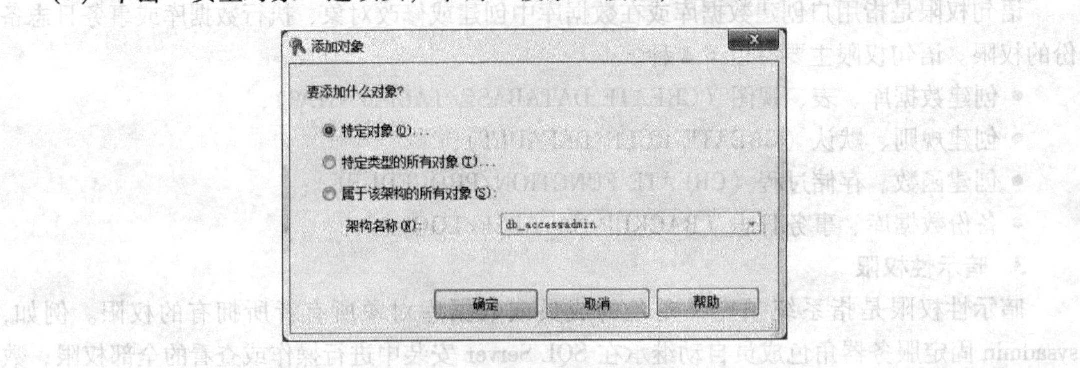

图 7-19 “添加对象”对话框

（4）选择“特定对象”单击“确定”按钮，显示如图 7-20 所示的对话框。

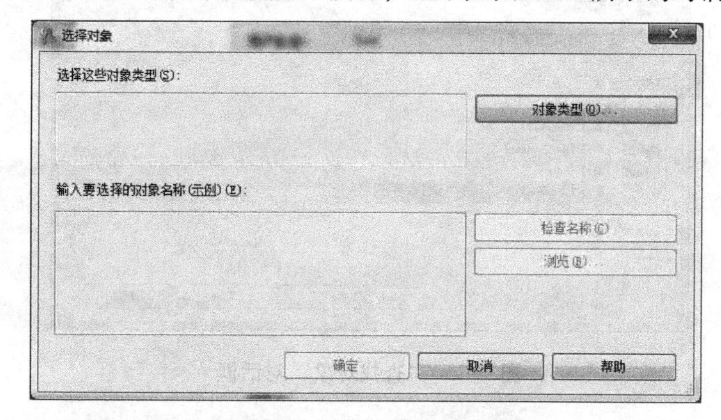

图 7-20 “选择对象”对话框

（5）单击“对象类型”按钮，显示如图 7-21 所示的对话框。

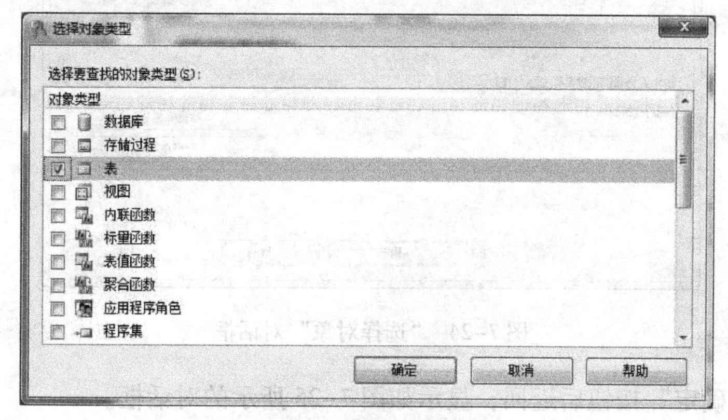

图 7-21 “选择对象类型”对话框

（6）勾选“对象类型”项中的“表”，单击“确定”按钮后返回，显示如图 7-22 所示的对话框。

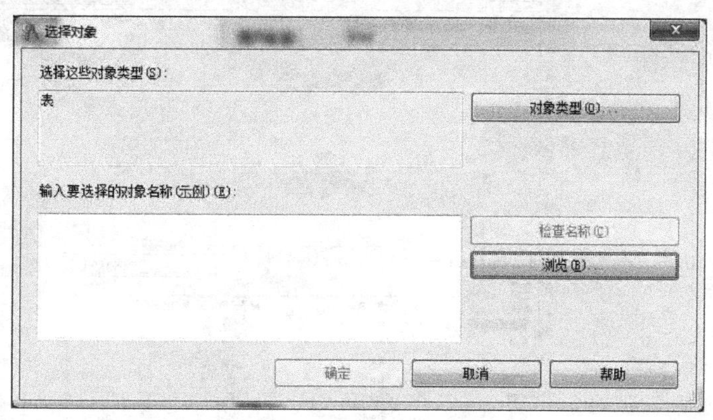

图 7-22 “选择对象”对话框

（7）单击“浏览”按钮，显示如图 7-23 所示的对话框。

（8）勾选“[dbo].[Student]”，单击“确定”按钮后返回，显示如图 7-24 所示的对话框。

图 7-23 “查找对象”对话框

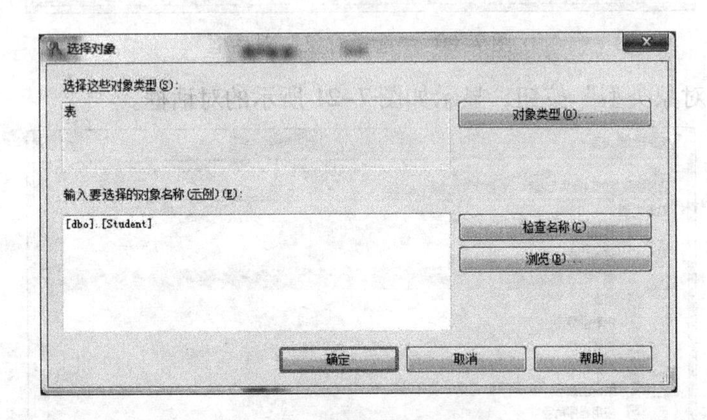

图 7-24 “选择对象”对话框

（9）单击“确定”按钮后返回，显示如图 7-25 所示的对话框。

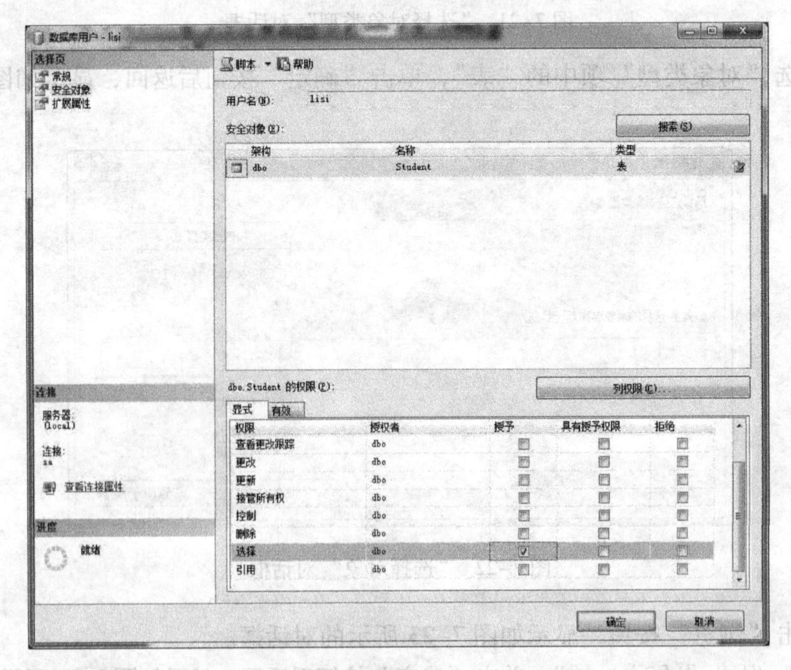

图 7-25 “数据库用户 - lisi”对话框

（10）定位到“选择”权限，勾选其后面的“授予”选项，单击“确定”按钮即可完成对用户 lisi 授予查询 Student 表的权限设置。

（11）也可以设置对 Student 表中指定字段的查询权限。单击“列权限”按钮，显示如图 7-26 所示的对话框，勾选指定字段后面的“授予”选项。

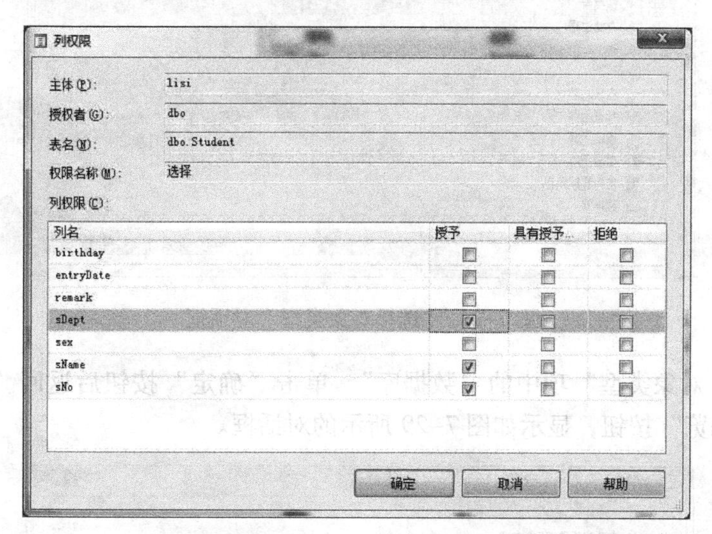

图 7-26 “列权限”对话框

以给 StuInfo 数据库用户 lisi 赋予创建数据表的权限为例，在 SQL Server Management Studio 中的操作步骤如下：

（1）在“对象资源管理器”窗口中，依次展开“数据库→StuInfo→安全性→用户”，在“lisi”上单击鼠标右键，选择“属性”命令，显示如图 7-27 所示的对话框。

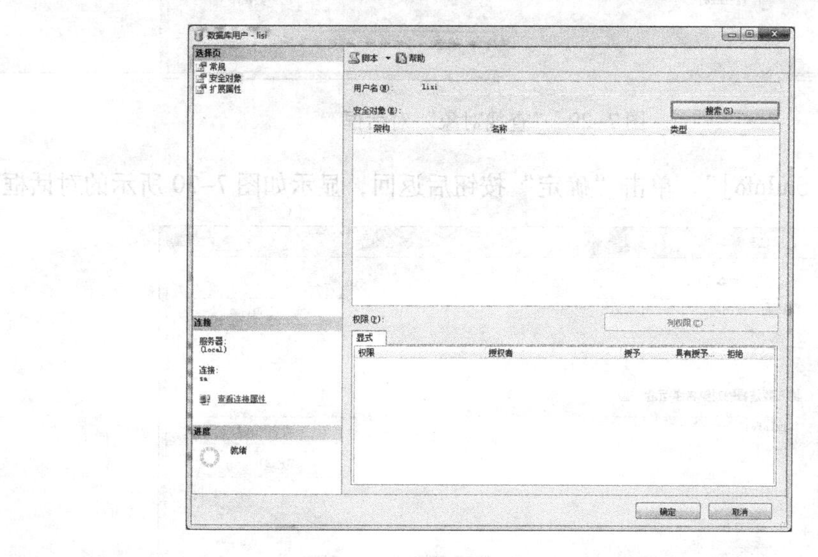

图 7-27 “数据库用户 - lisi”对话框

（2）单击“安全对象”选项页，单击“搜索”按钮，在显示的“添加对象”对话框中选择“特定对象”，单击“确定”按钮，打开“选择对象”对话框，单击“对象类型”按钮，显示如图 7-28 所示的对话框。

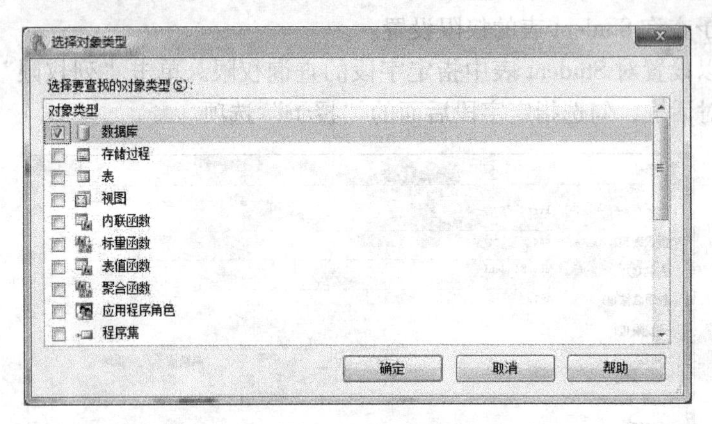

图 7-28 “选择对象类型”对话框

（3）勾选“对象类型”项中的“数据库”，单击“确定”按钮后返回“选择对象”对话框，单击“浏览”按钮，显示如图 7-29 所示的对话框。

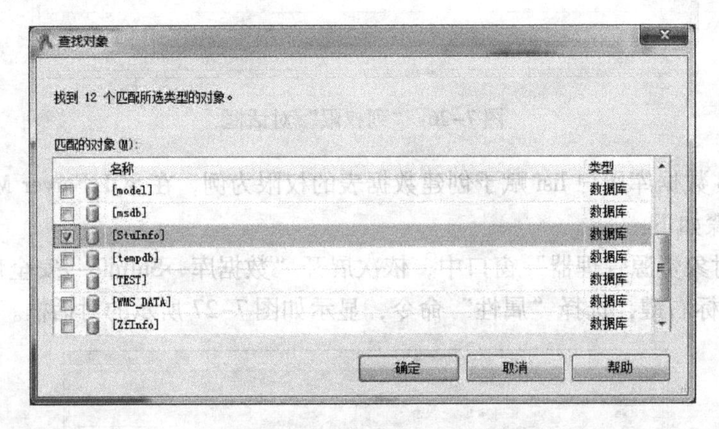

图 7-29 “查找对象”对话框

（4）勾选“［StuInfo］”，单击“确定”按钮后返回，显示如图 7-30 所示的对话框。

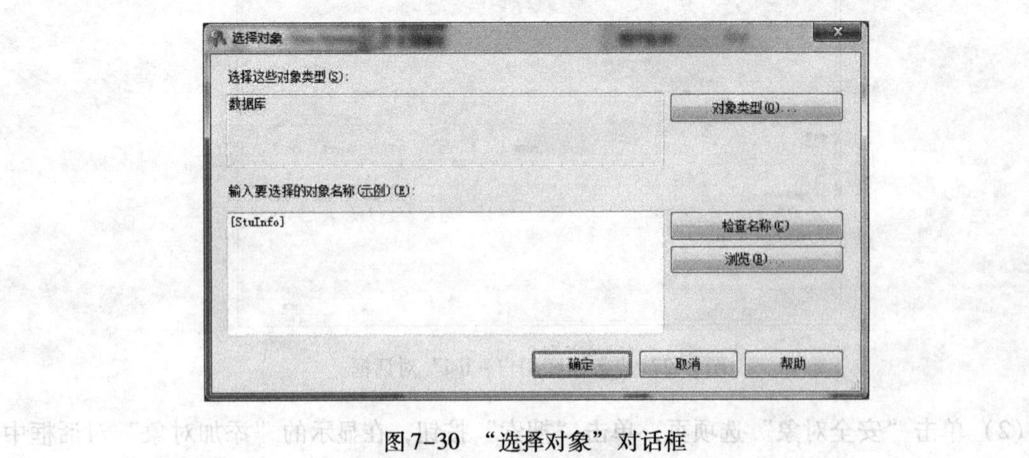

图 7-30 “选择对象”对话框

（5）单击“确定”按钮后返回，显示如图 7-31 所示的对话框。

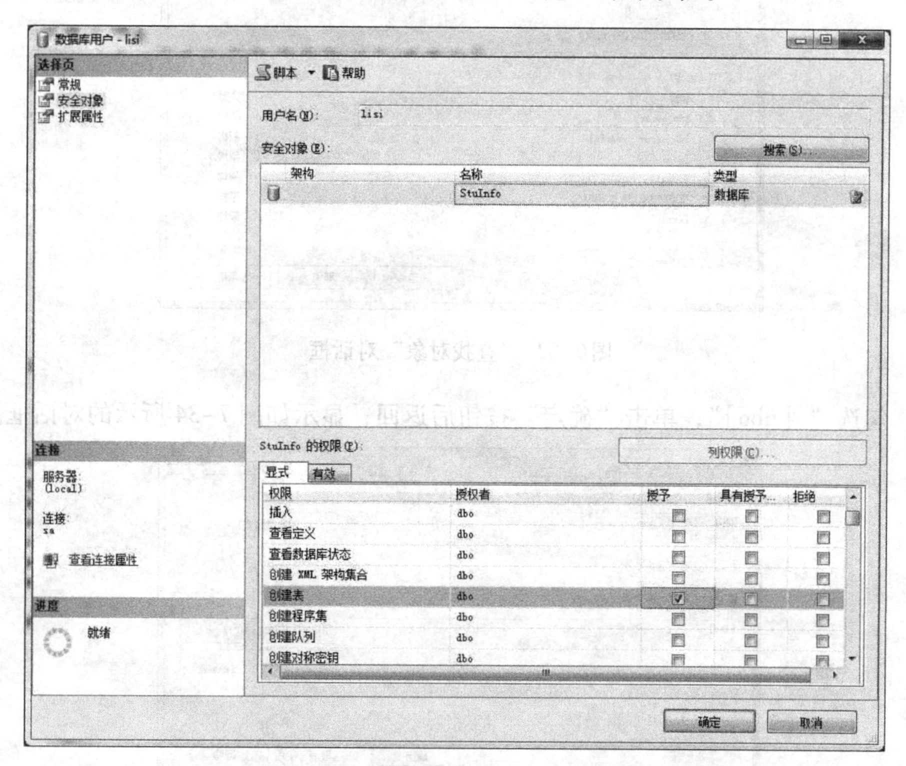

图 7-31 “数据库用户 - lisi”对话框

（6）定位到“创建表”权限，勾选其后面的“授予”选项。

（7）再次单击“搜索”按钮，在显示的“添加对象”对话框中选择“特定对象”，单击“确定”按钮，打开“选择对象”对话框，单击“对象类型”按钮，显示如图 7-32 所示的对话框。

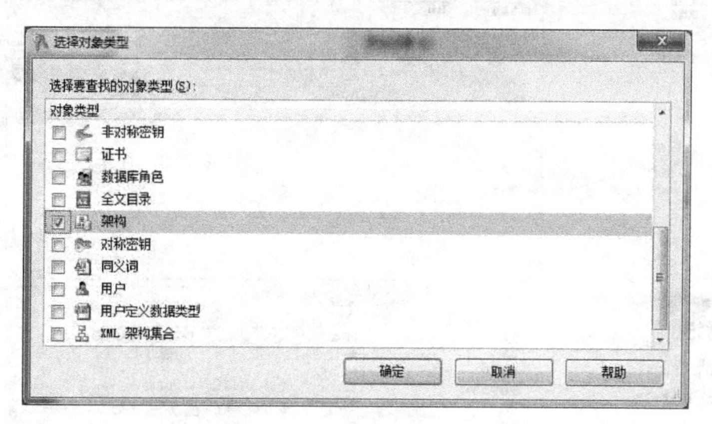

图 7-32 “选择对象类型”对话框

（8）勾选“对象类型”项中的“架构”，单击“确定”按钮后返回“选择对象”对话框，单击“浏览”按钮，显示如图 7-33 所示的对话框。

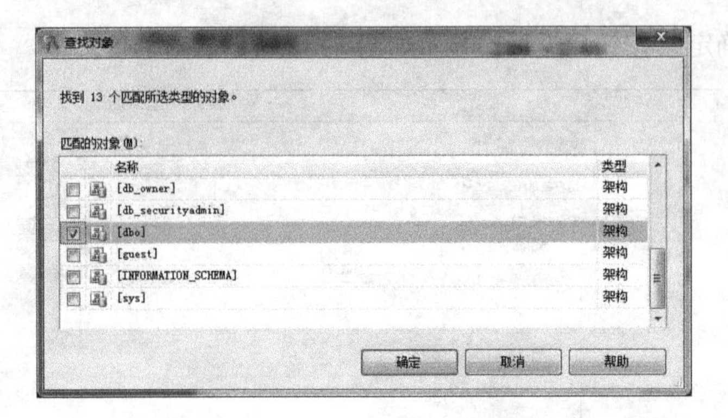

图 7-33 “查找对象”对话框

(9) 勾选“[dbo]”，单击“确定”按钮后返回，显示如图 7-34 所示的对话框。

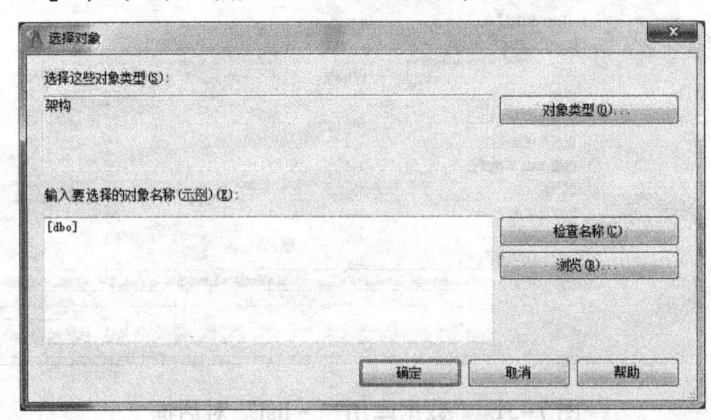

图 7-34 “选择对象”对话框

(10) 单击“确定”按钮后返回，显示如图 7-35 所示的对话框。

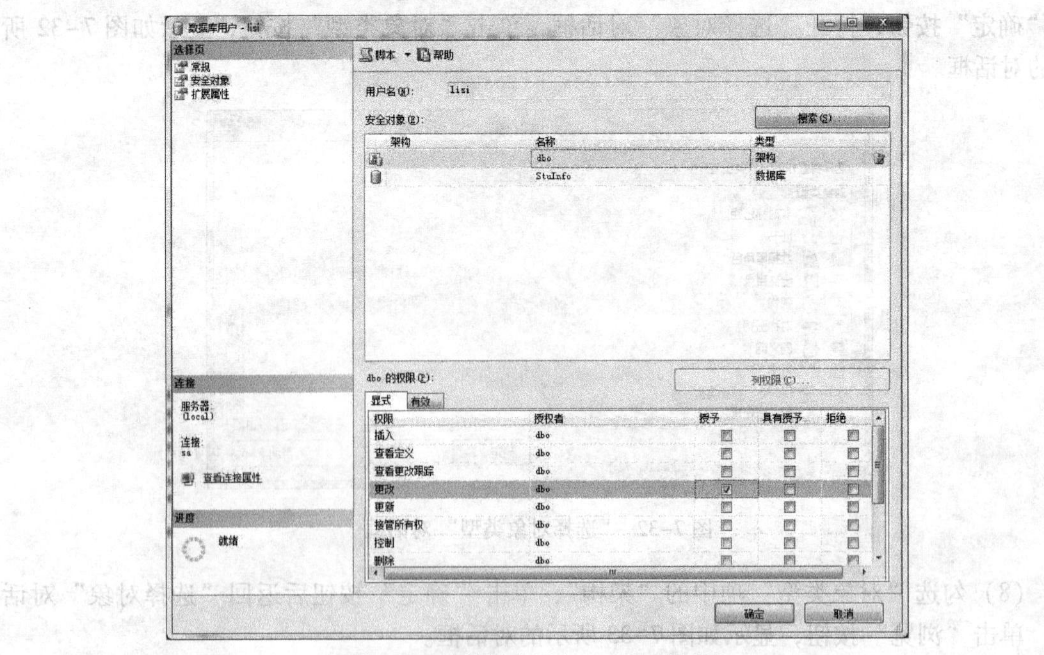

图 7-35 “数据库用户 - lisi”对话框

（11）在“安全对象”中选择“dbo”，定位到“更改”权限，勾选其后面的“授予”选项。单击“确定”按钮即可完成对用户 lisi 赋予创建数据表的权限设置。

2. 使用 T-SQL 语句管理权限

（1）对象权限的语法格式如下：

```
GRANT/DENY/REVOKE  ALL | <权限>[(<字段名>[,…n])][,…n]
ON <安全对象名> TO <用户>
```

其中，

- <权限>：SELECT、INSERT、UPDATE、DELETE、EXECUTE；
- <字段名>：指定表中将授予/拒绝/废除其权限的列的名称，需要使用括号“()”。

例 7-15 授予用户 lisi 在 Student 表上的 SELECT、UPDATE 和 INSERT 权限。

```
GRANT SELECT,UPDATE,INSERT
ON Student TO lisi
```

例 7-16 授予用户 lisi 可查询 Course 表的 cNo 和 cName 字段的权限。

```
GRANT SELECT (cNo,cName)
ON Course TO lisi
```

例 7-17 拒绝用户 lisi 在 Score 表上的 UPDATE 和 DELETE 权限。

```
DENY UPDATE,DELETE
ON Score TO lisi
```

例 7-18 撤销用户 lisi 在 Score 表上的 UPDATE 权限。

```
REVOKE UPDATE
ON Score TO lisi
```

（2）语句权限的语法格式如下：

```
GRANT/DENY/REVOKE  ALL | <语句>[,…n]
TO <用户>
```

例 7-19 授予用户 lisi 创建数据表的权限。

```
GRANT CREATE TABLE TO lisi
GO
GRANT ALTER ON SCHEMA ::dbo TO lisi
```

注： 在授予数据库用户具有创建表的权限之后，还需要授予该用户具有 dbo 架构的修改权限。

例 7-20 创建登录账户 myLgon，并授予其具有创建数据库的权限。

```
CREATE LOGIN myLogin WITH PASSWORD ='123456'
GO
USE master
CREATE USER myUser FROM LOGIN myLogin
```

```
GO
GRANT CREATE DATABASE TO myUser
```

注：只有 master 数据库中的用户可以具有创建数据库的权限，所以只有在授予 master 数据库中的某一用户具有创建数据库的权限后，才能实现该项功能。

7.7 习题

（1）分别创建一个 Windows 验证登录账户和一个 SQL Server 验证登录账户。

（2）修改 SQL Server 验证登录账户的账户名和密码。

（3）给登录账户设置某一固定服务器角色功能。

（4）撤销给登录账户所设置的服务器角色功能。

（5）给 StuInfo 数据库创建一个用户。

（6）删除所创建的数据库用户。

（7）删除所创建的登录账户。

（8）再次创建一个登录账户以及一个 StuInfo 数据库的用户。

（9）给用户设置某一固定数据库角色功能。

（10）撤销给用户所设置的数据库角色功能。

（11）创建 StuInfo 数据库的一个角色。

（12）给创建的角色设置某一固定数据库角色功能。

（13）撤销给创建的角色所设置的固定数据库角色功能。

（14）删除所创建的数据库角色。

（15）授予一个用户可查看 StuInfo 数据库中的所有数据表、但不能操作的权限。

（16）给一个用户授予可操作 StuInfo 数据库中的 Student 表中数据的权限。

（17）给一个用户授予可查看 StuInfo 数据库中的 Student 表中数据的权限。

（18）授予一个用户可查看和操作 StuInfo 数据库中的所有数据表、但不能操作 Student 表的权限。

（19）撤销第 16 题授予的权限。

（20）拒绝第 17 题授予的权限。

7.8 同步实训：创建登录账户、用户、角色并设置权限

一、实训目的

（1）理解 SQL Server 身份验证模式。

（2）掌握登录账户的创建和管理。

（3）掌握数据库用户的创建和管理。

（4）掌握服务器角色的使用。

（5）掌握数据库角色的创建和管理。

（6）掌握给用户授予、拒绝和撤销权限的方法。

二、实训内容

1. 登录账户及服务器角色

（1）创建两个 SQL Server 身份验证的登录，其中一个账户为 Login1，密码为 123456；另一个账户为 Login2，密码为 123。

（2）创建一个 Windows 身份验证的登录，其中 Windows 用户名称为 Login3。

（3）把登录账户 Login1 重新命名为 Login1Test。

（4）更改登录账户 Login2 的密码为 abc。

（5）禁用登录账户 Login2 的登录。

（6）启用登录账户 Login2 的登录。

（7）给登录账户 Login2 赋予 securityadmin 角色。

（8）给以上所创建的 Windows 身份验证的登录账户赋予 sysadmin 角色。

（9）分别撤销给登录账户所赋予的服务器角色。

2. 数据库用户及数据库角色

（1）创建 sales 数据库用户 User1，其对应的登录账户为 Login1Test，角色为 db_accessadmin。

（2）创建 sales 数据库用户 User2，其对应的登录账户为 Login2，角色为 db_datawriter。

（3）创建 sales 数据库角色 Role1，其包含 db_datareader 和 db_backupoperator 两个角色的功能。

（4）给用户 User1 和 User2 都赋予 Role1 角色。

（5）撤销给角色 Role1 所赋予的 db_backupoperator 角色功能。

（6）撤销给用户 User1 和 User2 所赋予所有角色。

（7）删除角色 Role1。

3. 权限设置

（1）授予用户 User1 可查看除了 Product 数据表以外的其他任何数据表，但不可更改所有数据表中内容的权限。

（2）授予用户 User2 对 Product 数据表的查看和插入数据的权限。

（3）授予用户 User2 创建数据表的权限。

（4）拒绝用户 User2 对 Product 数据表的插入数据的权限。

（5）撤销用户 User1 和 User2 的所有权限。

（6）删除用户 User1、User2。

（7）删除登录账户 Login1Test、Login2，以及以上所创建的 Windows 身份验证的登录账户。

第 8 章　备份和恢复

备份和恢复是指当计算机硬件或者软件系统出现故障时，可以尽可能地挽回或减少数据的损失。备份和恢复不是万能的，但是没有备份和恢复是万万不能的！本章主要讲述如何进行数据库的备份和恢复。本章学习要点如下：

- 备份的概念；
- 备份的类型；
- 备份数据库的方法；
- 恢复数据库的方法；
- 自动备份数据库；
- 分离和附加数据库。

8.1　备份概述

8.1.1　SQL Server 备份

简单地说，备份和恢复就是复制、保存、还原，但 SQL Server 数据库的备份和恢复不是简单的复制和还原。

- SQL Server 备份不仅保存修改后的数据，还保存数据的操作过程（事务日志）。
- SQL Server 数据库备份不仅可以恢复到某个备份的时刻，更可以恢复到任意即时点。
- SQL Server 的数据库的备份是压缩、演算的。

备份周期（频率）：备份周期取决于能承受数据损失的时间周期。

- 能承受 1 天数据损失，则每日进行备份；能承受 1 h 的数据损失，则每小时进行备份。
- 不定期很少改动的数据，可以在改动后进行备份。

8.1.2　恢复模式

恢复模式是数据库的属性，用来控制数据库可进行的备份还原行为。SQL Server 2008 数据库三种恢复模式：完整恢复模式、大容量日志恢复模式、简单恢复模式，如表 8-1 所示。

表 8-1　SQL Server 2008 数据库三种恢复模式

恢复模式	特　点	使用时注意事项
完整恢复模式	● 完整记录日志，性能会降低 ● 只有“完整恢复模式”可以按照即时点恢复	● 生产型数据库应该工作在完整恢复模式下 ● 日志会无限增长，需要定期进行数据库备份、日志备份，以确保日志空间被定期截断（回收） ● 性能问题可以通过将数据、日志存放于不同物理磁盘来改善

（续）

恢复模式	特　点	使用时注意事项
大容量日志恢复模式	● 执行大容量数据操作语句时，简化日志记录（不记录细节），大大减少日志记录数量，提高性能 ● 日志记录不完全，有不能完全恢复的可能	● 只是在需要执行大容量数据操作时才切换到“大容量日志恢复模式”，使用完成立刻切换到“完整恢复模式” ●“大容量日志恢复模式”使用前后应该进行备份
简单恢复模式	● 尽管记录日志，但会定期截断日志中不活动部分（已经完成的部分），实际上日志是不完整的 ● 性能高，安全性低	● 常用于安全性要求不高、性能要求高的数据库 ● 用于一些很少改变的数据库

以给 StuInfo 数据库设置恢复模式为例，在 SQL Server Management Studio 中的操作步骤如下：

（1）在“对象资源管理器”窗口中，展开“数据库”，在“StuInfo”上单击鼠标右键，选择“属性”命令，显示如图 8-1 所示的对话框。

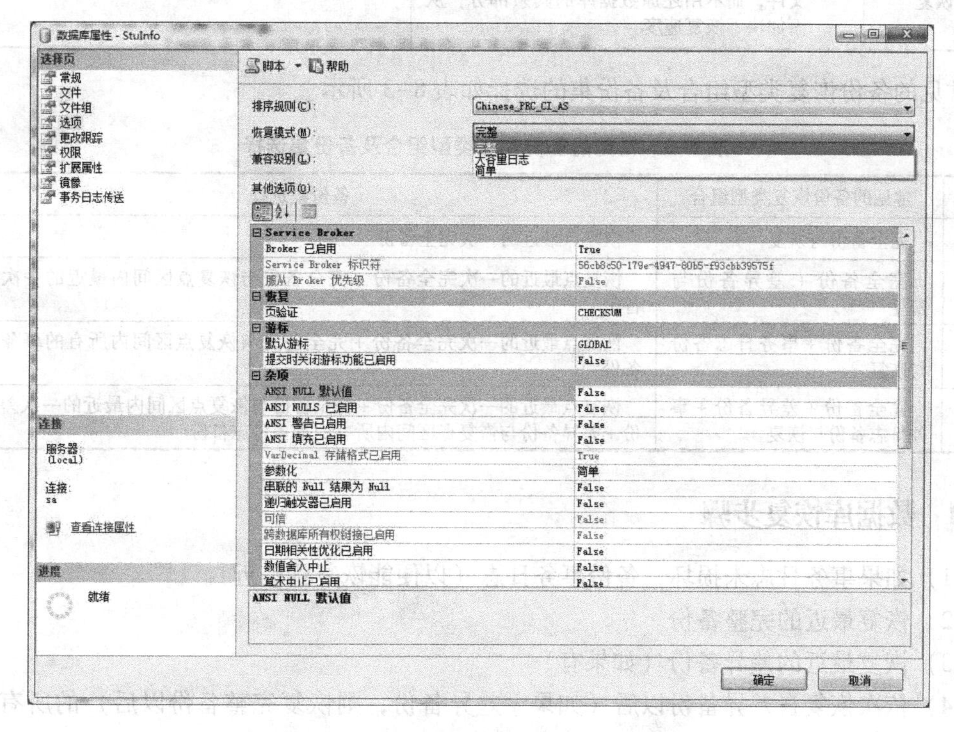

图 8-1 “数据库属性 - StuInfo”对话框

（2）单击“选项”选择页，在“恢复模式”中选择指定的模式，最后单击“确定”按钮即可。

8.1.3 备份和恢复类型

SQL Server 2008 主要提供 4 种备份和恢复类型：完全备份和恢复、差异备份和恢复、事务日志备份和恢复，文件组备份和恢复，如表 8-2 所示。

表 8-2　SQL Server 2008 的 4 种主要备份和恢复类型

备份和恢复类型	说　明	特　点
完全备份和恢复	● 备份整个数据库（数据、事务日志） ● 不截断事务日志 ● 完整数据库备份是差异备份和事务日志备份的基准	占用存储空间多、备份时间长，适合于容量小或数据较少修改的数据库
差异备份和恢复	● 备份自上一次完整备份以来更改的数据 ● 不截断事务日志	占用存储空间少、备份速度快，适合于修改频繁的数据库
事务日志备份和恢复	● 备份自上一次备份以来对数据库执行的所有事务的记录 ● 上一次备份可以是完整备份，也可以是差异备份和事务日志备份 ● 事务日志的备份将自动截断事务日志中不活动（已完成的）部分，而非任由其继续增长	可以使用事务日志备份将数据库恢复到即时点
文件组备份和恢复	● 备份数据文件或者文件组 ● 使用文件和文件组备份可以只还原损坏的文件，而不用还原数据库的其余部分，从而加快了恢复速度	适合于特大型数据库

常见的备份恢复类型组合及备份集的选择如表 8-3 所示。

表 8-3　常见的备份恢复类型组合及备份集选择

序号	常见的备份恢复类型组合	备份集选择
1	完全备份与恢复	恢复点最近的一次完全备份
2	完全备份 + 差异备份与恢复	恢复点最近的一次完全备份 + 完全备份与恢复点区间内最近的一次差异备份
3	完全备份 + 事务日志备份与恢复	恢复点最近的一次完全备份 + 完全备份与恢复点区间内所有的事务日志备份
4	完全备份 + 差异备份 + 事务日志备份与恢复	恢复点最近的一次完全备份 + 完全备份与恢复点区间内最近的一次差异备份 + 差异备份与恢复点区间内所有的事务日志备份

8.1.4　数据库恢复步骤

（1）如果事务日志未损坏，备份事务日志（以便能恢复到最近）。

（2）恢复最近的完整备份。

（3）恢复最近的差异备份（如果有）。

（4）依次恢复自差异备份以后（如果无差异备份，则恢复完整备份以后）的所有事务日志备份。

8.1.5　备份设备

备份设备就是用来存放备份的存储介质，主要有两种：磁盘和磁带。

创建备份时，可以先建立备份设备（实际就是文件），然后将数据库备份到此备份设备中；也可以直接将数据库备份到磁盘文件中。建立备份设备是可选的。

1. 使用 SSMS 创建备份设备

以创建一个名为 stu_backup 的磁盘备份设备为例，在 SQL Server Management Studio 中的

操作步骤如下：

（1）在“对象资源管理器”窗口中，依次展开“服务器→服务器对象”，在“备份设备”上单击鼠标右键，选择“新建备份设备”命令。

（2）执行如上命令后，显示如图 8-2 所示的对话框。

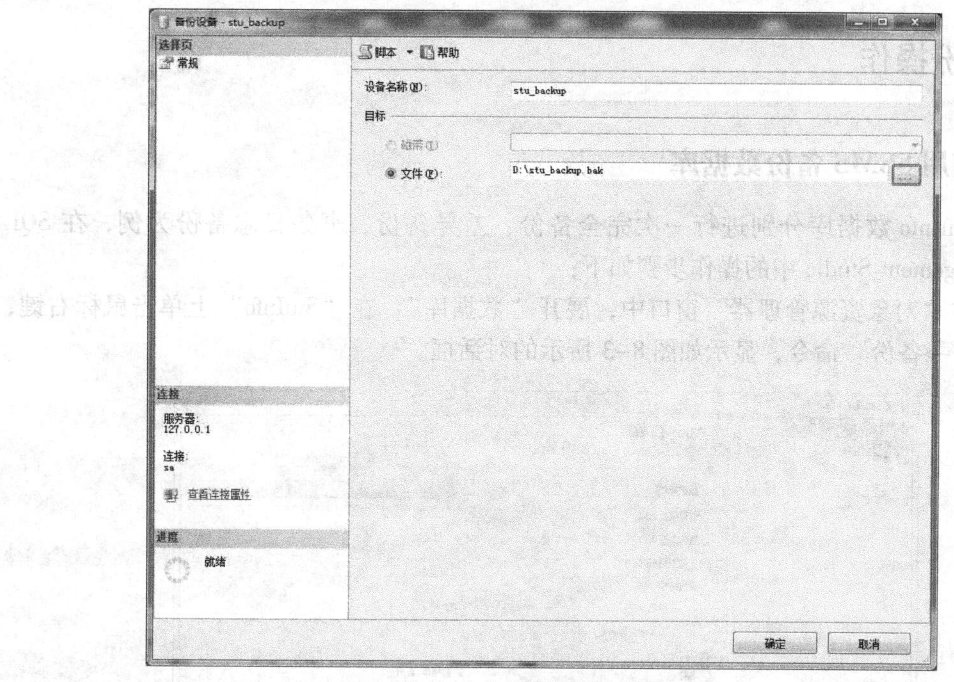

图 8-2 “备份设备”对话框

（3）在“设备名称”中输入“stu_backup”；在“目标”项中选择“文件”，输入或选择该备份设备所映射的物理文件名称，本例为“D:\stu_backup. bak”。最后单击“确定”按钮即可完成创建。

（4）若是要删除某一备份设备，在“对象资源管理器”窗口中，依次展开“服务器→服务器对象”，在指定的备份设备上单击鼠标右键，选择“删除”命令即可。

2. 使用 T-SQL 语句创建备份设备

创建备份设备的语法格式如下：

```
sp_addumpdevice <设备类型>,<设备逻辑名>,<设备物理(文件)名>
```

说明如下。

- <设备类型>：磁盘使用“disk”，磁带使用“tape”。
- <设备物理（文件）名>：文件名包含完整路径。

删除备份设备的语法格式如下：

```
sp_dropdevice <设备逻辑名> [,'delfile']
```

说明：delfile 表示是否删除设备物理（文件），列出“delfile”参数表示删除。

例 8-1 创建一个名为 stu_backup 的磁盘备份设备，其物理（文件）名为“D:\stu_backup. bak”。

```
sp_addumpdevice 'disk','stu_backup','D:\stu_backup.bak'
```

例 8-2　删除备份设备 stu_backup。

```
sp_dropdevice 'stu_backup'
```

8.2　备份操作

8.2.1　使用 SSMS 备份数据库

以给 StuInfo 数据库分别进行一次完全备份、差异备份、事务日志备份为例，在 SQL Server Management Studio 中的操作步骤如下：

（1）在“对象资源管理器”窗口中，展开“数据库”，在“StuInfo”上单击鼠标右键，选择“任务→备份”命令，显示如图 8-3 所示的对话框。

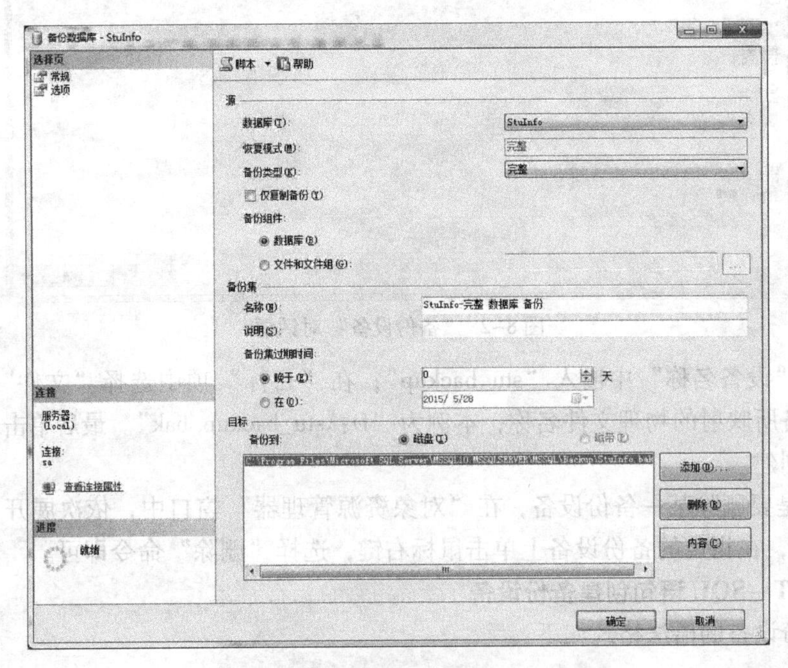

图 8-3　“备份数据库 - StuInfo”常规对话框

（2）单击“常规”选择页，在“备份类型”中选择“完整”；单击“删除”按钮，删除默认指定的备份文件；单击“添加”按钮，显示如图 8-4 所示的对话框。

（3）单击“备份设备”，选择“stu_backup”，单击“确定”按钮后返回。如图 8-5 所示。

（4）单击“选项”选择页，如图 8-6 所示。用户可以进行“追加到现有备份集”还是“覆盖所有现有备份集”的选择，本例默认选择“追加到现有备份集”。

（5）单击“确定”按钮，即可完成对 StuInfo 数据库的完全备份。备份成功后，显示如图 8-7 所示的对话框。

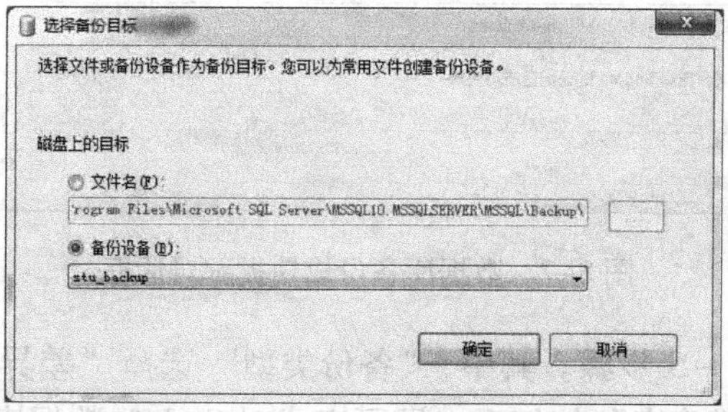

图 8-4 “选择备份目标”对话框

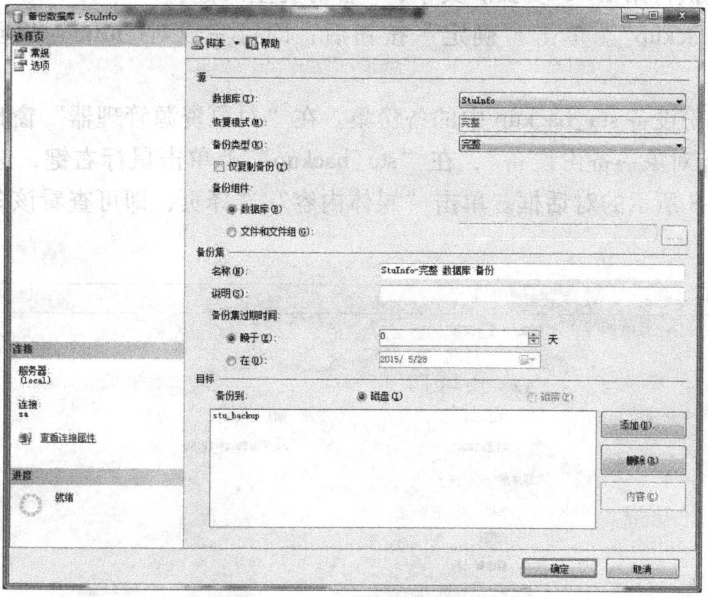

图 8-5 “备份数据库 - StuInfo”常规对话框

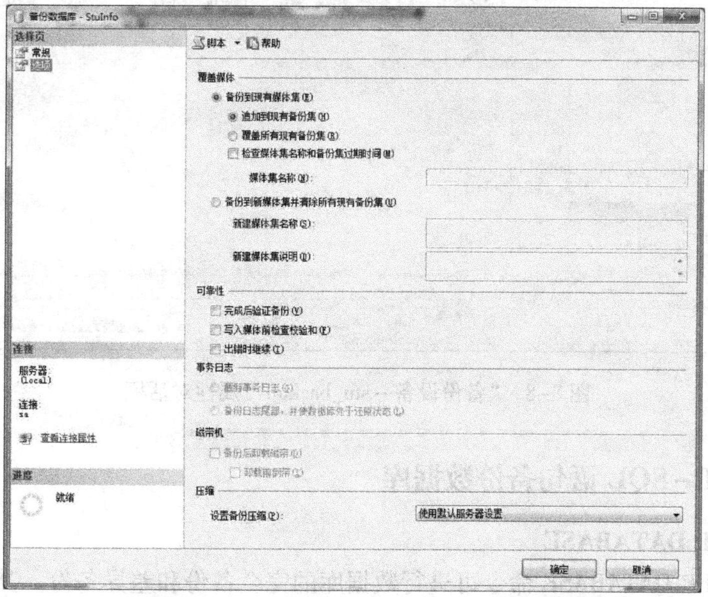

图 8-6 “备份数据库 - StuInfo”选项对话框

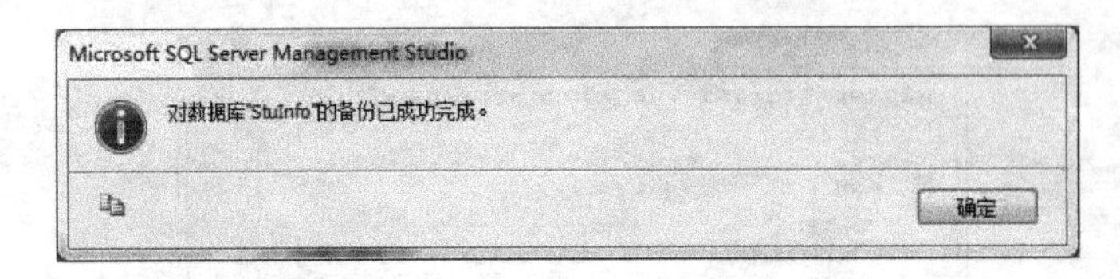

图 8-7　数据库备份成功提示对话框

（6）再一次执行第 1 ~5 步骤。其中，“备份类型”选择“差异”；“备份设备”仍然选择“stu_backup”。单击“确定”按钮后，即可完成对 StuInfo 数据库的差异备份。

（7）再一次执行第 1 ~5 步骤。其中，“备份类型”选择“事务日志”；“备份设备”仍然选择“stu_backup”。单击“确定”按钮后，即可完成对 StuInfo 数据库的事务日志备份。

（8）查看备份设备 stu_backup 中的备份集。在“对象资源管理器”窗口中，依次展开“服务器→服务器对象→备份设备”，在“stu_backup”上单击鼠标右键，选择“属性”命令，显示如图 8-8 所示的对话框。单击“媒体内容”选择页，即可查看该备份设备中的备份集情况。

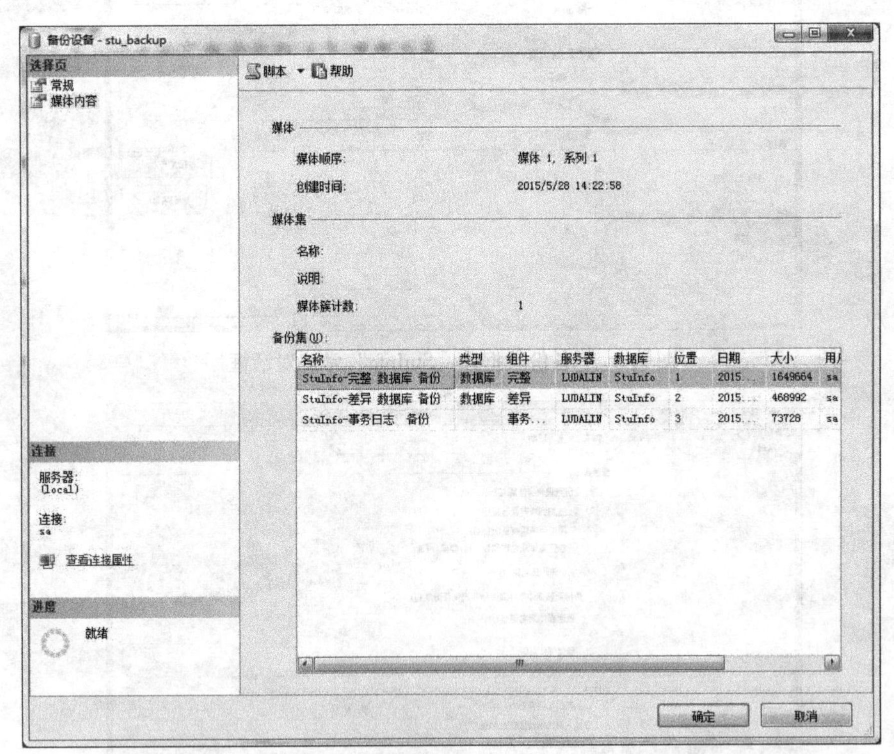

图 8-8　“备份设备 - stu_backup”属性对话框

8.2.2　使用 T - SQL 语句备份数据库

1. BACKUP DATABASE

使用 BACKUP DATABASE 命令可进行数据库的完全备份和差异备份。其语法格式如下：

```
BACKUP DATABASE <数据库名> TO <备份设备>
[WITH [INIT | NOINT] [[,] [DIFFERENTIAL]]]
```

其中，

- <备份设备>：可以是逻辑名称，也可以是物理（文件）名。如果是物理（文件）名，需要输入完整的路径和文件名。例如：DISK ='D:\stu_backup.bak'。
- INIT：该选项表示重写备份集的数据。
- NOINIT：该选项表示备份数据将追加在原有的内容之后。默认选项。
- DIFFERENTIAL：该选项表示进行数据库差异备份。无该选项表示默认为完全备份。

例 8-3 为 StuInfo 数据库创建一个完全备份和一个差异备份，将备份数据保存到 stu_backup 备份设备上。

```
BACKUP DATABASE StuInfo
TO stu_backup
WITH INIT
GO
BACKUP DATABASE StuInfo
TO stu_backup
with differential
GO
```

2. BACKUP LOG

使用 BACKUP LOG 命令可进行数据库的事务日志备份。其语法格式如下：

```
BACKUP LOG <数据库名> TO <备份设备>
```

例 8-4 为 StuInfo 数据库创建一个事务日志备份，将备份数据保存到"D:\stu_backup.bak"文件中。

```
BACKUP LOG StuInfo
TODISK ='D:\stu_backup.bak'
GO
```

8.3 恢复操作

8.3.1 使用 SSMS 恢复数据库

模拟故障发生，删除 StuInfo 数据库。以使用之前的备份进行 StuInfo 数据库的恢复为例，在 SQL Server Management Studio 中的操作步骤如下：

（1）在"对象资源管理器"窗口中，在"数据库"上单击鼠标右键，选择"还原数据库"命令，显示如图 8-9 所示的对话框。

（2）单击"常规"选择页，在"目标数据库"中输入"StuInfo"；单击"源设备"选项，再单击其后面的"…"按钮，显示如图 8-10 所示的对话框。

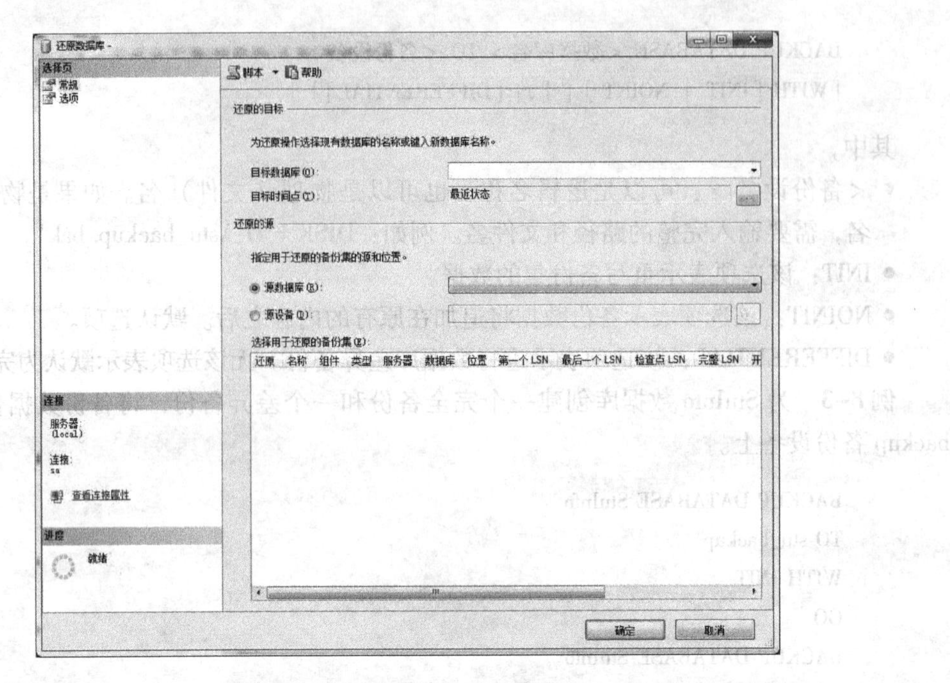

图 8-9 “还原数据库”常规对话框

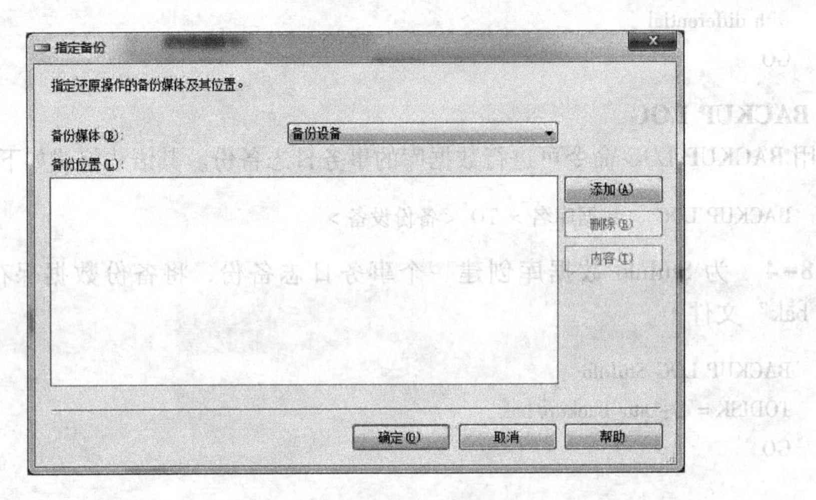

图 8-10 “指定备份”对话框

（3）在“备份媒体”中选择“备份设备”，单击“添加”按钮，显示如图 8-11 所示的对话框。

图 8-11 “选择备份设备”对话框

（4）在“备份设备”中选择“stu_backup”，单击“确定”按钮后返回，如图 8-12 所示。

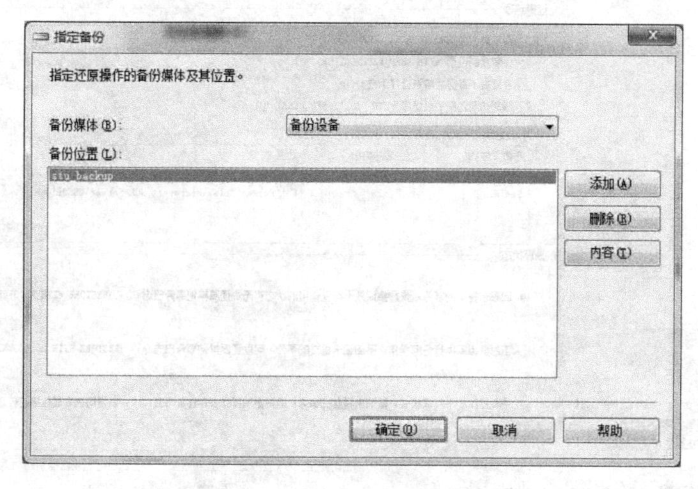

图 8-12 “指定备份”对话框

（5）单击“确定”按钮后返回，如图 8-13 所示。

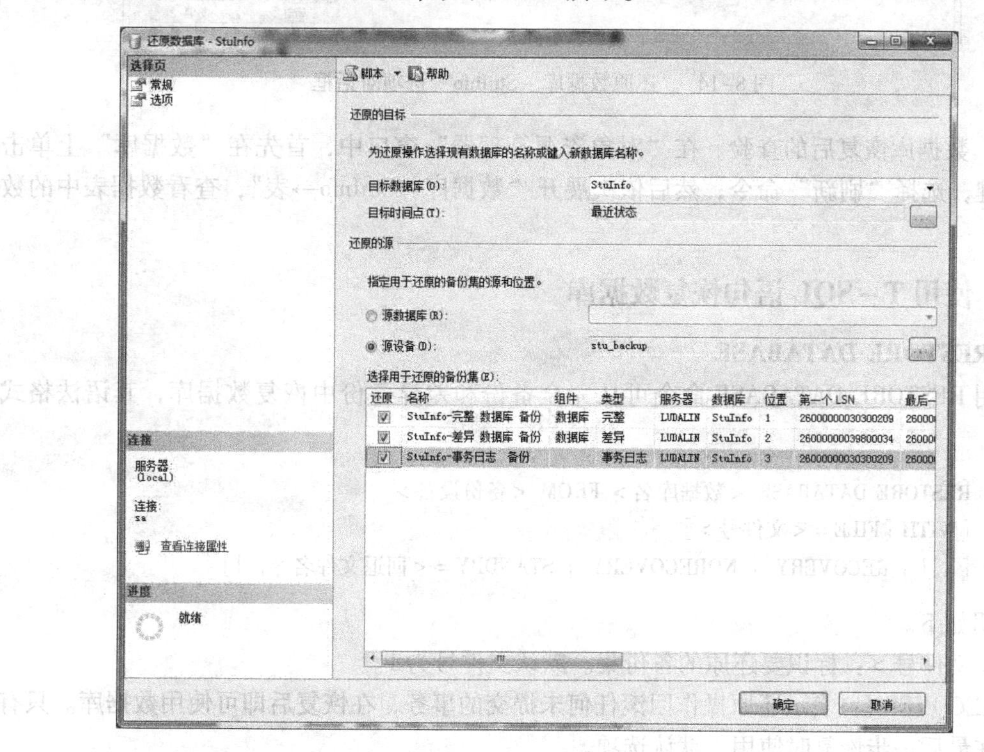

图 8-13 “还原数据库 - StuInfo”常规对话框

（6）勾选 1、2、3 备份集。单击“选项”选择页，如图 8-14 所示。

（7）用户可以设置“还原选项”和“恢复状态”，本例以默认设置，不做任何修改。最后单击“确定”按钮，即可完成对 StuInfo 数据库的恢复。

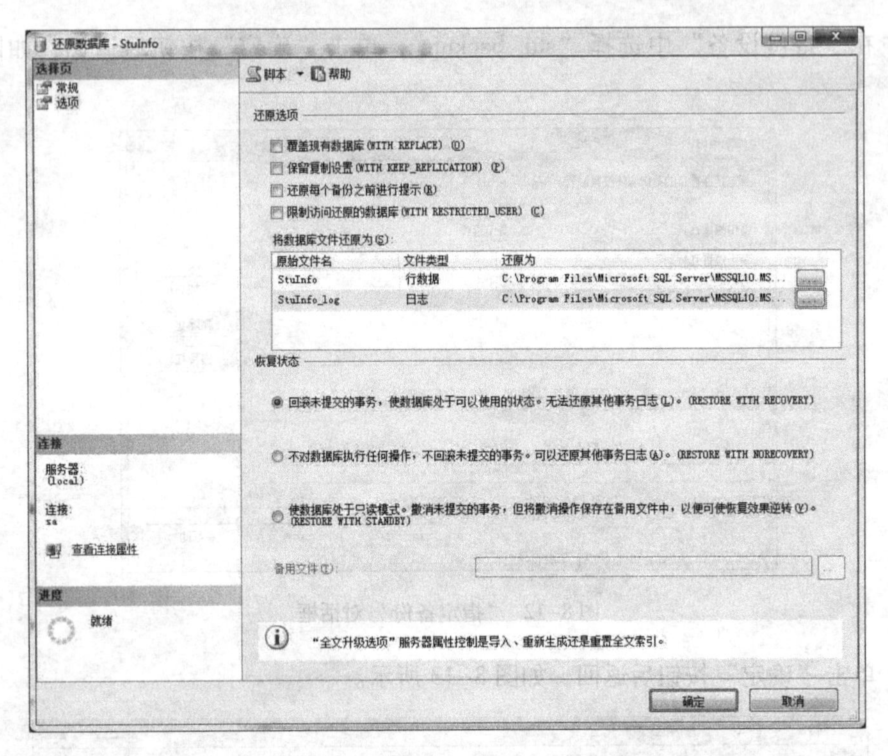

图 8-14 “还原数据库 - StuInfo”选项对话框

（8）数据库恢复后的查验。在“对象资源管理器”窗口中，首先在“数据库”上单击鼠标右键，选择“刷新”命令；然后依次展开“数据库→StuInfo→表”，查看数据表中的数据情况。

8.3.2 使用 T-SQL 语句恢复数据库

1. RESTORE DATABASE

使用 RESTORE DATABASE 命令可从完全备份和差异备份中恢复数据库，其语法格式如下：

```
RESTORE DATABASE <数据库名> FROM <备份设备>
[WITH [FILE = <文件号>]
[[,]{RECOVERY | NORECOVERY | STANDBY = <回退文件名>}]]
```

说明如下。

- <文件号>：标识要还原的备份集。默认文件号为 1。
- RECOVERY：表示还原操作回滚任何未提交的事务，在恢复后即可使用数据库。只有在最后一步恢复时使用，默认选项。
- NORECOVERY：表示还原操作不回滚任何未提交的事务。如果需要恢复另一个备份集，则必须指定 NORECOVERY 或 STANDBY 选项。如果 NORECOVERY、RECOVERY 和 STANDBY 均未指定，则默认为 RECOVERY。

2. RESTORE LOG

使用 RESTORE LOG 命令可从事务日志备份中恢复数据库，其语法格式如下：

```
RESTORE LOG <数据库名> FROM <备份设备>
[WITH [FILE = <文件号>]
[[,] {RECOVERY | NORECOVERY | STANDBY = <回退文件名>} ]]
```

例 8-5 以备份设备 stu_backup 中完全备份、差异备份、事务日志备份恢复 StuInfo 数据库。

```
RESTORE DATABASE StuInfo
FROM stu_backup
WITH FILE = 1,NORECOVERY
GO
RESTORE DATABASE StuInfo
FROM stu_backup
WITH FILE = 2, NORECOVERY
GO
RESTORE LOG StuInfo
FROM stu_backup
WITH FILE = 3
GO
```

8.4 数据库的自动备份

8.4.1 设置维护计划自动备份数据库

创建数据库维护计划可以让 SQL Server 自动而有效地维护数据库，为系统管理员节省大量时间，也可以防止延误数据库的维护工作。

在 SQL Server 数据库引擎中，维护计划可创建一个作业以按预定间隔自动执行这些维护任务。

维护计划向导可以用于设置核心维护任务，从而确保数据库执行良好，做到定期备份数据库以防系统出现故障，对数据库实施不一致性检查。用户在事先开启“SQL Server 代理”服务的情况下，维护计划向导可创建一个或多个 SQL Server 代理作业，代理作业将按照计划的间隔自动执行这些维护任务。

8.4.2 数据库维护计划向导

以给 StuInfo 数据库设置周一 20:00 自动进行完全备份、周三和周五 20:00 自动进行差异备份为例，在 SQL Server Management Studio 中的操作步骤如下：

（1）在“对象资源管理器”窗口中的“SQL Server 代理”上单击鼠标右键，选择“启动”命令，如图 8-15 所示。执行该命令后，显示如图 8-16 所示的对话框。

（2）单击“是”按钮，则开始启动“SQL Server 代理”，直至成功为止。

（3）在“对象资源管理器”窗口中，依次展开“服务器→管理”，在“维护计划”上单击鼠标右键，选择“维护计划向导”命令，显示如图 8-17 所示的对话框。

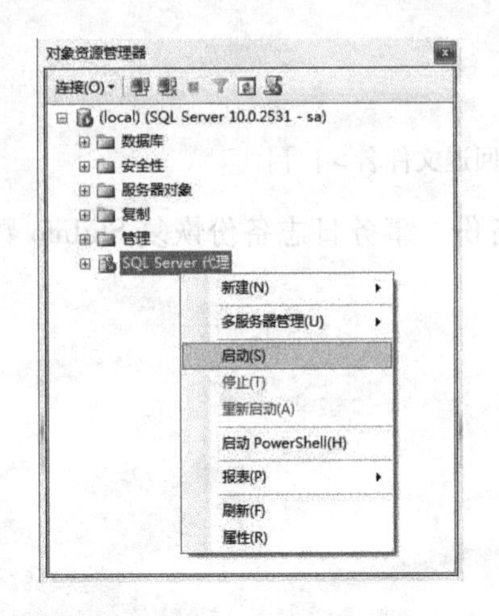

图 8-15 “对象资源管理器”中启动 SQL Server 代理

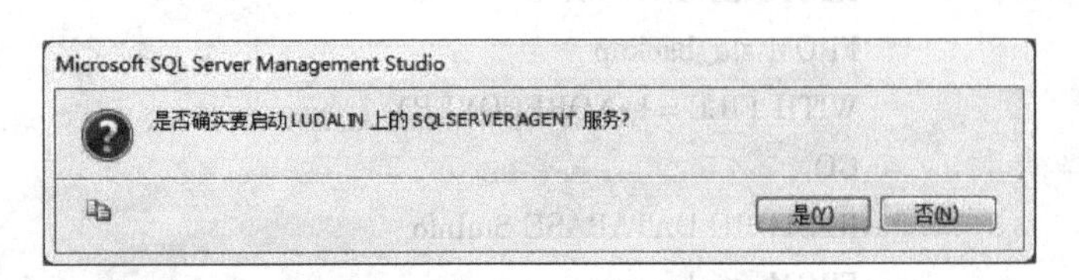

图 8-16 启动“SQL Server 代理”提示对话框

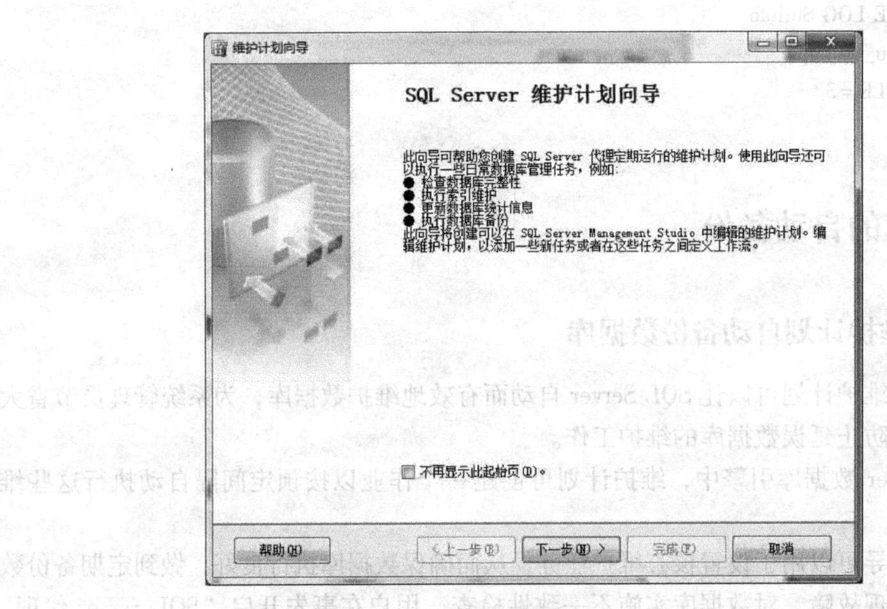

图 8-17 “SQL Server 维护计划向导”对话框

（4）单击“下一步”按钮，显示如图 8-18 所示的对话框。在“名称”项中输入该维护计划的名称，本例为“自动备份 StuInfo”，选择“每项任务单独计划”单选框。

（5）单击“下一步”按钮，显示如图 8-19 所示的对话框。勾选“备份数据库（完整）”和“备份数据库（差异）”。

（6）单击“下一步”按钮，显示如图 8-20 所示的对话框。

（7）单击“下一步”按钮，显示如图 8-21 所示的对话框。在“数据库”项中勾选“StuInfo”，单击“确定”按钮后返回。

（8）选择“跨一个或多个文件备份数据库”，单击“添加”按钮，显示如图 8-22 所示的对话框。单击“文件名”，输入或选择目标备份文件，本例为“D:\stu_backup. bak”。单击“确定”按钮后返回。

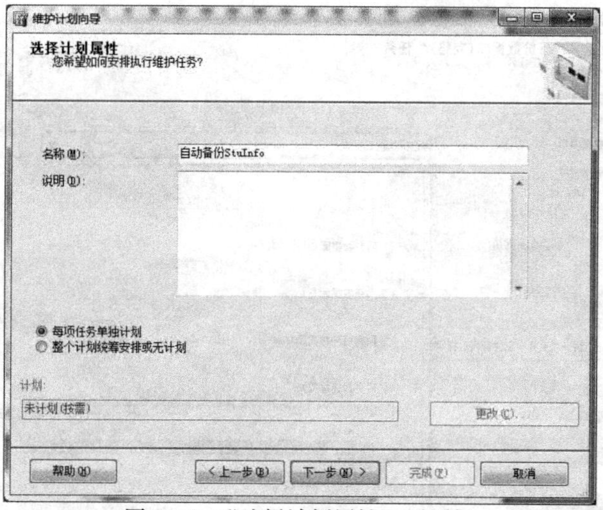

维护计划向导

选择计划属性
您希望如何安排执行维护任务?

名称(M): 自动备份StuInfo

说明(D):

◉ 每项任务单独计划
○ 整个计划统筹安排或无计划

计划:

未计划(按需)　　更改(C)...

帮助(H)　< 上一步(B)　下一步(N) >　完成(F)　取消

图 8-18 “选择计划属性”对话框

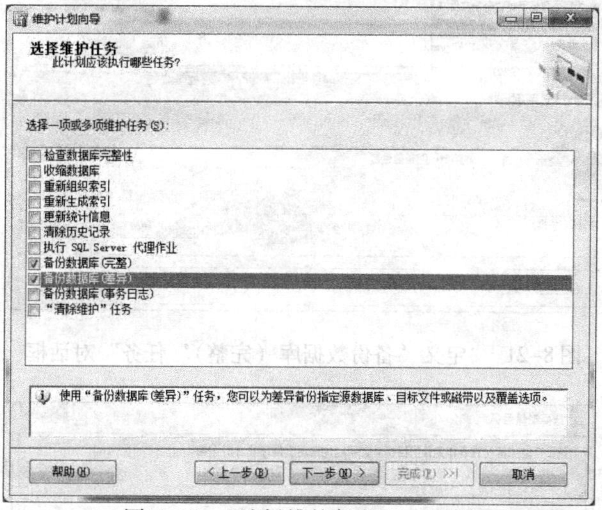

维护计划向导

选择维护任务
此计划应该执行哪些任务?

选择一项或多项维护任务(S):

- ☐ 检查数据库完整性
- ☐ 收缩数据库
- ☐ 重新组织索引
- ☐ 重新生成索引
- ☐ 更新统计信息
- ☐ 清除历史记录
- ☐ 执行 SQL Server 代理作业
- ☑ 备份数据库(完整)
- ☑ 备份数据库(差异)
- ☐ 备份数据库(事务日志)
- ☐ “清除维护”任务

使用“备份数据库(差异)”任务，您可以为差异备份指定源数据库、目标文件或磁带以及覆盖选项。

帮助(H)　< 上一步(B)　下一步(N) >　完成(F) >>|　取消

图 8-19 “选择维护任务”对话框

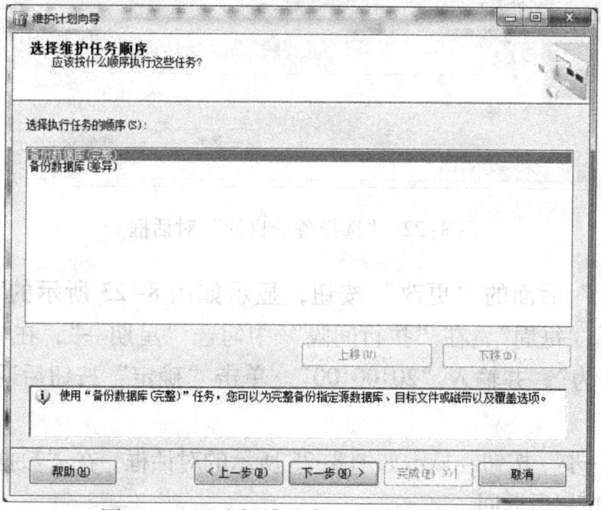

维护计划向导

选择维护任务顺序
应该按什么顺序执行这些任务?

选择执行任务的顺序(S):

备份数据库(完整)
备份数据库(差异)

上移(U)...　下移(D)...

使用“备份数据库(完整)”任务，您可以为完整备份指定源数据库、目标文件或磁带以及覆盖选项。

帮助(H)　< 上一步(B)　下一步(N) >　完成(F) >>|　取消

图 8-20 “选择维护任务顺序”对话框

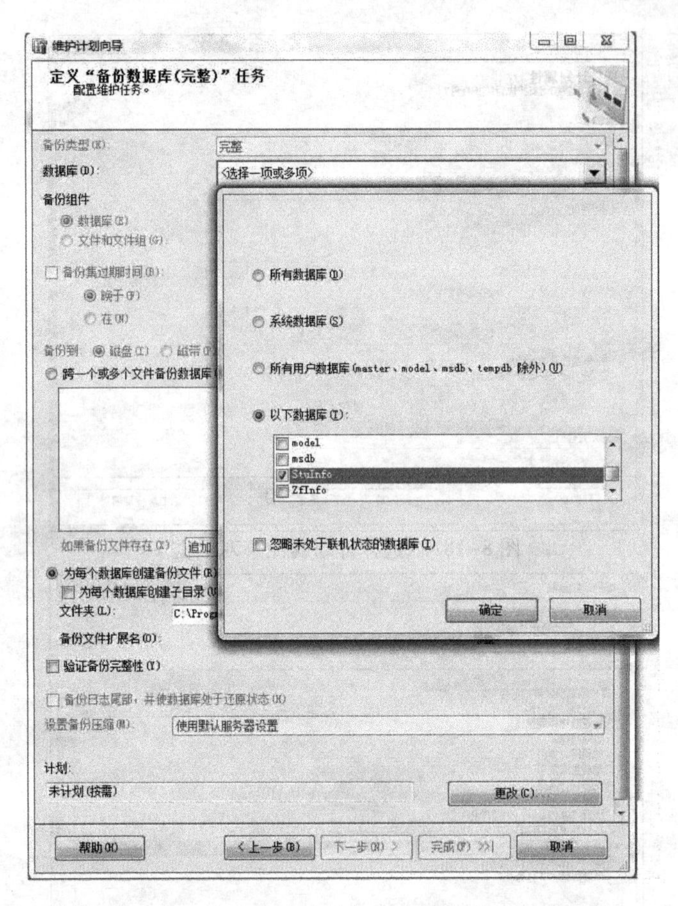

图 8-21 "定义'备份数据库（完整）'任务"对话框

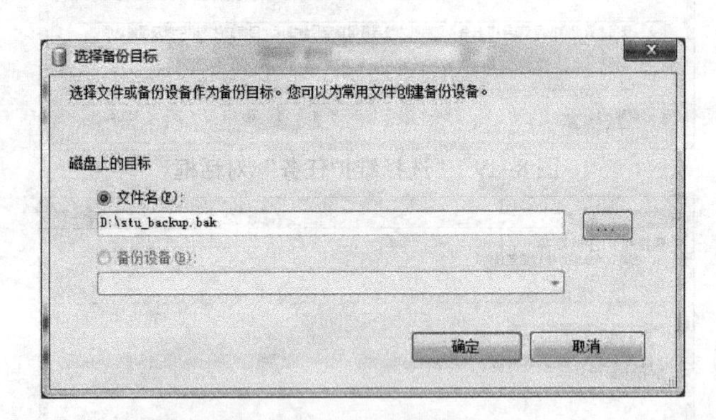

图 8-22 "选择备份目标"对话框

（9）单击"计划"后面的"更改"按钮，显示如图 8-23 所示的对话框。在"频率"项的"执行"中选择"每周"，在"执行间隔"中勾选"星期一"，在"每天频率"项中选择"执行一次，时间为"，并输入"20:00:00"。单击"确定"按钮后返回如图 8-24 所示的对话框。

（10）单击"下一步"按钮，显示如图 8-25 所示的对话框。在"数据库"项中勾选"StuInfo"，单击"确定"按钮后返回。

作业计划属性 - 自动备份StuInfo.备份数据库(完整)

名称(N): 自动备份StuInfo.备份数据库(完整)

计划中的作业(J)

计划类型(S): 重复执行 ☑ 已启用(B)

执行一次

日期(D): 2015/ 5/28 时间(T): 11:06:03

频率

执行(C): 每周

执行间隔(R): 1 周，在

☑ 星期一(M) ☐ 星期三(W) ☐ 星期五(F) ☐ 星期六(Y)

☐ 星期二(T) ☐ 星期四(H) ☐ 星期日(U)

每天频率

◉ 执行一次，时间为(A): 20:00:00

○ 执行间隔(V): 1 小时 开始时间(T): 0:00:00

结束时间(G): 23:59:59

持续时间

开始日期(D): 2015/ 5/28 ○ 结束日期(E): 2015/ 5/28

◉ 无结束日期(O):

摘要

说明(P): 在每周 星期一 的 20:00:00 执行。将从 2015/5/28 开始使用计划。

确定 取消 帮助

图 8-23 “作业计划属性”对话框

维护计划向导

定义“备份数据库(完整)”任务

配置维护任务。

备份类型(K): 完整

数据库(D): 特定数据库

备份组件

◉ 数据库(E)

○ 文件和文件组(G):

☐ 备份集过期时间(B):

◉ 晚于(F) 14 天

○ 在(O) 2015/ 6/11

备份到: ◉ 磁盘(I) ○ 磁带(P)

◉ 跨一个或多个文件备份数据库(S):

D:\stu_backup.bak

添加(A)...

删除(V)

内容(T)

如果备份文件存在(X): 追加

○ 为每个数据库创建备份文件(R)

☐ 为每个数据库创建子目录(U)

文件夹(L): C:\Program Files\Microsoft SQL Server\MSSQL10.MSSQLSERVER\MSSQL\Back

备份文件扩展名(D): bak

☐ 验证备份完整性(Y)

☐ 备份日志尾部，并使数据库处于还原状态(H)

设置备份压缩(M): 使用默认服务器设置

计划:

在每周 星期一 的 20:00:00 执行。将从 2015/5/28 开始使用计划。 更改(C)...

帮助(H) < 上一步(B) 下一步(N) > 完成(F) >>| 取消

图 8-24 “定义‘备份数据库（完整）’任务”对话框

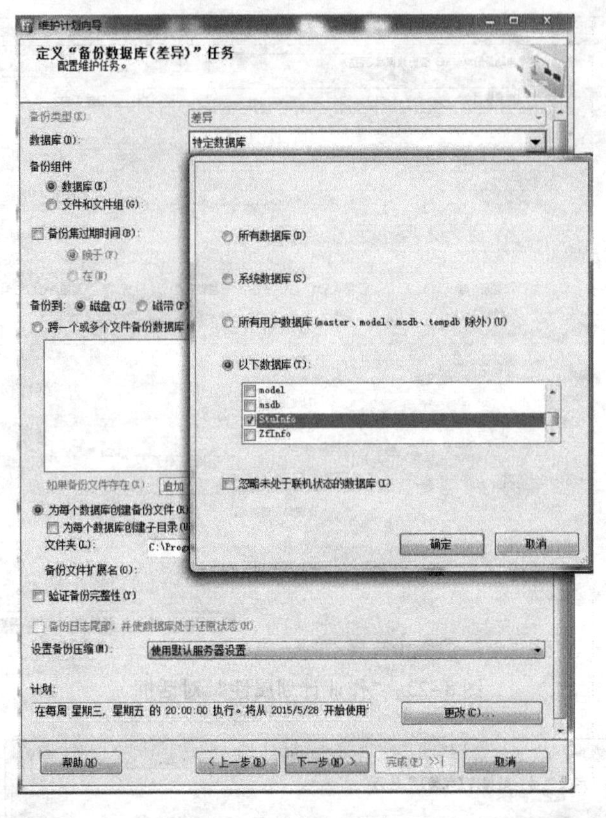

图 8-25 “定义‘备份数据库（差异）’任务”对话框

（11）选择“跨一个或多个文件备份数据库”，执行第 8 步骤的操作。

（12）单击“计划”后面的“更改”按钮，执行第 9 步骤的操作。在“频率”项的“执行”中选择“每周”，在“执行间隔”中勾选“星期三”和“星期五”，在“每天频率”项中选择“执行一次，时间为”，并输入“20:00:00”。如图 8-26 所示。

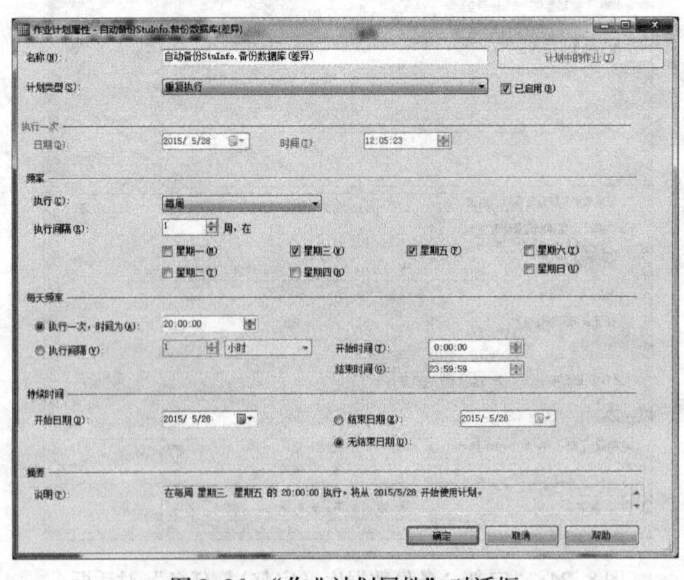

图 8-26 “作业计划属性”对话框

（13）单击“确定”按钮，返回如图 8-27 所示的对话框。

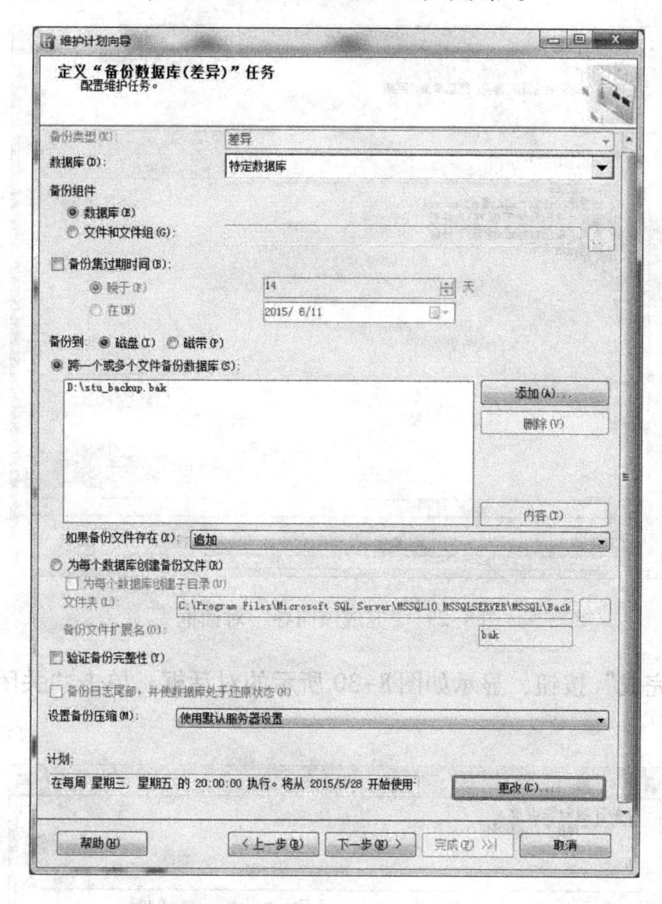

图 8-27 “定义‘备份数据库（差异）’任务”对话框

（14）单击“下一步”按钮，显示如图 8-28 所示的对话框。

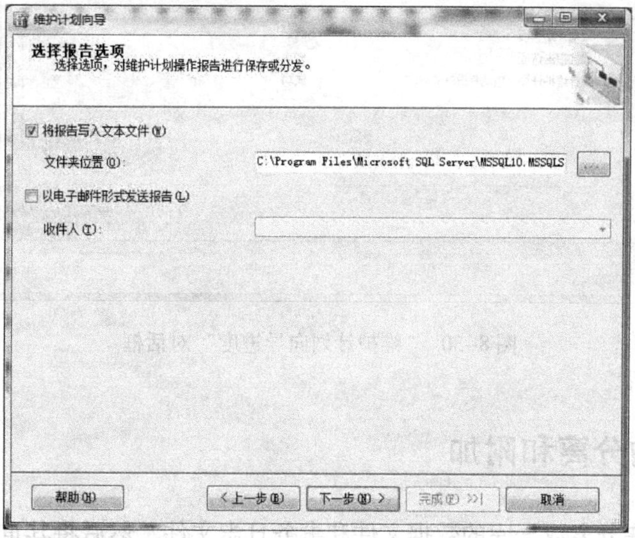

图 8-28 “选择报告选项”对话框

（15）单击“下一步”按钮，显示如图8-29所示的对话框。

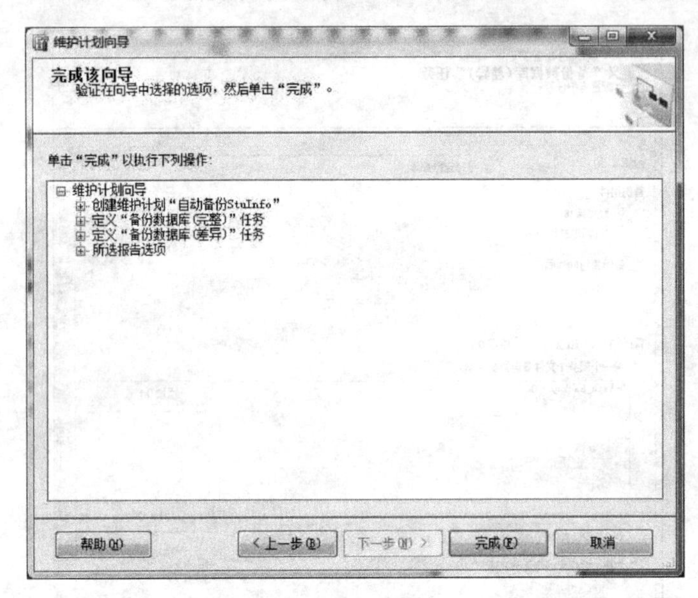

图8-29 “完成该向导”对话框

（16）单击“完成”按钮，显示如图8-30所示的对话框。单击“关闭”按钮后即可完成设置。

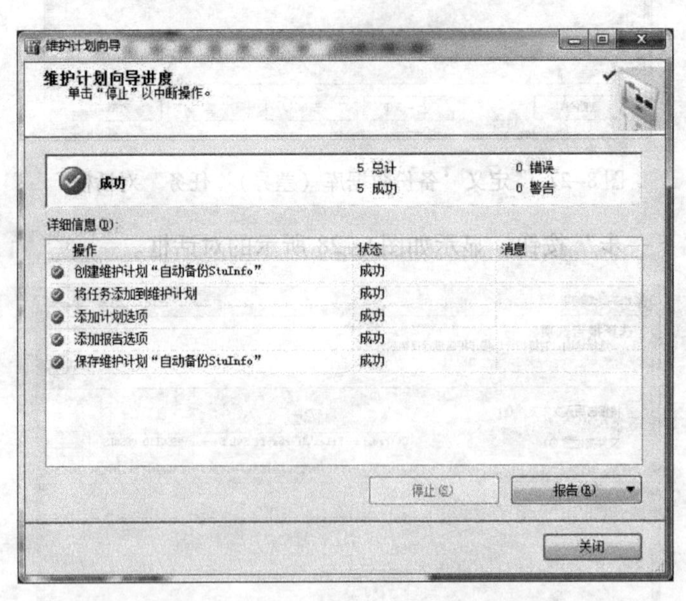

图8-30 “维护计划向导进度”对话框

8.5 数据库的分离和附加

SQL Server允许分离数据库的数据文件和事务日志文件，然后将其重新附加到另外一台服务器或同一台服务器上。在进行分离和附加数据库操作时，需要注意以下几点：

（1）不能进行更新，不能运行任务，用户也不能连接在数据库上。

（2）在分离数据库前，为数据库做一个完整备份。

（3）分离数据库并不是将其从磁盘上真正删除。如果需要，可以对数据库的组成文件进行移动、复制和删除。

8.5.1 使用 SSMS 分离和附加数据库

1. 分离数据库

以分离 StuInfo 数据库为例，在 SQL Server Management Studio 中的操作步骤如下：

（1）在“对象资源管理器”窗口中，展开“数据库”，在“StuInfo”上单击鼠标右键，选择“任务→分离”命令，显示如图 8-31 所示的对话框。

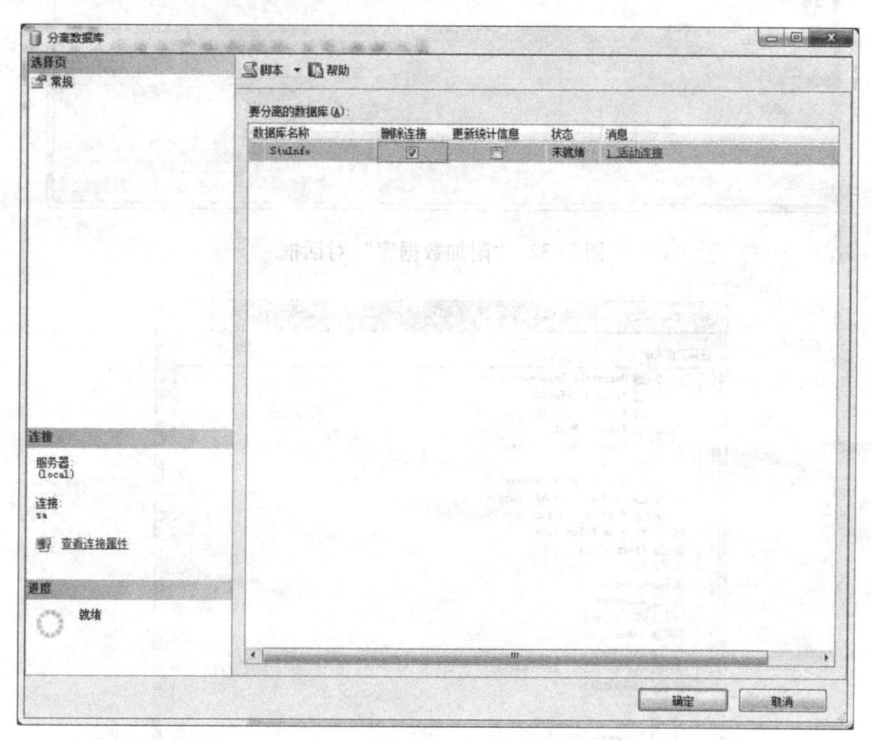

图 8-31 “分离数据库”对话框

（2）勾选“删除连接”，单击“确定”按钮后即可完成 StuInfo 数据库的分离操作。

（3）此时可以把该数据库的组成文件剪切或者复制出来。本例把“StuInfo_data. mdf”和“StuInfo_log. ldf”文件复制到 D 盘的 database 文件夹中。

2. 附加数据库

以附加 StuInfo 数据库为例，在 SQL Server Management Studio 中的操作步骤如下：

（1）在“对象资源管理器”窗口中的“数据库”上单击鼠标右键，选择“附加”命令，显示如图 8-32 所示的对话框。

（2）单击“添加”按钮，显示如图 8-33 所示的对话框。

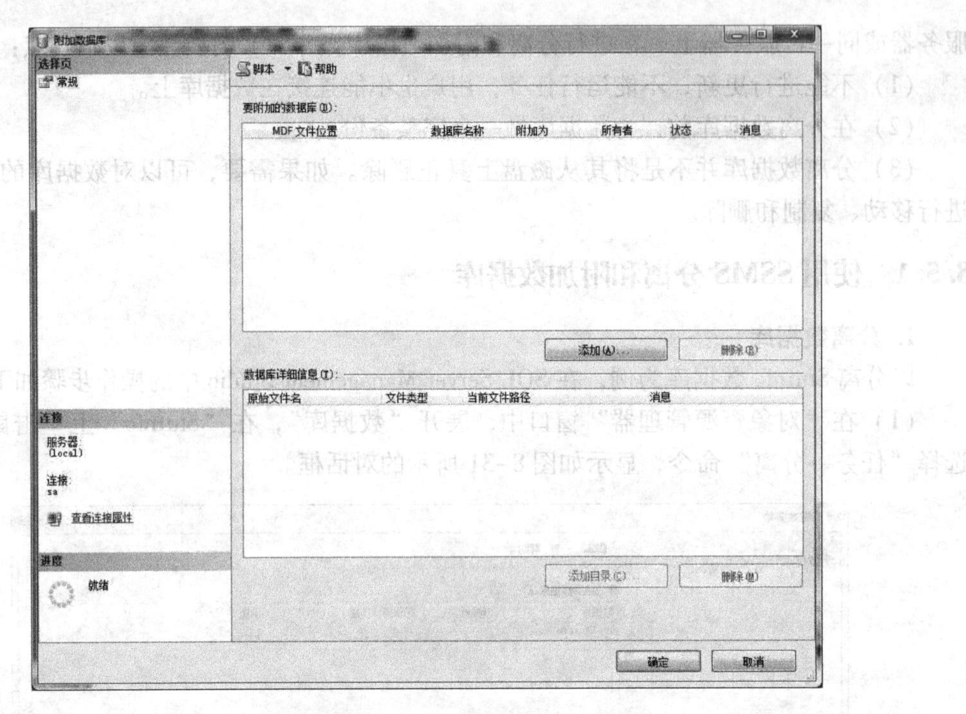

图 8-32 “附加数据库”对话框

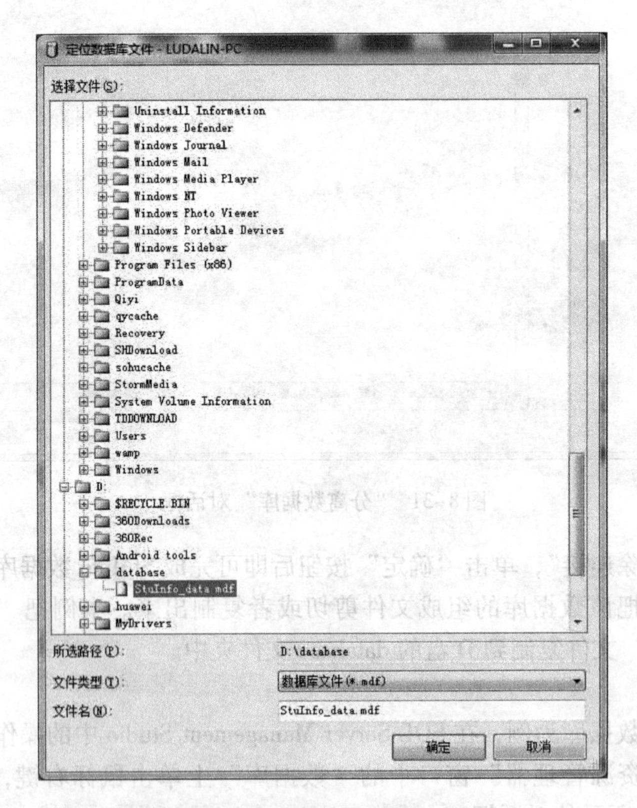

图 8-33 “定位数据库文件”对话框

（3）选择 D 盘 database 文件夹中的“StuInfo_data. mdf”文件，单击“确定”按钮后返

回如图 8-34 所示的对话框。

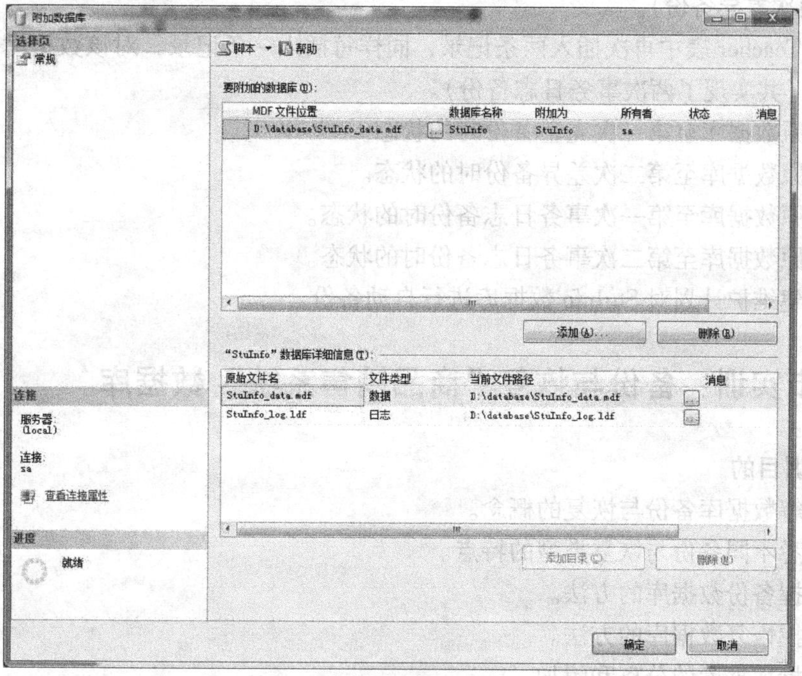

图 8-34 “附加数据库”对话框

（4）单击“确定”按钮后即可完成 StuInfo 数据库的附加操作。

8.5.2 使用 T-SQL 语句分离和附加数据库

分离数据库的语法格式如下：

```
sp_detach_db'<数据库名>'
```

附加数据库的语法格式如下：

```
sp_attach_db'<数据库名>','<数据库组成文件名>'[,…]
```

例 8-6 分离 StuInfo 数据库。

```
sp_detach_db'StuInfo'
```

例 8-7 附加 StuInfo 数据库。

```
sp_attach_db'StuInfo',
'd:\database\StuInfo_data.mdf',
'd:\database\StuInfo_log.ldf'
```

8.6 习题

（1）在 StuInfo 数据库中创建数据表 Teacher，然后对该数据库执行一次完整备份。

（2）在 Teacher 表中插入两条记录，每插入一条记录，对该数据库执行一次差异备份（共实现了两次差异备份）。

（3）在 Teacher 表中再次插入两条记录，同样每插入一条记录，对该数据库执行一次事务日志备份（共实现了两次事务日志备份）。

（4）还原数据库至第一次完整备份时的状态。

（5）还原数据库至第二次差异备份时的状态。

（6）还原数据库至第一次事务日志备份时的状态。

（7）还原数据库至第二次事务日志备份时的状态。

（8）创建维护计划对 StuInfo 数据库进行自动备份。

8.7 同步实训：备份与恢复“商品销售系统”数据库

一、实训目的

（1）理解数据库备份与恢复的概念。

（2）熟悉不同备份与恢复类型的特点。

（3）掌握备份数据库的方法。

（4）掌握恢复数据库的方法。

（5）掌握数据库的分离和附加。

（6）掌握数据库备份维护计划的制定。

二、实训内容

（1）对 sales 数据库第一次进行完全备份，第二次进行差异备份，第三次进行完全备份，第四次进行事务日志备份，第五次进行事务日志备份，第六次进行差异备份，第七次进行事务日志备份，第八次进行差异备份。模拟故障发生，删除该数据库。要求根据上述备份，将数据库分别恢复到第三次、第五次、第七次、第八次备份后的状态。

（2）分离 sales 数据库，然后再把分离后的数据库附加到 SQL Server 中。

（3）制定维护计划，每周对 sales 数据库进行一次完全备份，每天晚上则进行差异备份。

第9章　Transact - SQL 语言

SQL 是数据库查询和程序设计语言，Transact - SQL（简称 T - SQL）是 SQL Server 对标准 SQL 的扩展。本章主要讲述 T - SQL 的应用，例如定义变量、批处理和流程控制等。本章学习要点如下：

- T - SQL 简介；
- 变量的创建与使用；
- 运算符和函数；
- 批处理的概念；
- 流程控制语句的使用。

9.1　Transact - SQL 语言概述

SQL（Structured Query Language，结构化查询语言）是关系型数据库环境下的标准查询和程序设计语言，主要包括以下三个部分。

- 数据定义语句 DDL（Data Definition Language）：定义数据结构和关系（CREATE、ALTER、DROP 语句）。
- 数据操作语句 DML（Data Manipulation Language）：对数据进行增删改查等操作（INSERT、UPDATE、DELETE、SELECT 语句）。
- 数据控制语句 DCL（Data Control Language）：对数据存取权限控制（GRANT、DENY、REVOKE 语句）。

微软公司在 SQL 标准的基础上做了大幅度扩充，增加注释、变量、运算符、函数、流程控制等功能，以增强可编程性和灵活性，并将 SQL Server 使用的 SQL 语言称为 Transact - SQL 语言（以下简称 T - SQL 语言）。

9.2　命名规则和注释

1. SQL 对象的命名规则

SQL 对象的命名应遵循以下原则：

- 由字母、数字、下画线以及特殊字符@、#、$构成。
- 首字符允许为字母、下画线以及特殊字符@、#。

说明：

- 特殊字符@、@@开头标识符一般用于局部、全局变量；#、##开头标识符一般用于临时表。
- 标识符不能是 SQL Server 保留字（关键词），不允许嵌入空格或者其他特殊字符。
- 不符合规则的符号如果需要用于标识符，可以用“[ ]”（方括号）括起来后使用。

2. 注释

注释相当于代码的解释和说明，注释有以下两种形式。

- 单行注释：--；
- 多行注释：/* */。

9.3 变量

变量是程序运行中可以改变值（状态）的命名存储区。变量存储数据值，并可在语句之间传递数据值。

SQL Server 变量分为全局变量、局部变量。全局变量由系统预定义，可以直接使用；局部变量由用户自定义，需要先定义后使用。

9.3.1 全局变量

SQL Server 全局变量是由 SQL Server 系统本身创建和维护，用于记录系统的各种设定值和状态。SQL Server 常用的全局变量见表 9-1。

表 9-1 SQL Server 常用全局变量

序 号	全局变量名称	描 述
1	@@CONNECTIONS	返回 SQL Server 自上次启动以来尝试的连接次数
2	@@CPU_BUSY	返回 SQL Server 自上次启动以来的工作时间（ms）
3	@@CURSOR_ROWS	返回本次连接中，最后打开的游标取出数据行的数目
4	@@DATEFIRST	返回 SET DATEFIRST 的当前值，SET DATEFIRST 表示指定每周的第一天
5	@@DBTS	返回当前数据库的当前 timestamp 数据类型的值，这一时间值在数据库中必须是唯一的
6	@@ERROR	返回最后执行的 Transact-SQL 语句的错误代码。如果没错误，返回 0
7	@@FETCH_STATUS	返回 FETCH 语句执行的游标的状态
8	@@IDENTITY	返回最后插入的标识列的列值
9	@@IDLE	返回 SQL Server 自上次启动以来的空闲时间
10	@@IO_BUSY	返回自从 SQL Server 上次启动以来，已经执行输入和输出操作的时间
11	@@LANGID	返回当前使用语言的本地语言标识符（ID）
12	@@LANGUAGE	返回当前使用的语言名称
13	@@LOCK_TIMEOUT	返回当前会话的当前锁超时设置（ms）
14	@@MAX_CONNECTIONS	返回 SQL Server 实例允许的同时连接的最大数，返回的数值不一定是当前配置的数值
15	@@MAX_PRECISION	按照服务器当前设置，返回 decimal 和 numeric 数据类型所用的精度级别
16	@@NESTLEVEL	返回本地服务器上执行的当前存储过程的嵌套级别（初始值为 0）
17	@@OPTIONS	返回当前 SET 选项的信息
18	@@PACK_RECEIVED	返回 SQL Server 自上次启动以来接收的数据包数
19	@@PACK_SENT	返回 SQL Server 自上次启动以来发送的数据包数
20	@@PACKET_ERRORS	返回自上次启动 SQL Server 以来，在 SQL Server 连接上的网络数据报错数
21	@@PROCID	返回当前模块的标识符（ID）。Transact-SQL 模块可以是存储过程，用户定义函数或触发器

（续）

序　　号	全局变量名称	描　　述
22	@@REMSERVER	返回远程 SQL Server 数据库服务器在登录记录中显示的名称
23	@@ROWCOUNT	返回受上一语句影响的行数
24	@@SERVERNAME	返回运行 SQL Server 的本地服务器的名称
25	@@SERVICENAME	返回 SQL Server 正在其下运行的注册表项的名称，若当前实例为默认实例，则@@SERVICENAME 返回 MSSQLSERVER
26	@@SPID	返回当前用户进程的服务器进程标识符
27	@@TEXTSIZE	返回 SET 语句中的 TEXTSIZE 选项的当前值
28	@@TIMETICKS	返回每个时钟周期的微秒数
29	@@TOTAL_ERRORS	返回 SQL Server 自上次启动后所遇到的磁盘写入错误数
30	@@TOTAL_READ	返回 SQL Server 自上次启动以来读取磁盘（不是读取高速缓存）的次数
31	@@TOTAL_WRITE	返回 SQL Server 自上次启动以来写入磁盘的次数
32	@@TRANCOUNT	返回当前的用户连接的当前活动事务数
33	@@VERSION	返回当前 SQL Server 的版本，处理体系结构，生成日期和操作系统

说明：

- 用户只能使用系统预定义的全局变量，不能创建全局变量。
- 全局变量只读，不能修改（不能赋值）。
- 全局变量名称以@@开头。

例 9-1　演示全局变量@@MAX_CONNECTIONS 和@@CONNECTIONS。执行结果如图 9-1所示。

```
SELECT   @@MAX_CONNECTIONS
SELECT   @@CONNECTIONS
```

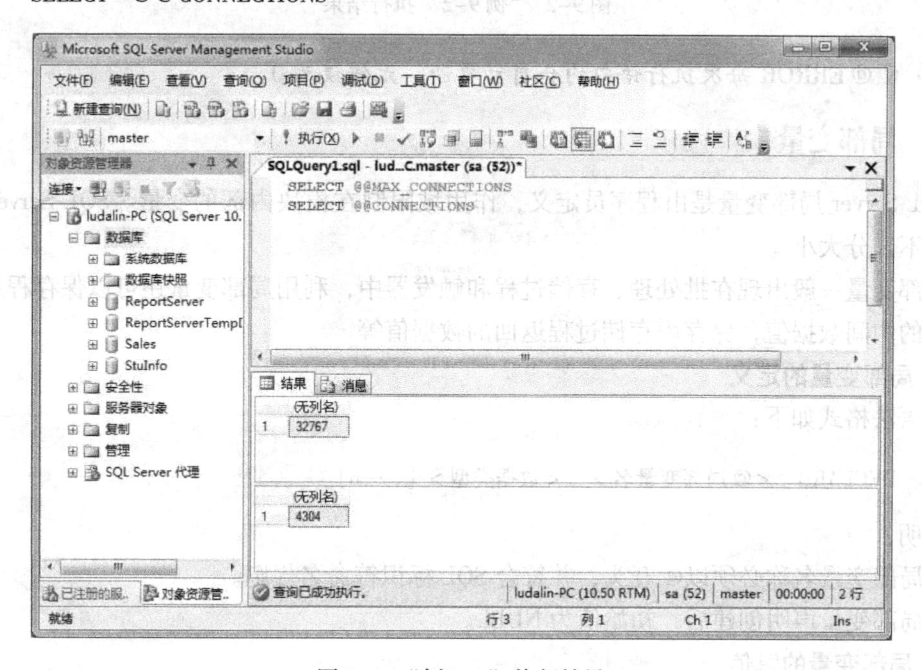

图 9-1　“例 9-1”执行结果

例 9-2 演示全局变量@@ERROR。执行结果如图 9-2 所示。

```
USE  StuInfo
GO
INSERT Student VALUES('1308013101 ', '王成')
GO
PRINT  @@ERROR
```

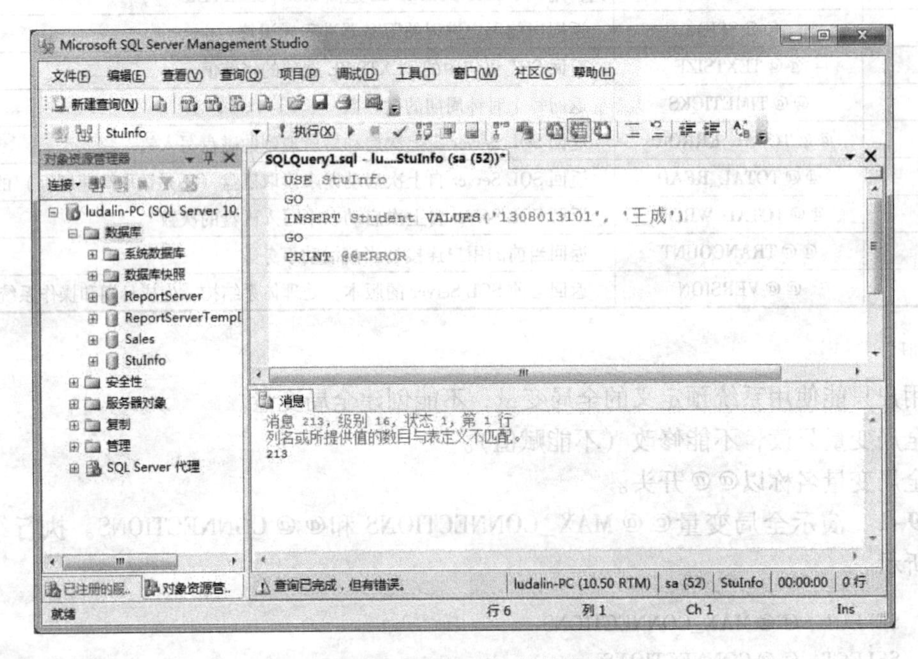

图 9-2 “例 9-2”执行结果

注：@@ERROR 每次执行语句均会自动更新，无错误为 0。

9.3.2 局部变量

SQL Server 局部变量是由程序员定义，作用域限制在模块内部的变量。SQL Server 中英文字母不区分大小写。

局部变量一般出现在批处理、存储过程和触发器中，利用局部变量还可以保存程序执行过程中的中间数据值，保存由存储过程返回的数据值等。

1. 局部变量的定义

其语法格式如下：

```
DECLARE  <@局部变量名>  <数据类型>[, …n]
```

说明：

- 局部变量名称必须以@开头，并符合 SQL 标识符命名规则。
- 局部变量声明创建后，初始值为 NULL。

2. 局部变量的赋值

其语法格式如下：

```
SET  <@局部变量名> = <表达式>
```

或：

```
SELECT <@局部变量名> = <表达式>[,…][FROM…]
```

说明：

- SET 语句一次只能为一个局部变量赋值，SELECT 语句一次可以为多个局部变量赋值。
- SELECT 赋值语句只能返回一行，如果 SELECT 赋值语句在检索数据后返回了多行，则只将返回最后一行的值赋给局部变量。

3. 局部变量的输出

其语法格式如下：

```
SELECT <@局部变量名>[,…]
```

例 9-3 演示使用 SET 语句给局部变量赋值并输出。执行结果如图 9-3 所示。

```
DECLARE  @x int
SET  @x = 100
SELECT  @x as 'X'
```

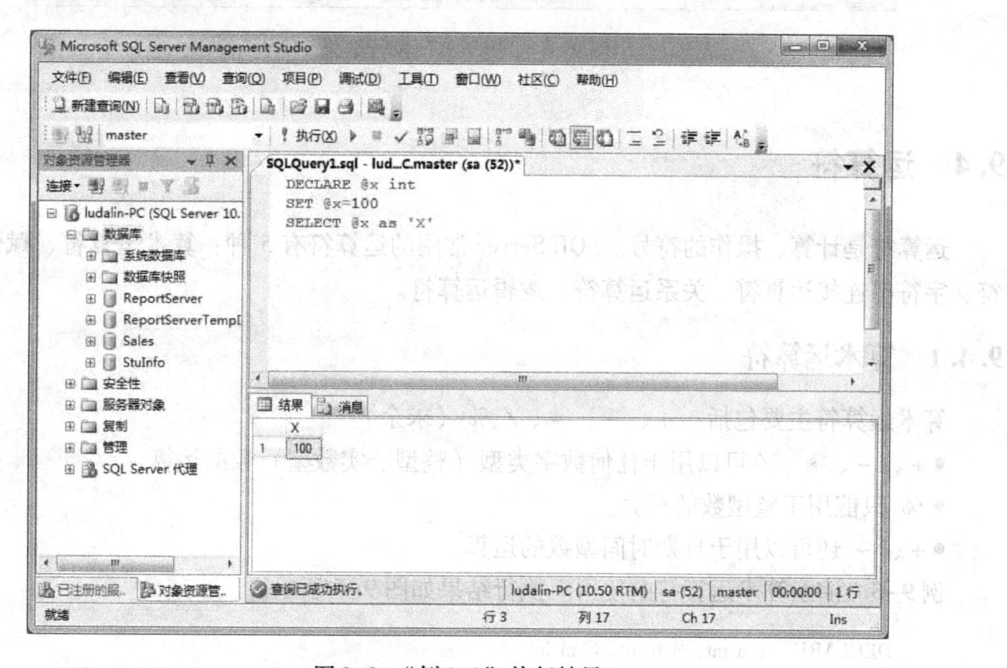

图 9-3 “例 9-3”执行结果

例 9-4 演示使用 SELECT 语句给局部变量赋值并输出。执行结果如图 9-4 所示。

```
USE  StuInfo
GO
DECLARE  @stuNo char(10), @stuName varchar(20)
SELECT  @stuNo = '1308013101 '
SELECT  @stuName = sName FROM Student WHERE sNo = @stuNo
```

```
SELECT  @stuNo as '学号', @stuName as '姓名'
```

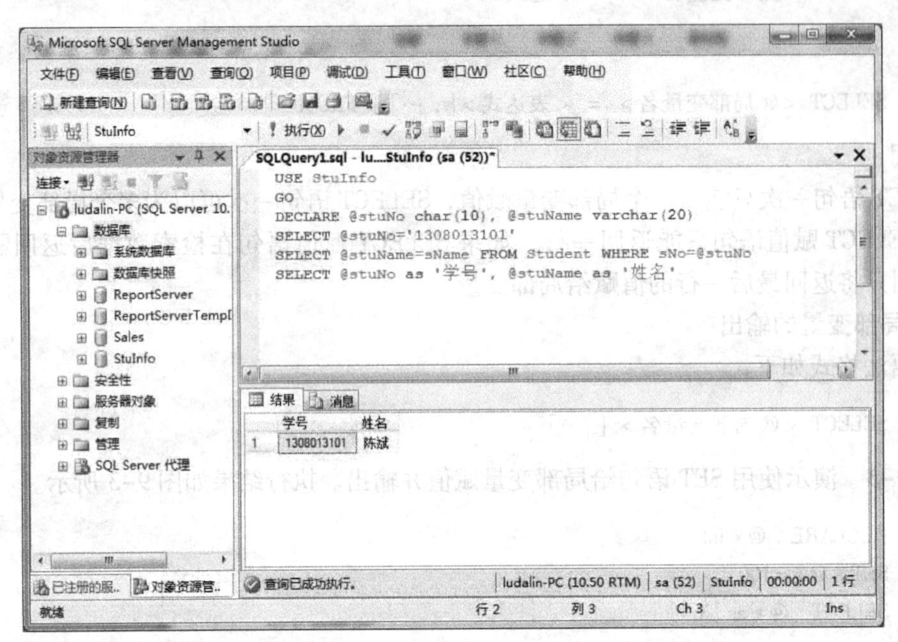

图 9-4 “例 9-4”执行结果

9.4 运算符

运算符是计算、操作的符号。SQL Server 常用的运算符有 5 种：算术运算符、赋值运算符、字符串连接运算符、关系运算符、逻辑运算符。

9.4.1 算术运算符

算术运算符主要包括：+、-、*、/、%（求余）。

- +、-、*、/ 可以用于任何数字类型（整型、实数型）数的运算。
- % 只能用于整型数的运算。
- +、- 还可以用于日期时间型数的运算。

例 9-5 演示算术运算符的使用。执行结果如图 9-5 所示。

```
DECLARE  @a int, @b int, @m int
SELECT  @a = 10, @b = 5
SET  @m = @a * @b + 100
SELECT  @m as 'm'
```

9.4.2 赋值运算符

赋值运算符(=)可以为变量、字段赋值，还可以为列设置列标题。

例 9-6 利用赋值运算符为查询结果集设置列标题。执行结果如图 9-6 所示。

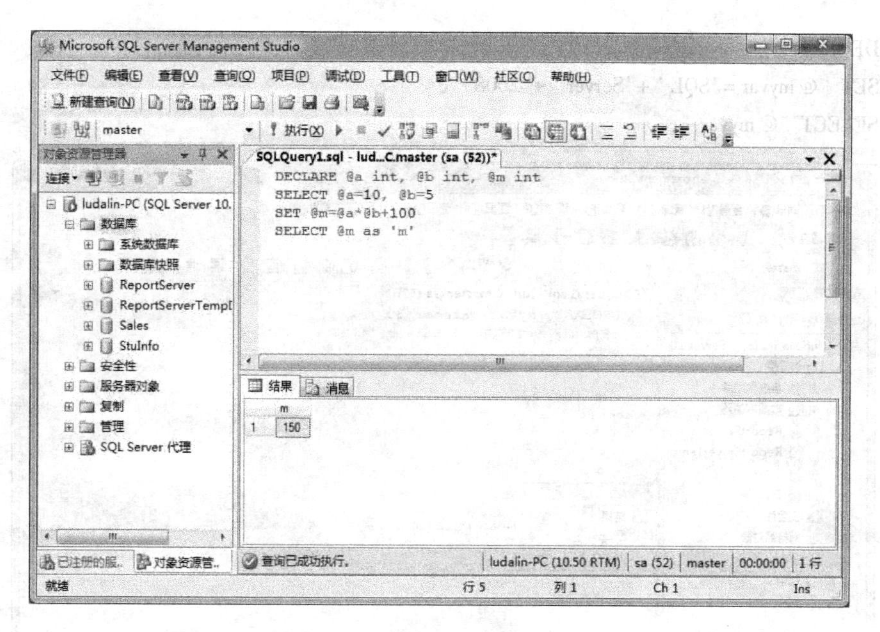

图 9-5 “例 9-5”执行结果

```
USE    StuInfo
GO
SELECT   学号 = sNo, 姓名 = sName, 院系 = sDept
FROM   Student WHERE sex = '女'
```

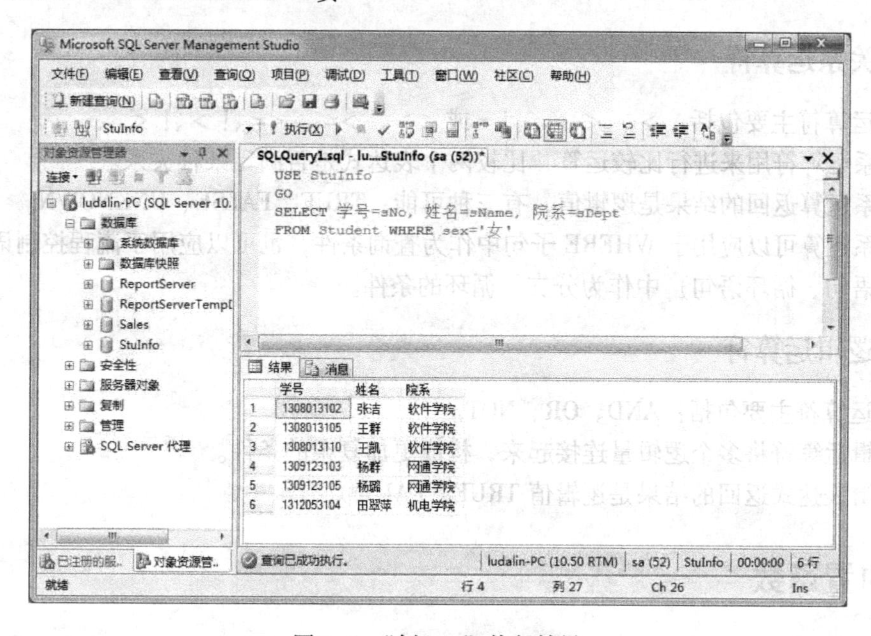

图 9-6 “例 9-6”执行结果

9.4.3 字符串连接运算符

字符串连接运算符(+)可以将几个字符串连接成一个字符串。

例 9-7 演示字符串连接运算符的使用。执行结果如图 9-7 所示。

```
DECLARE  @myvar varchar(30)
SET  @myvar = 'SQL ' + 'Server ' + '2008 '
SELECT  @myvar
```

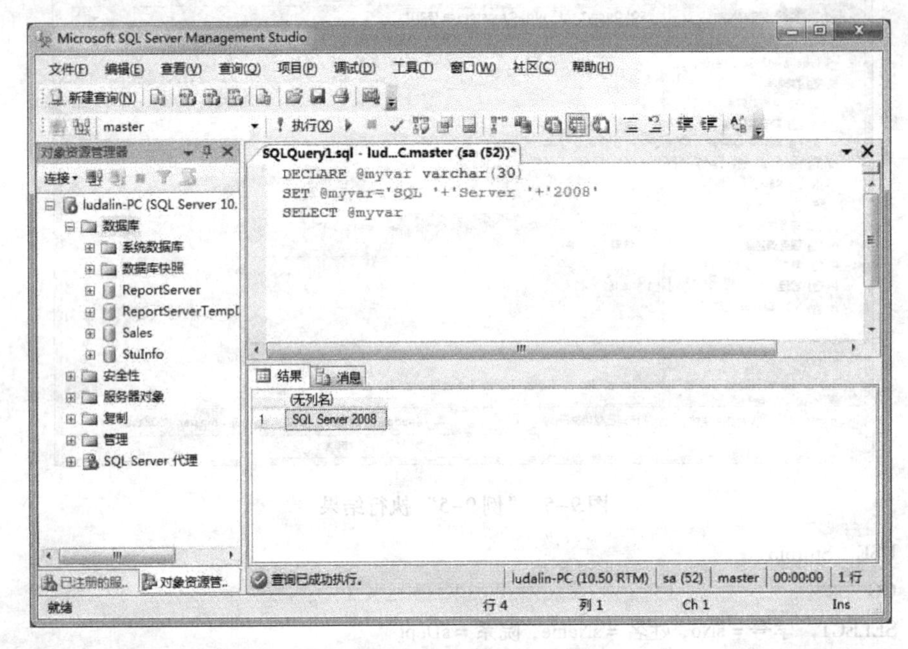

图 9-7 “例 9-7”执行结果

9.4.4 关系运算符

关系运算符主要包括：>、<、=、! =或< >、>=、<=、! >、! <。

- 关系运算符用来进行比较运算，比较两个表达式是否满足某种关系。
- 关系运算返回的结果是逻辑值，有三种可能：TRUE、FALSE、UNKNOWN。
- 关系运算可以应用于 WHERE 子句中作为查询条件，也可以应用于流程控制语句（分支语句、循环语句）中作为分支、循环的条件。

9.4.5 逻辑运算符

逻辑运算符主要包括：AND、OR、NOT。

- 逻辑运算符将多个逻辑量连接起来，构成更加复杂的条件。
- 逻辑表达式返回的结果是逻辑值 TRUE、FALSE。

9.5 内置函数

SQL Server 提供多种内置函数完成某些功能。常用的内置函数包括：数学函数、字符串函数、日期时间函数、转换函数、系统函数。

9.5.1 数学函数

常见数学函数及其说明见表 9-2。

表 9-2　常见数学函数

序　号	函　数　名	说　明
1	ABS（<数值表达式>）	绝对值
2	SIN、COS、TAN、COT（<浮点表达式>）	正弦、余弦、正切、余切
3	ASIN、ACOS、ATAN（<浮点表达式>）	反正弦、反余弦、反正切
4	DEGREES、RADIANS（<数值表达式>）	弧度 -> 角度、角度 -> 弧度
5	EXP（<浮点表达式>）	指数 e^x
6	LOG、LOG10（<浮点表达式>）	自然对数 lnX、以 10 为底对数 $\log_{10}X$
7	SQRT（<浮点表达式>）	平方根
8	CEILING、FLOOR（<数值表达式>）	取整。CEILING 返回大于或等于指定数值表达式的最小整数，FLOOR 返回小于或等于指定数值表达式的最大整数
9	ROUND（<数值表达式>，<长度>）	四舍五入到给定的长度或精度
10	PI()	圆周率
11	RAND（<种子>）	[0,1)之间的随机数

例 9-8　演示数学函数的使用。执行结果如图 9-8 所示。

```
SELECT SQRT(49)
SELECT ROUND(123.4567,2) --第 3 个参数省略或为 0,则四舍五入
SELECT ROUND(123.4567,2,1) --第 3 个参数为非 0,则直接截断
```

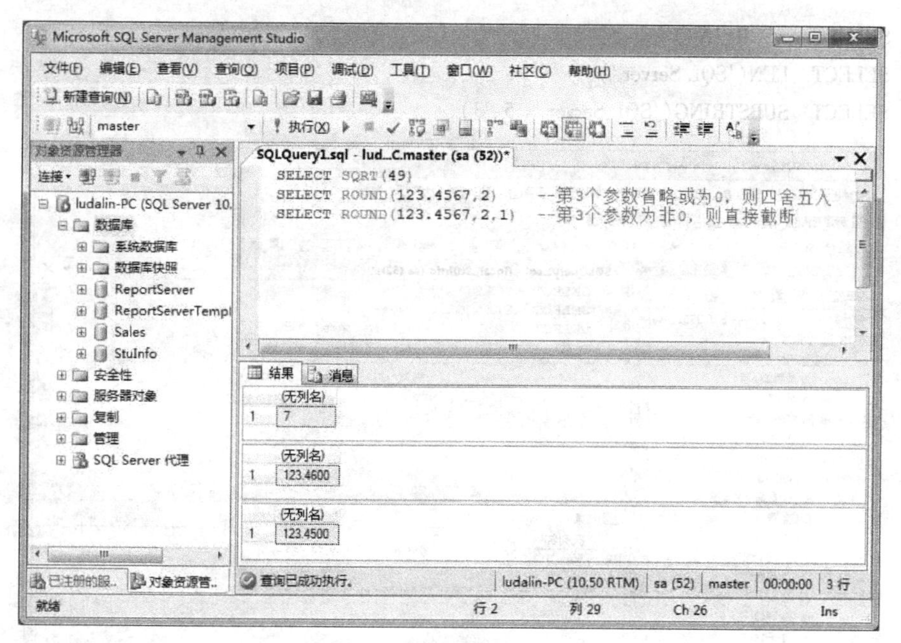

图 9-8　“例 9-8”执行结果

9.5.2　字符串函数

常见字符串函数及其说明见表 9-3。

表 9-3　常见字符串函数

序　号	函 数 名	说　明
1	ASCII（<字符>）、CHAR（<整型表达式>）	字符与 ASCII 码之间的相互转换
	STR(<浮点表达式>[，<总长度>，<小数位数>])	数值转换为字符串
2	LEN（<字符串>）	返回字符串的长度
3	LEFT、RIGHT（<字符串>，<整数>）	返回<字符串>左边或者右边指定个数的字符
	SUBSTRING（<字符串>，<起点>，<长度>）	返回<字符串>中从<起点>开始，指定<长度>的子串
4	LTRIM、RTRIM（<字符串>）	删除字符串左边、右边的空格
5	LOWER、UPPER（<字符串>）	字符串转为小写、大写
6	CHARINDEX(<字符串1>，<字符串2>[，<查找起始点>])	在<字符串2>中搜索<字符串1>，如果找到，返回其起始位置；未找到返回0
7	PATINDEX（<'%模式字符串%'>，<表达式>）	返回指定表达式中某模式第一次出现的起始位置；未找到返回0
8	STUFF（<字符串1>，<起点>，<长度>，<字符串2>）	将<字符串1>从<起点>开始，指定<长度>的部分用<字符串2>替换
9	SPACE（<整数>）	返回<整数>个空格构成的字符串
10	REVERSE（<字符串>）	返回字符串中字符逆序后形成的字符串

例 9-9　演示字符串函数的使用。执行结果如图 9-9 所示。

```
SELECT  ASCII('A')
SELECT  LEN('SQL Server')
SELECT  SUBSTRING('SQL Server', 5, 3)
```

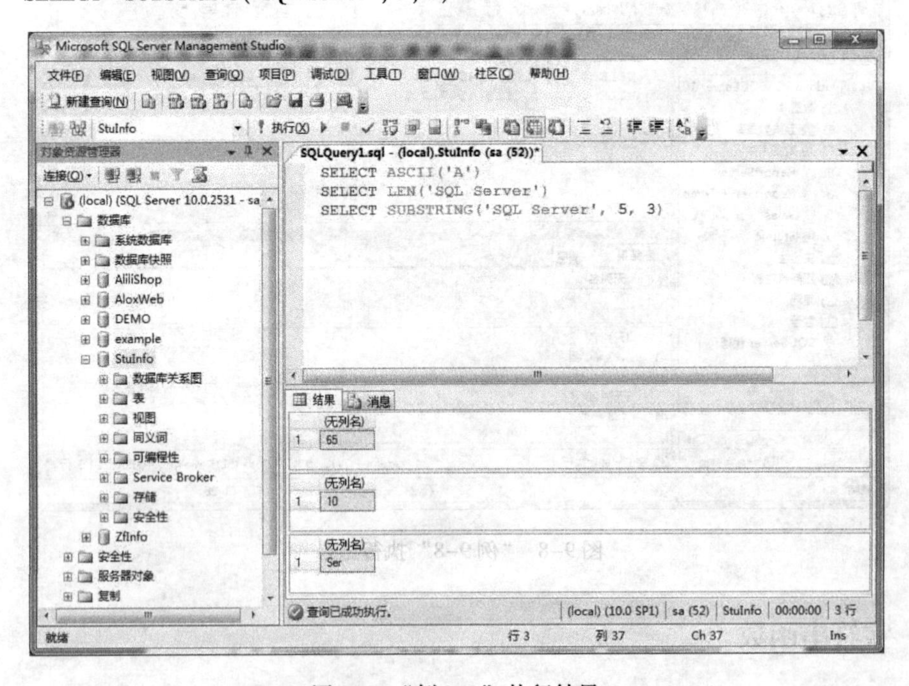

图 9-9　“例 9-9”执行结果

9.5.3 日期时间函数

常见日期时间函数及其说明见表9-4。

表9-4 常见日期时间函数

序 号	函 数 名	说 明
1	GETDATE()	返回当前的日期时间
2	DATEADD（<interval>，<整数>，<日期>）	以datepart指定的方式，返回日期增减一个整数后的新日期
	DATEDIFF（<interval>，<起始日期>，<结束日期>）	以datepart指定的方式，返回结束日期减去起始日期的差的整数值
3	YEAR、MONTH、DAY（<日期>）	返回日期的年、月、日部分
4	DATEPART（<interval>，<日期>）	返回日期指定部分的整数。比YEAR、MONTH、DAY功能更加强大
	DATENAME（<interval>，<日期>）	返回日期指定部分的名称

注： *参数中的整数可以是正数，也可以是负数。*

interval或datepart（间隔、日期部分）类型见表9-5。

表9-5 interval或datepart类型表

interval值	含 义	可能的取值
yy或yyyy	年份	1753~9999
mm或m	月份	1~12
dd或d	一个月中的日	1~31
hh	时	0~23
mi或n	分	0~59
ss或s	秒	0~59
ms	毫秒	0~999
qq或q	一年中的季	1~4
wk或ww	一年中的周	0~51
dy或y	一年中的日	1~366
dw	一周中的日（工作日）	1~7

例9-10 演示日期函数的使用。执行结果如图9-10所示。

```
SELECT GETDATE() as '当前日期'
SELECT DATEADD(day,10,GETDATE())
SELECT DATEDIFF(DAY,GETDATE(),'2015-01-01')
```

9.5.4 转换函数

隐式转换：SQL自动进行的数据类型转换。

显式转换：使用转换函数或者其他方式进行的转换，常见转换函数及其说明见表9-6。

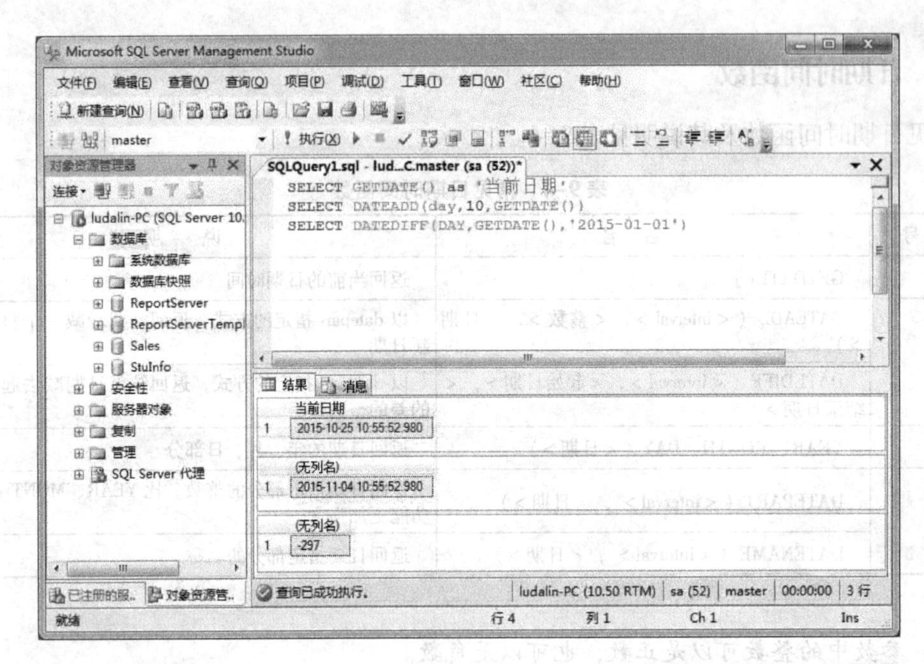

图 9-10 “例 9-10”执行结果

表 9-6 常见转换函数

序号	函数名	说明
1	CAST（<表达式> AS <目标数据类型>）	<表达式>数据转换为目标数据类型的数据后返回
2	CONVERT(<目标数据类型>，<表达式>，[<日期样式 style>])	同上。对于日期型的<表达式>数据，通过指定<日期样式>，可以将日期转换为指定格式的字符串

CONVERT 转换函数 style（日期样式）参数见表 9-7。

表 9-7 CONVERT 转换函数 style 参数表

不带世纪 yy	带世纪 yyyy（注：不带世纪的数字 +100）	标准	格式样例
–	100 或（0）	默认	02 28 2014
1	101	美国	02/28/2014
2	102	ANSI	
3	103	英国/法国	28/02/2014
4	104	德国	
5	105	意大利	
6	106	–	
7	107	–	
8	108	–	
–	109（或 9）	默认值 + 毫秒	
10	110	美国	02 – 28 – 2014
11	111	日本	2014/02/28
12	112	ISO	20140228
–	113（或 13）	欧洲 + 毫秒	
14	114	–	

例 9-11 演示转换函数的使用。执行结果如图 9-11 所示。

```
SELECT  CAST (3.84 AS int), CONVERT(int, 3.84)
GO
SELECT  GETDATE() AS  '当前日期',
CONVERT(char(10), GETDATE(),101) AS  '美国日期格式'
```

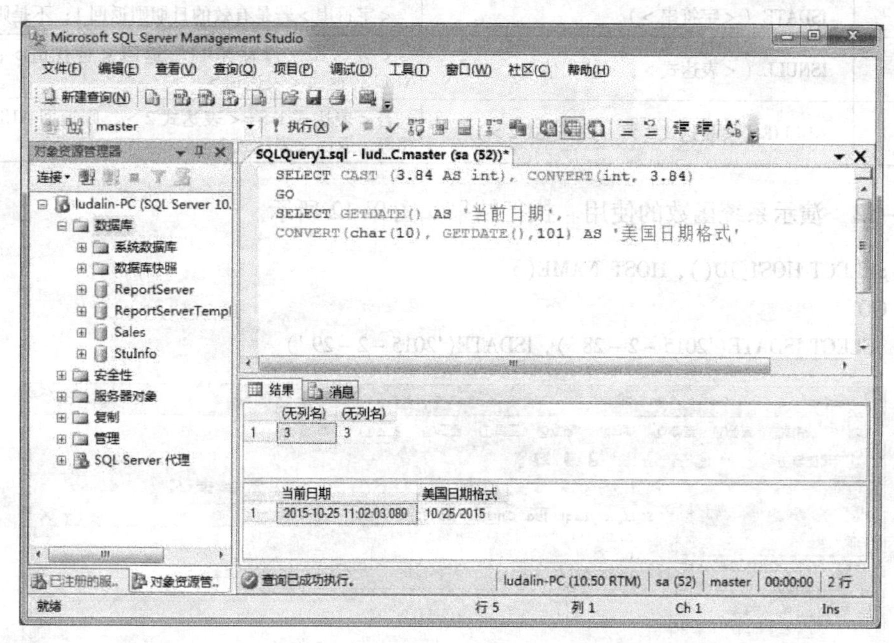

图 9-11 “例 9-11”执行结果

9.5.5 系统函数

系统函数一般用于查询系统表，用于获得关于数据库、表、用户、安全等方面的信息。常见系统函数及其说明见表 9-8。

表 9-8 常见系统函数

序 号	函 数 名	说 明
1	HOST_ID()	返回主机 ID（整数）
	HOST_NAME()	返回主机名称（字符串）
2	DB_ID（<数据库名称>）	由数据库名称，返回数据库 ID（整数）
	DB_NAME（<数据库 ID>）	由数据库 ID，返回数据库名称（字符串）
3	OBJECT_ID（<对象名称>）	由数据库对象名称获得数据库对象 ID（整数）
	OBJECT_NAME	由数据库对象 ID 获得数据库对象名称（字符串）
4	USER_ID（<用户名>）	由数据库用户名称，返回数据库用户 ID（整数）
	USER_NAME（<用户 ID>）	由数据库用户 ID，返回数据库用户名称（字符串）
5	SUSER_SID	由服务器用户登录名，返回服务器用户 ID（二进制）
	SUSER_NAME	由服务器用户 ID，返回服务器用户登录名（字符串）

（续）

序　　号	函 数 名	说　　明
6	COL_NAME（<表 ID>，<列 ID>）	由表 ID、列 ID 获得列名（字符串）
	COL_LENGTH（<表名称>，<列名称>）	由表名称、列名称获得列长度
7	DATALENGTH（<表达式>）	返回任何表达式的实际长度（字节数）
8	ISDATE（<字符串>）	<字符串>若是有效的日期则返回 1；不是则返回 0
9	ISNULL（<表达式>，<替代值>）	<表达式>若为 NULL，返回<替代值>；若不是 NULL，返回<表达式>
10	NULLIF（<表达式 1>，<表达式 2>）	若<表达式 1>=<表达式 2>，则返回 NULL；若不相等，返回<表达式 1>

例 9-12　演示系统函数的使用。执行结果如图 9-12 所示。

```
SELECT HOST_ID( ), HOST_NAME( )
GO
SELECT ISDATE('2015 - 2 - 28 '), ISDATE('2015 - 2 - 29 ')
```

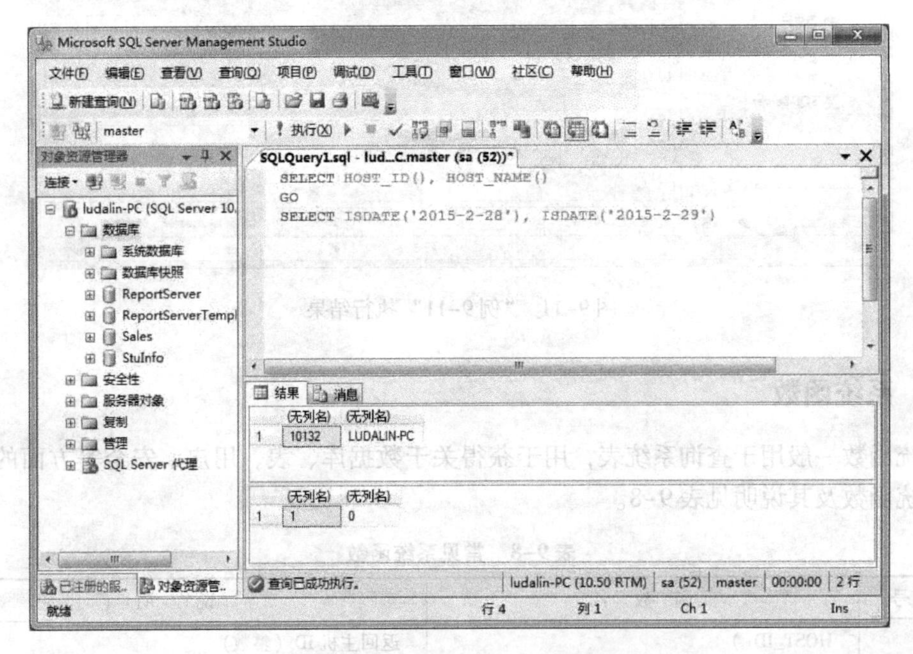

图 9-12　“例 9-12”执行结果

9.6　批处理和流程控制语句

SQL Server 的程序（函数、存储过程、触发器）可使用批处理、流程控制语句实现其功能。

9.6.1　批处理

批处理是指 T-SQL 语句的语句组，一个批处理可以包含一个或多个批处理单元。

一个批处理单元是指两个 GO 语句之间的 T - SQL 语句，GO 语句作为一个批处理单元的结束的标志。

注：CREATE VIEW/PROCEDURE/TRIGGER 等语句不能与其他语句组合，需要用 GO 与其他语句分隔，构成单独的批处理单元。

例 9-13 编写批处理，打开数据库 StuInfo，先创建一个视图 v_Students，再查询该视图。执行结果如图 9-13 所示。

```
USE  StuInfo
GO
CREATE VIEW v_Students
AS
    SELECT sNo, sName, sDept
    FROM Student
GO
SELECT * FROM v_Students
```

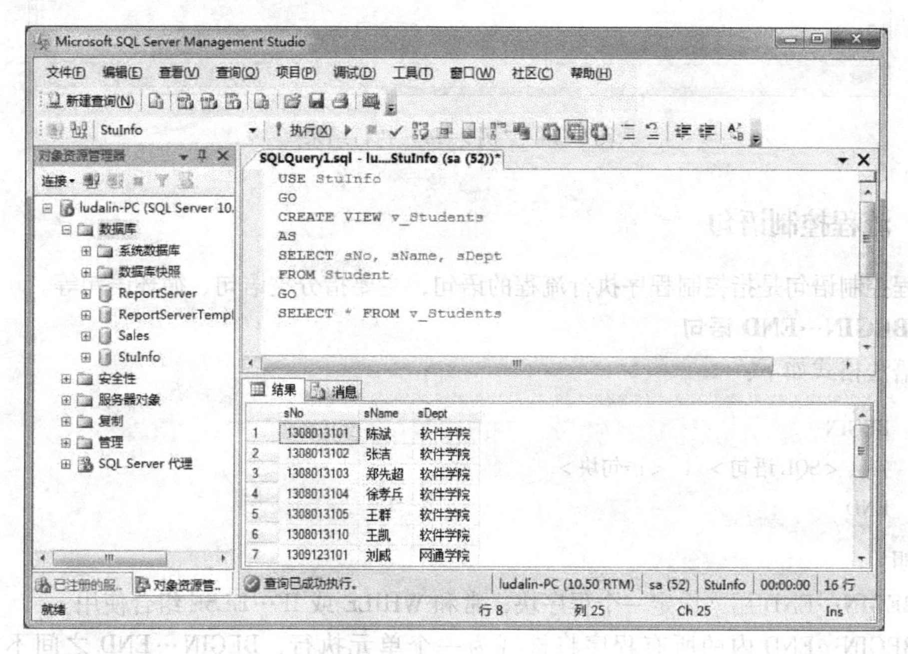

图 9-13 “例 9-13”执行结果

注：CREATE VIEW 语句需要单独作为一个批处理单元，所以需要使用 GO 语句与其他语句分隔。

例 9-14 编写一个批处理，打开 StuInfo 数据库，先查询 Student 表，再查询 Score 表。执行结果如图 9-14 所示。

```
USE  StuInfo
SELECT * FROM Student WHERE sNo = '1308013101 '
SELECT * FROM Score WHERE sNo = '1308013101 '
```

注：由于批处理中都是查询语句，所以无需 GO 语句分隔批处理单元，整体可以作为一

个批处理单元。

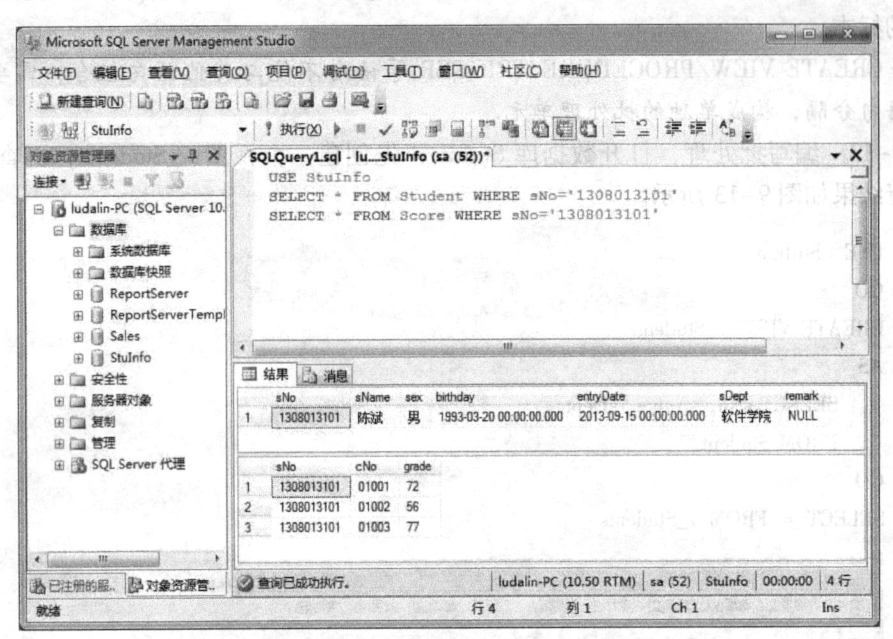

图 9-14 “例 9-14”执行结果

9.6.2 流程控制语句

流程控制语句是指控制程序执行流程的语句，主要指分支语句、循环语句等。

1. BEGIN…END 语句

其语法格式如下：

```
BEGIN
    <SQL 语句> | <语句块>
END
```

说明：

- BEGIN…END 用来设定一个程序块，常和 WHILE 或 IF…ELSE 组合使用。
- BEGIN…END 内的所有程序将被视为一个单元执行，BEGIN…END 之间不能没有语句。

2. IF…ELSE 语句

其语法格式如下：

```
IF <条件表达式>
    <SQL 语句> | <语句块>
[ELSE
    <SQL 语句> | <语句块>
]
```

说明：

- IF…ELSE 用来判断当某一条件成立时，执行某段程序，条件不成立时执行另一段程序。
- ELSE 子句是可选的，最简单的 IF 语句没有 ELSE 子句部分。
- 如果不使用语句块，IF 或 ELSE 只能执行一条命令。
- IF…ELSE 语句可以进行嵌套。

例 9-15 判断学号为“1308013101”、课程号为“01001”的成绩是否合格，合格则输出“成绩合格”，否则输出“成绩不合格”。执行结果如图 9-15 所示。

```
DECLARE @ score int, @ msg varchar(10)
select @ score = grade from Score where sNo = '1308013101 'and cNo = '01001 '
IF @ score >= 60
    SET @ msg = '成绩合格'
ELSE
    SET @ msg = '成绩不合格'
SELECT @ score as '成绩', @ msg as '状态'
```

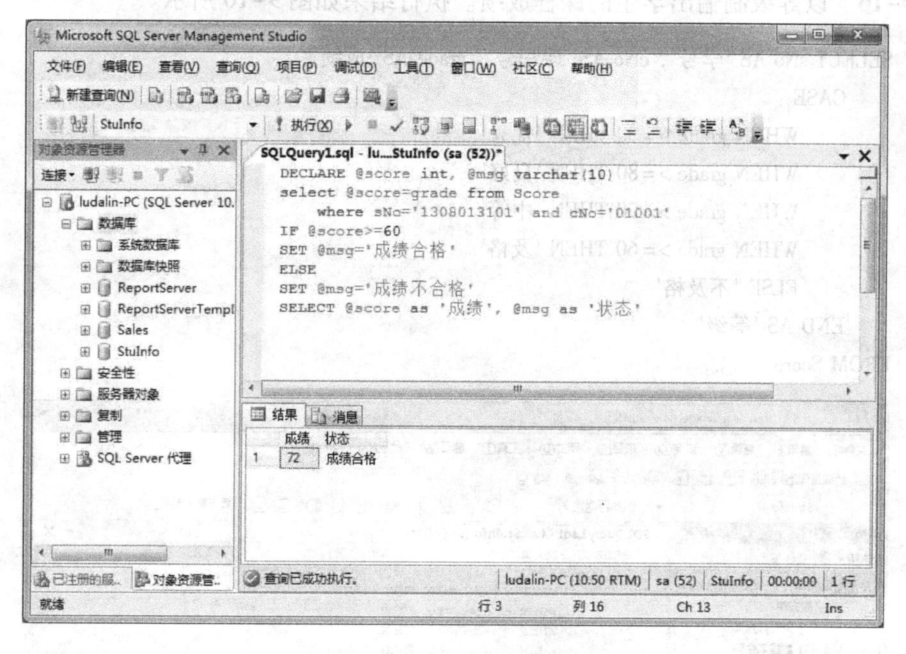

图 9-15 “例 9-15”执行结果

3. CASE 语句

（1）简单 CASE 语句语法格式如下：

```
CASE <表达式名称>
    WHEN <表达式值 1 > THEN < 结果 1 >
    [WHEN <表达式值 2 > THEN < 结果 2 > […]]
    [ELSE <结果 n > ]
END
```

执行过程：先计算 CASE 后 <表达式名称>；然后将其与 WHEN 后的表达式值逐个匹

配，若存在匹配，则返回 THEN 后的结果值；若所有的 WHEN 均不匹配，但存在 ELSE 分支，则返回 ELSE 后的结果值；若所有 WHEN 均不匹配，也无 ELSE 分支，那么 CASE 语句未执行任何分支，返回 NULL。

（2）搜索 CASE 语句语法格式如下：

```
CASE
    WHEN <条件表达式1> THEN <结果1>
    [WHEN <条件表达式2> THEN <结果2> [...]]
    [ELSE <结果n>]
END
```

执行过程：按照指定顺序对每个 WHEN 后的条件表达式进行计算，返回第一个为 TRUE 的 THEN 后面的结果值；如果所有 WHEN 后的条件表达式均为 FALSE，但存在 ELSE，则返回 ELSE 后的结果值；如果所有 WHEN 后逻辑表达式均为 FALSE，也不存在 ELSE，则 CASE 语句返回 NULL。

例 9-16 以等级制输出学生的课程成绩。执行结果如图 9-16 所示。

```
SELECT sNo AS '学号', cNo AS '课程号', grade AS '成绩',
    CASE
        WHEN grade>=90 THEN '优秀'
        WHEN grade>=80 THEN '良好'
        WHEN grade>=70 THEN '中等'
        WHEN grade>=60 THEN '及格'
        ELSE '不及格'
    END AS '等级'
FROM Score
```

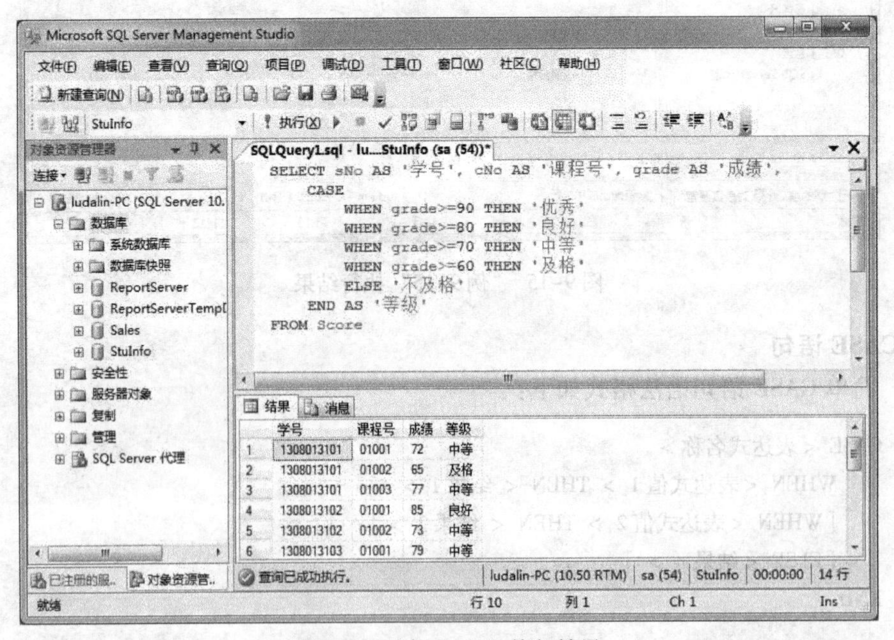

图 9-16 “例 9-16” 执行结果

4. WHILE…CONTINUE…BREAK 语句

其语法格式如下：

```
WHILE <条件表达式>
BEGIN
    <SQL 语句 | 语句块>
    [BREAK]
    [CONTINUE]
    <SQL 语句 | 语句块>
END
```

说明：

- WHILE 语句在条件表达式成立时，重复执行 SQL 语句或语句块，直到条件表达式的值为逻辑“假”时，结束执行循环体。
- CONTINUE 语句可以让程序跳过 CONTINUE 语句之后的 SQL 语句或语句块，回到 WHILE 的条件表达式，重新判断其逻辑值。
- BREAK 语句让程序跳出循环体，结束 WHILE 语句的执行。
- WHILE 语句也可以嵌套。

例 9-17 求 1 +2 +3 + … +100 的值。执行结果如图 9-17 所示。

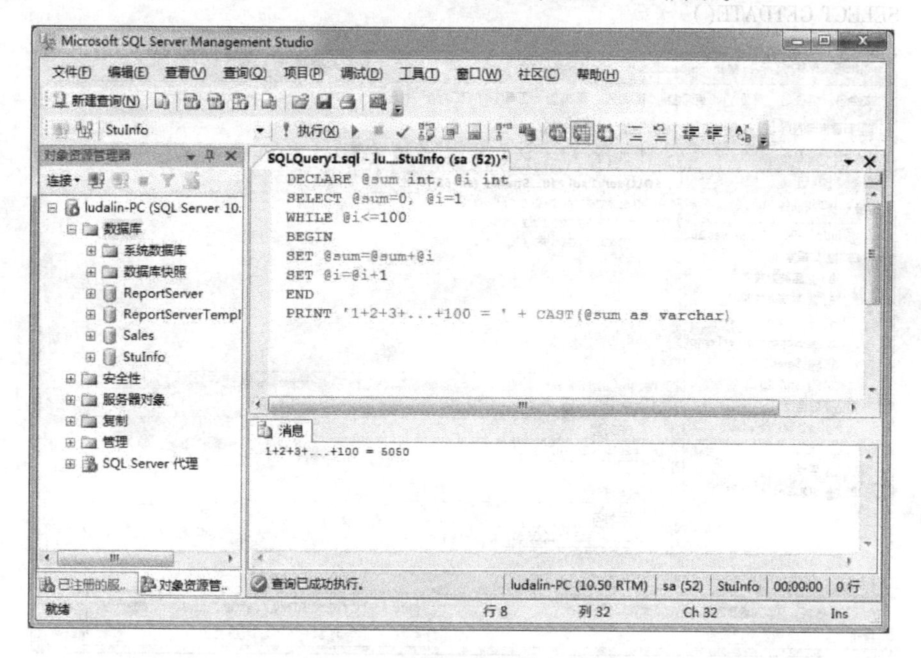

图 9-17 “例 9-17”执行结果

```
DECLARE @ sum int, @ i int
SELECT @ sum = 0, @ i = 1
WHILE @ i <= 100
BEGIN
    SET @ sum = @ sum + @ i
```

```
    SET @i = @i + 1
END
PRINT '1 +2 +3 +... +100  = ' + CAST (@sum as varchar)
```

5. WAIT FOR 语句

WAIT FOR 语句是暂停正在执行的语句，等待“延时指定的时间间隔”或者等到“某个时刻”后继续执行。其语法格式如下：

```
WAIT FOR [ DELAY '<时间间隔>' | TIME '<时刻>']
```

其中，

- DELAY '<时间间隔>'：表示在完成等待之前，需要等待的时间间隔。时间间隔不能超过 24 h。
- TIME '<时刻>'：表示在指定的时刻结束等待。<时刻>格式：“hh：mm：ss”，即不包含日期部分。

例 9-18 先显示当前时间，暂停程序，等待 6 s 后再显示当前时间。执行结果如图 9-18所示。

```
SELECT GETDATE()
WAITFOR DELAY '00:00:06 '
SELECT GETDATE()
```

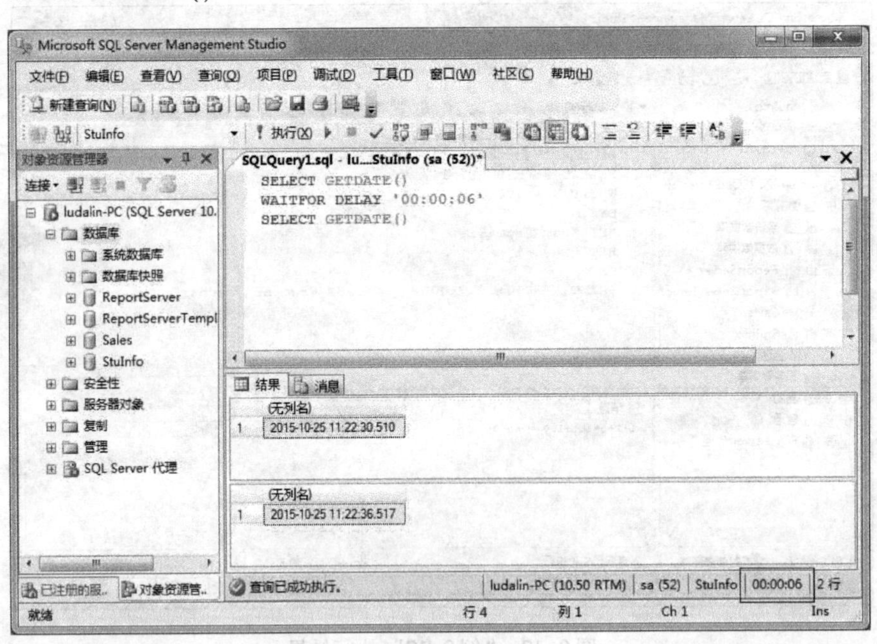

图 9-18 “例 9-18”执行结果

6. RETURN 语句

RETURN 语句用于批处理、函数、存储过程、触发器中，用于结束模块处理，返回调用程序。其语法格式如下：

```
RETURN [ <整数表达式> ]
```

说明：

- 位于 RETURN 之后的语句将不执行。
- 当用于存储过程时，RETURN 不能返回空值。
- 系统存储过程返回 0 值表示执行成功，返回非 0 值表示存在错误。

7. PRINT 语句

PRINT 语句用于把消息传递到客户应用程序的消息处理程序，通常在屏幕上显示。其语法格式如下：

```
PRINT  '任何 ASCII 文本' | 字符串表达式 | 变量
```

9.7 习题

（1）T - SQL 标识符必须遵循哪些原则？

（2）T - SQL 的注释方式是什么？

（3）简述 RAND（）、STR（）、SPACE（）、DATEPART（）函数的使用。

（4）把两个局部变量的值，进行从大到小排序后输出。

（5）计算 1 * 2 * 3 * … * 10 的值。

（6）延迟 3 s 后对 Student 表进行查询。

9.8 同步实训：T - SQL 语句的使用

一、实训目的

（1）掌握变量的创建与使用。

（2）掌握常用内置函数的使用。

（3）掌握分支结构语句的使用。

（4）掌握循环结构语句的使用。

二、实训内容

（1）把客户编号为“C03”的客户名称和地址赋值给局部变量后，然后再通过局部变量输出。

（2）提取销售员姓名中的“姓”和“名”，并以两个字段进行输出。

（3）提取销售员出生日期中的“年”“月”和“日”，并以三个字段进行输出。

（4）输出销售员表中的编号、姓名和性别，要求将性别为“男”的替换为“♂”、性别为“女”的替换为“♀”。

（5）通过局部变量保存三个整数值，编程求这三个整数中的最大值并输出。

（6）编程计算 1 + 1/3 + 1/5 + 1/7 + … + 1/99 的值。

第10章 存储过程

SQL Server 的存储过程类似于编程语言中的过程，是一种以 T－SQL 语言编写的子程序。存储过程执行速度快，在数据库应用开发中广泛使用。本章主要讲述存储过程的概述以及存储过程创建、管理和执行。本章学习要点如下：

- 存储过程的概念及优点；
- 创建存储过程的方法；
- 修改、删除存储过程的方法；
- 执行存储过程的方法。

10.1 存储过程概述

1. 存储过程的概念

存储过程是一种预先定义并编译的，保存在数据库服务器上用来完成一定功能的 T－SQL子程序。存储过程通过过程名调用。

SQL Server 存储过程可以实现：

- 接收输入参数，并以输出参数的格式返回多个值。
- 存储过程可以包含针对数据库操作的 T－SQL 语句。
- 向主调过程或者批处理返回一个整数状态值，以指明成功或失败。

2. 存储过程的分类

SQL Server 存储过程主要分为两类：系统存储过程和用户定义的存储过程。

（1）系统存储过程：由 SQL Server 提供，供用户直接使用的存储过程。

- 系统存储过程一般用于系统管理、数据库对象管理、用户登录、权限管理等。
- 系统存储过程名通常以“sp_”作为前缀。

（2）用户定义存储过程：用户根据需要编写的存储过程。用户定义的存储过程又分为 T－SQL存储过程和 CLR 存储过程。

- T－SQL 存储过程：使用 T－SQL 语句编写，本教材只讨论 T－SQL 存储过程。
- CLR 存储过程：. NET 支持语言编写，更广泛支持类、对象、集合、数组等。

3. 存储过程的优点

- 存储过程是预先编译的，执行速度快。
- 存储过程是在服务器上执行的，网络通信流量小。
- 存储过程的权限和数据表的权限可以不同，可以保证数据的安全性。
- 模块化的程序设计，可以实现代码共享。

10.2 创建存储过程

10.2.1 使用 SSMS 创建并执行存储过程

创建一个带有输入参数的存储过程 UP_DeptStudentInfo，通过一个给定的院系名称，用来显示出该院系的所有学生信息，然后执行该存储过程。在 SQL Server Management Studio 中的操作步骤如下：

（1）在“对象资源管理器”窗口中，依次展开“数据库→StuInfo→可编程性”，在“存储过程”上单击鼠标右键，选择“新建存储过程”命令。

（2）执行如上命令后，在查询窗口中打开一个创建存储过程的模板（实际是包含 CREATE PROCEDURE 语句的脚本），如图 10-1 所示。

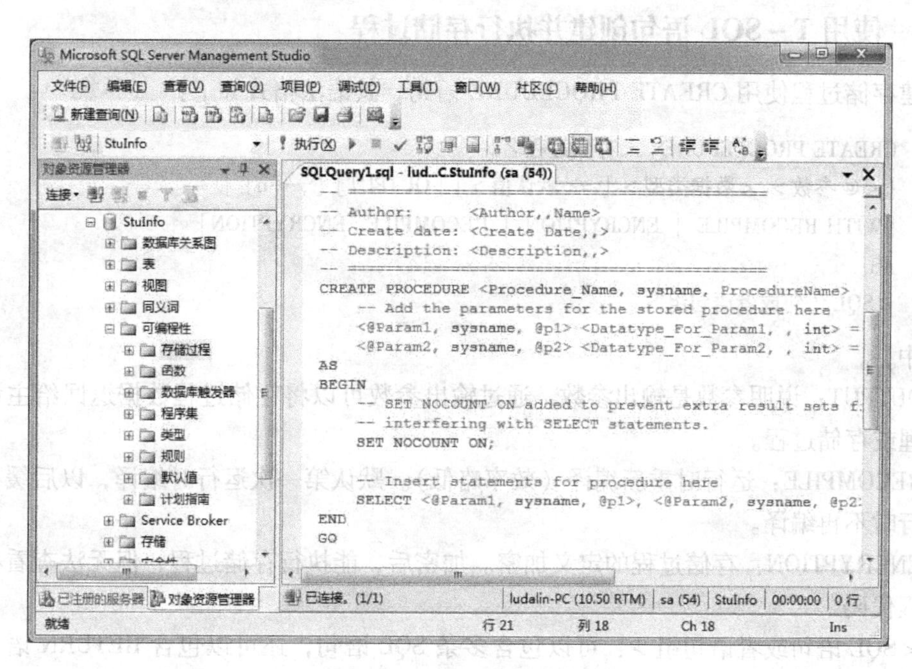

图 10-1 “创建存储过程”模版

（3）在模版中编写存储过程（存储过程内容详见本章示例 10-2），完成后单击工具栏 执行(X) 按钮，可完成存储过程的创建。

（4）在“对象资源管理器”窗口中，依次展开“数据库→StuInfo→可编程性→存储过程”，在“UP_DeptStudentInfo”上单击鼠标右键，选择“执行存储过程”命令，显示如图 10-2所示的对话框。

（5）设置输入参数的值。本例中，设置@ DeptName 参数的值为“软件学院”，单击“确定”按钮，可完成存储过程的执行。

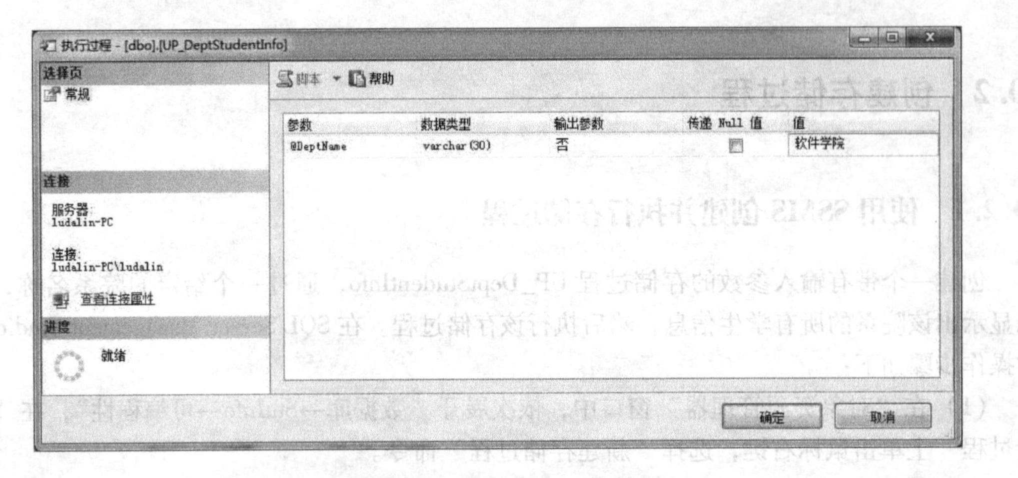

图 10-2 “执行过程”对话框

10.2.2 使用 T-SQL 语句创建并执行存储过程

创建存储过程使用 CREATE PROCEDURE 语句，其语法格式如下：

```
CREATE PROC[EDURE] <存储过程名>
[<@参数> <数据类型> [=<默认值>] [OUTPUT] [,…n] ]
[WITH RECOMPILE | ENCRYPTION | RECOMPILE, ENCRYPTION]
AS
<SQL 语句或者语句组>
```

其中，

- OUTPUT：说明参数是输出参数，通过输出参数可以将存储过程数据返回给主调批处理或存储过程。
- RECOMPILE：运行时重新编译（效率略低）。默认第一次运行时编译，以后缓存，运行时不再编译。
- ENCRYPTION：存储过程的定义加密。加密后，能执行存储过程，但无法查看存储过程代码。
- <SQL 语句或者语句组>：可以包含多条 SQL 语句，还可以包含 RETURN 语句以便返回一个整数（一般用于表示状态）。

执行存储过程使用 EXECUTE 语句，其语法格式如下：

```
[EXEC[UTE]] [<@接收返回状态的变量>=] <存储过程名>
[[<@参数名>=] <参数值>] | <@参数名> [OUTPUT] [,…n]]
```

其中，

- EXEC[UTE]：执行存储过程的关键词。如果执行存储过程是批处理中第一条语句，EXEC 可以省略。
- [[<@参数名>=] <参数值>]：输入参数。如果实参顺序与形参相同，参数名可以省略。
- <@参数名> [OUTPUT]：输出参数。

例 10-1 创建一个不带有参数的存储过程 UP_StudentInfo，用来查找所有 1994 年 9 月之前出生的学生名单，然后执行该存储过程。执行的结果如图 10-3 所示。

```
--创建存储过程
USE StuInfo
GO
CREATE PROCEDURE UP_StudentInfo
AS
    select * from Student where birthday <'1994 -09-01 '
GO
--执行存储过程
EXECUTE UP_StudentInfo
```

或：

```
EXEC UP_StudentInfo
```

或：

```
UP_StudentInfo
```

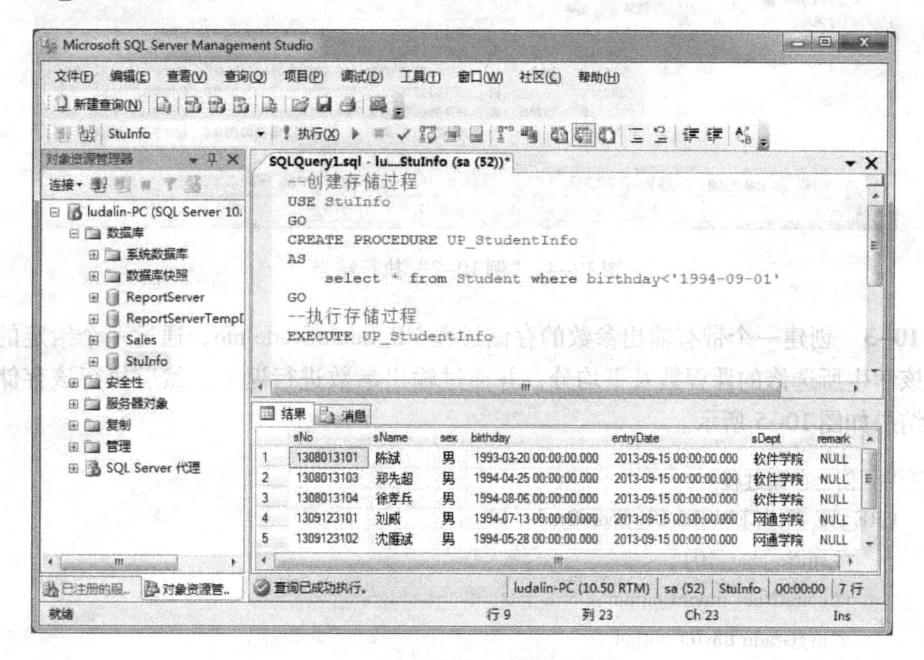

图 10-3 “例 10-1”执行结果

例 10-2 使用 T-SQL 语句创建第 10.2.1 节的存储过程，然后执行该存储过程。执行的结果如图 10-4 所示。

```
--创建存储过程
CREATE PROCEDURE UP_DeptStudentInfo
    @DeptName varchar(30)
AS
```

```
    select * from Student where sDept = @ DeptName
GO
--执行存储过程
EXECUTE UP_DeptStudentInfo '软件学院'
```

或:

```
EXECUTE UP_DeptStudentInfo @ DeptName = '软件学院'
```

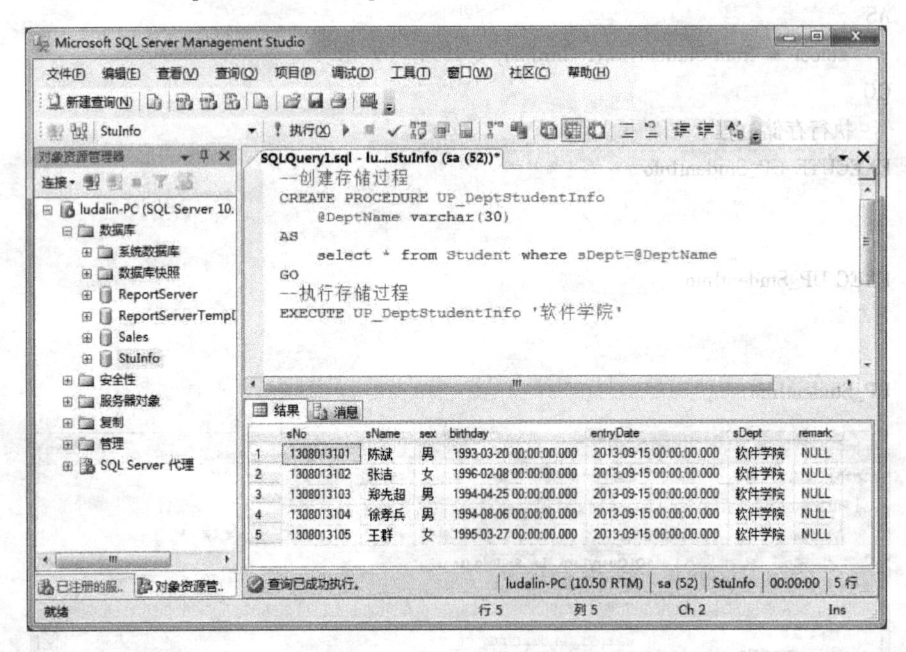

图 10-4 “例 10-2”执行结果

例 10-3 创建一个带有输出参数的存储过程 UP_ScoreGradeInfo，通过一个给定的学号，查询出该学生所选修的课程数及平均分，并通过输出参数进行返回，然后执行该存储过程。执行的结果如图 10-5 所示。

```
--创建存储过程
CREATE PROCEDURE UP_ScoreGradeInfo
    @ stuNo char(10),
    @ countNum tinyint output,
    @ avgGrade tinyint output
as
    select @ countNum = count( * ),@ avgGrade = avg( grade) from score
        where SNo = @ stuNo
GO
--执行存储过程
declare @ xtinyint
declare @ ytinyint
EXECUTE UP_ScoreGradeInfo '1308013101 ', @ x output, @ y output
```

select @ x '选修门数', @ y '平均成绩'

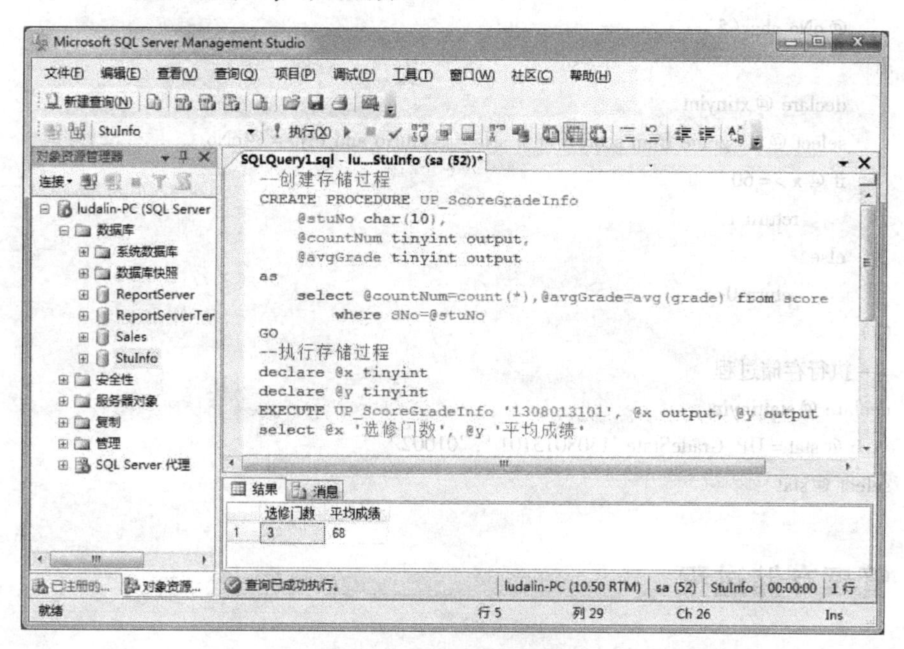

图 10-5 “例 10-3”执行结果

例 10-4 创建一个带有返回值的存储过程 UP_GradeState，通过一个给定的学号和课程号，查询该学生该门课程的成绩情况，及格返回 1，不及格返回 0，然后执行该存储过程。执行的结果如图 10-6 所示。

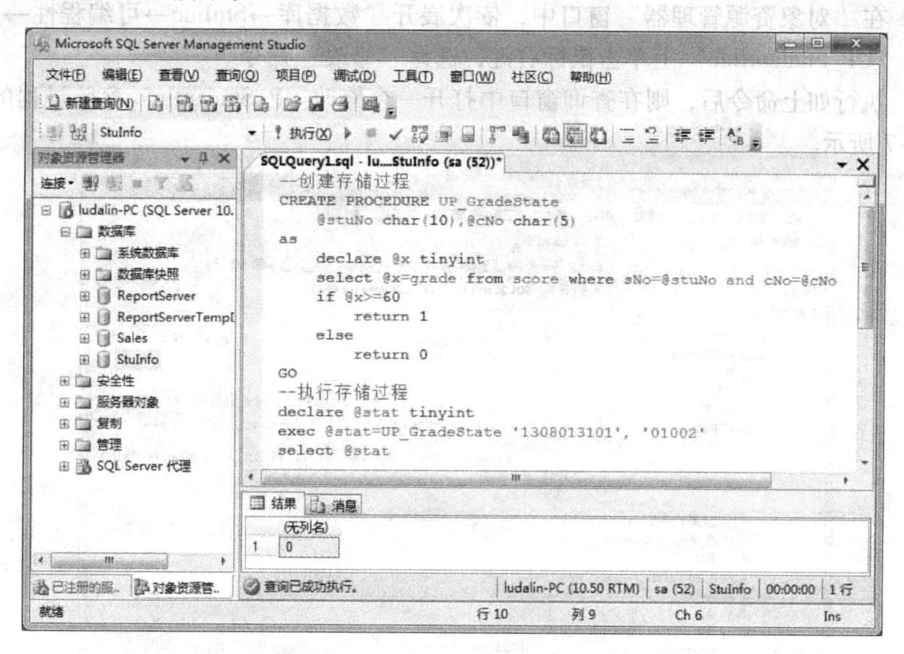

图 10-6 “例 10-4”执行结果

```
--创建存储过程
CREATE PROCEDURE UP_GradeState
```

```
        @ stuNo char(10),
        @ cNo char(5)
as
        declare @ xtinyint
        select @ x = grade from score where sNo = @ stuNo and cNo = @ cNo
        if @ x >= 60
            return 1
        else
            return 0
GO
--执行存储过程
declare @ stattinyint
exec @ stat = UP_GradeState '1308013101 ', '01002 '
select @ stat
```

10.3 管理存储过程

10.3.1 使用 SSMS 修改、删除存储过程

以修改、删除 StuInfo 数据库中的 UP_StudentInfo 存储过程为例，在 SQL Server Management Studio 中的操作步骤如下：

（1）在“对象资源管理器”窗口中，依次展开“数据库→StuInfo→可编程性→存储过程”，在“UP_StudentInfo”上单击鼠标右键，选择“修改”命令。

（2）执行如上命令后，则在查询窗口中打开一个修改 UP_StudentInfo 存储过程的脚本。如图 10-7 所示。

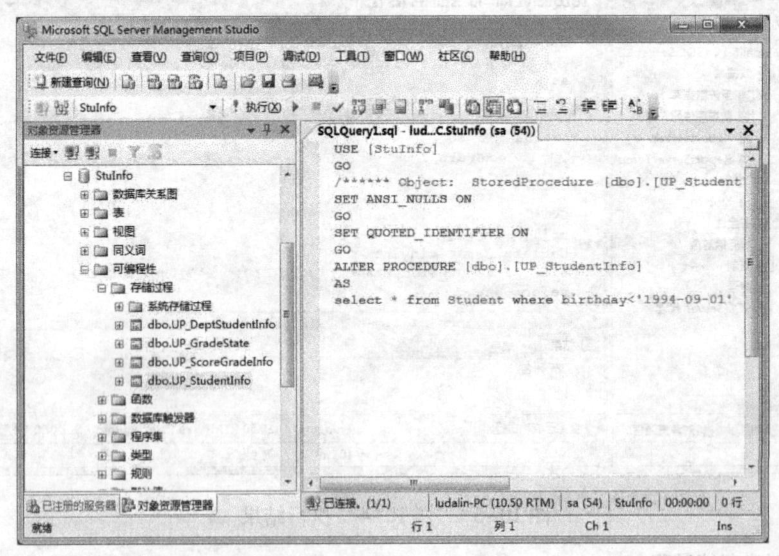

图 10-7 “修改存储过程”脚本

(3) 修改存储过程，完成后单击工具栏 ! 执行(X) 按钮，可完成存储过程的修改。

(4) 在“对象资源管理器”窗口中，依次展开“数据库→StuInfo→可编程性→存储过程”，在“UP_StudentInfo”上单击鼠标右键，选择“删除”命令，可完成存储过程的删除。

10.3.2 使用 T-SQL 语句修改、删除存储过程

1. 修改存储过程

其语法格式如下：

```
ALTER PROC[EDURE] <存储过程名>
[<@参数> <数据类型> [=<默认值>] [OUTPUT] [,…n]]
[WITH RECOMPILE | ENCRYPTION | RECOMPILE, ENCRYPTION]
AS
<SQL 语句或者语句组>
```

说明：仅仅将 CREATE 修改为 ALTER，其他与创建存储过程相同。

2. 删除存储过程

其语法格式如下：

```
DROP PROC[EDURE] <存储过程名>[, …n]
```

例 10-5 删除存储过程 UP_StudentInfo。

```
DROP PROCEDURE UP_StudentInfo
```

10.4 习题

(1) 创建一个带有输入参数的存储过程，其功能是通过一个给定的学号，显示出该学生所有选修课程的成绩情况，要求字段包括“学号、姓名、课程名、成绩”，然后执行该存储过程。

(2) 创建一个带有输入参数和输出参数的存储过程，其功能是通过一个给定的学号和课程名称，查询出该学生的该课程的成绩，并通过输出参数进行返回，然后执行该存储过程。

10.5 同步实训：创建与使用存储过程

一、实训目的

(1) 熟悉存储过程的概念与功能。

(2) 掌握存储过程的创建。

(3) 掌握存储过程的调用执行。

二、实训内容

(1) 创建一个存储过程 proc_1。其功能是显示出库存量最少的 5 条商品信息，然后执行该存储过程。

（2）创建一个带有输入参数的存储过程 proc_2。其功能是通过一个给定的出生日期，显示出该出生日期之前的所有销售员信息，然后执行该存储过程。

（3）创建一个带有输入参数的存储过程 proc_3。其功能是通过一个给定的客户编号，显示出该客户订购的商品情况，要求字段包括：客户编号、客户名称、订购日期、商品名称、订购数量、订购金额，然后执行该存储过程。

（4）创建一个带有输入参数和输出参数的存储过程 proc_4。其功能是通过一个给定的销售员编号，查询出该销售员销售的商品总量及总金额，并通过输出参数进行返回，然后执行该存储过程。

（5）创建一个带有返回值的存储过程 proc_5，其功能是通过一个给定的商品编号，查询该商品的库存情况，库存量大于等于 500 返回 1，小于 500 返回 0，然后执行该存储过程。

（6）删除以上创建的所有存储过程。

第11章　触　发　器

SQL Server 提供两种主要机制来强制使用业务规则和保证数据完整性：约束和触发器。触发器是一种特殊的存储过程，它可以在向数据表中插入数据、修改数据或删除数据时进行检查，以保证数据的完整性和一致性。本章主要讲述触发器的概述以及触发器创建、管理和验证执行。本章学习要点如下：

- 存储过程的概念；
- 触发器的分类；
- 创建触发器的方法；
- 修改、启用/禁用、删除触发器的方法。

11.1　触发器概述

1. 触发器的概念

触发器是一种特殊的存储过程，且不同于一般的存储过程。触发器主要是通过事件进行触发而被执行，而一般的存储过程则是通过存储过程名称被直接调用。

触发器是一个功能强大的工具，与表紧密连接，可以看作是表格定义的一部分。当用户修改（INSERT、UPDATE 或 DELETE）指定表或视图中的数据时，该表中相应的触发器就会自动执行。

触发器基于一个表创建，但可以操作多个表。触发器所进行的操作都是作为一个独立的单元被执行，被看作一个事务。如果在执行触发器的过程中发生了错误，则整个事务将会自动回滚。

2. 触发器的分类

SQL Server 2008 支持两种类型的触发器：DML 触发器和 DDL 触发器。

（1）DML 触发器。

当数据库中发生数据操作语言（DML）事件时，则调用 DML 触发器。DML 事件是指对表或视图的 INSERT、UPDATE 或 DELETE 语句，即 DML 触发器是在数据修改时被调用执行。

DML 触发器又可分为：AFTER 触发器和 INSTEAD OF 触发器。

- AFTER 触发器：又称后触发器（After Trigger），这种类型的触发器将在执行了相应的 DML 语句操作之后才被触发。它可以对变动的数据进行检查，如果发现错误，将拒绝接受或回滚变动的数据。指定 AFTER 与指定 FOR 相同，AFTER 触发器只能在表上定义。在同一个数据表中可以创建多个 AFTER 触发器。
- INSTEAD OF 触发器：又称前触发器（Inserted of Trigger），这种类型的触发器在数据变动以前被触发，并取代变动数据的操作（UPDATE、INSERT 和 DELETE），而去执行触发器定义的操作。INSTEAD OF 触发器可以在表或视图上定义。在表或视图上，每个 UPDATE、INSERT 和 DELETE 语句最多可以定义一个 INSTEAD OF 触发器。

DML 触发器使用两个特殊的表：inserted（插入）表和 deleted（删除）表。这两个表是存储在数据库服务器的内存中且是由系统自动创建和管理的逻辑表，不是真正存储在数据库中的物理表。用户对于这两个表只有读取的权限，没有修改的权限。当触发器的工作完成以后，这两个表则会从内存中自动删除。

inserted（插入）表中存放的是更新前的记录，deleted（删除）表存放的是已从表中删除的记录。

对于 INSERT 操作来说，INSERT 触发器执行，新的记录插入到触发器表和 inserted（插入）表中；对于 DELETE 操作来说，DELETE 触发器执行，被删除的旧记录存放到 deleted（删除）表中；对于 UPDATE 操作来说，UPDATE 触发器执行，UPDATE 操作相当于插入一条新记录、同时删除旧记录，那么触发器表中原记录被移动到 deleted（删除）表中，修改后的记录插入到 inserted（插入）表中。

inserted（插入）表和 deleted（删除）表的结构与触发器表的结构完全一致，对它们的操作也与普通表一致，但仅限于在定义的触发器内部进行操作。例如，若要查询 deleted（删除）表中的所有数据，其 T-SQL 语句如下：

```
select * from inserted
```

（2）DDL 触发器。

当在服务器、数据库中发生数据定义语言（DDL）事件时，则调用 DDL 触发器。DDL 事件主要包括各类 CREATE、ALTER 和 DROP 语句，即 DDL 触发器是在数据库中执行管理任务时被调用执行。

DDL 触发器又可分为：服务器触发器与数据库触发器。

11.2 创建触发器

11.2.1 使用 SSMS 创建触发器

创建一个 DML 触发器 tr_StuDelete，当删除学生表中某一学生记录后，该学生的成绩记录也自动删除。在 SQL Server Management Studio 中的操作步骤如下：

（1）在“对象资源管理器”窗口中，依次展开“数据库→StuInfo→表→Student”，在“触发器”上单击鼠标右键，选择“新建触发器”命令。

（2）执行如上命令后，则在查询窗口中打开一个创建触发器的模板（实际是包含 CREATE TRIGGER 语句的脚本），如图 11-1 所示。

（3）在模版中编写触发器（触发器内容详见本章节示例 11-2），完成后单击工具栏 ! 执行(X) 按钮，则可完成触发器的创建。

11.2.2 使用 T-SQL 语句创建触发器

1. 创建 DML 触发器

创建 DML 触发器使用 CREATE TRIGGER 语句，其语法格式如下：

```
CREATE TRIGGER <触发器名>
ON <表>|<视图>
```

```
[WITH ENCRYPTION]
FOR | AFTER | INSTEAD OF
[INSERT][,][UPDATE][,][DELETE]
AS
    <SQL 语句>
```

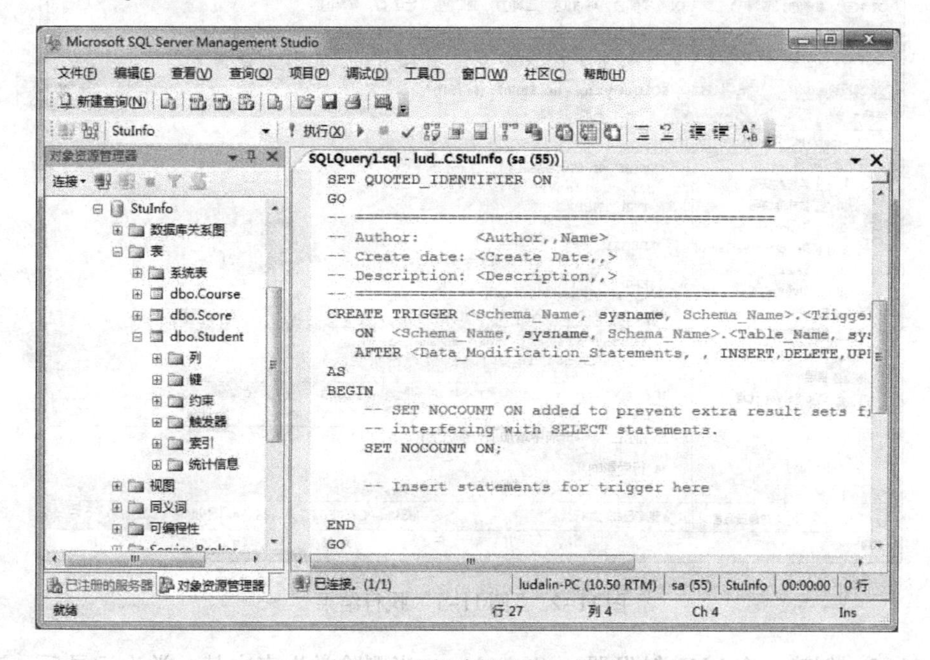

图 11-1 “创建触发器”模版

其中，

- FOR | AFTER | INSTEAD OF：DML 触发器触发的时机。FOR、AFTER 相同，后触发；INSTEAD OF 前触发。
- [INSERT][,][UPDATE][,][DELETE]：触发器触发的事件。必须至少指定一个选项，允许多个任意顺序的组合。

例 11-1 创建一个 DML 触发器 tr_Notify，当在 Student 表中插入数据后，显示友好的提示信息，然后验证该触发器。执行的结果如图 11-2 所示。

```
--创建触发器
USE StuInfo
GO
CREATE TRIGGER tr_Notify
ON Student
FOR INSERT
AS
BEGIN
    PRINT ('您刚刚在 Student 表中增加了一条记录！')
END
GO
```

```
--向 Student 表中添加一条记录来验证触发器
INSERT Student(sNo, sName, sex)
    VALUES('1308013115 ', '赵明明', '男')
```

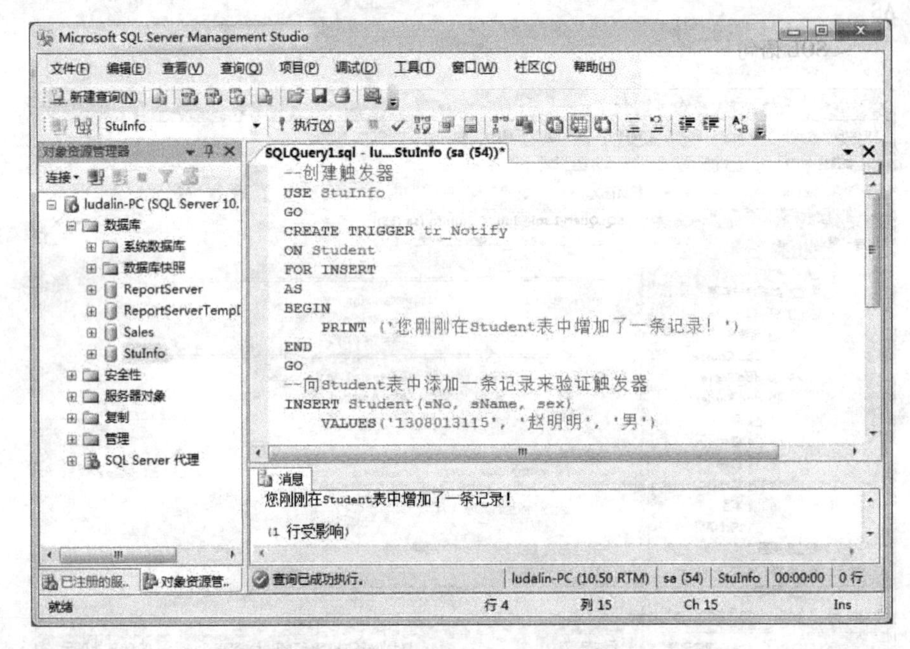

图 11-2 “例 11-1”执行结果

例 11-2 创建一个 DML 触发器 tr_StuDelete，当删除学生表中某一学生记录后，该学生的成绩记录也自动删除，然后验证该触发器。执行的结果如图 11-3 所示。

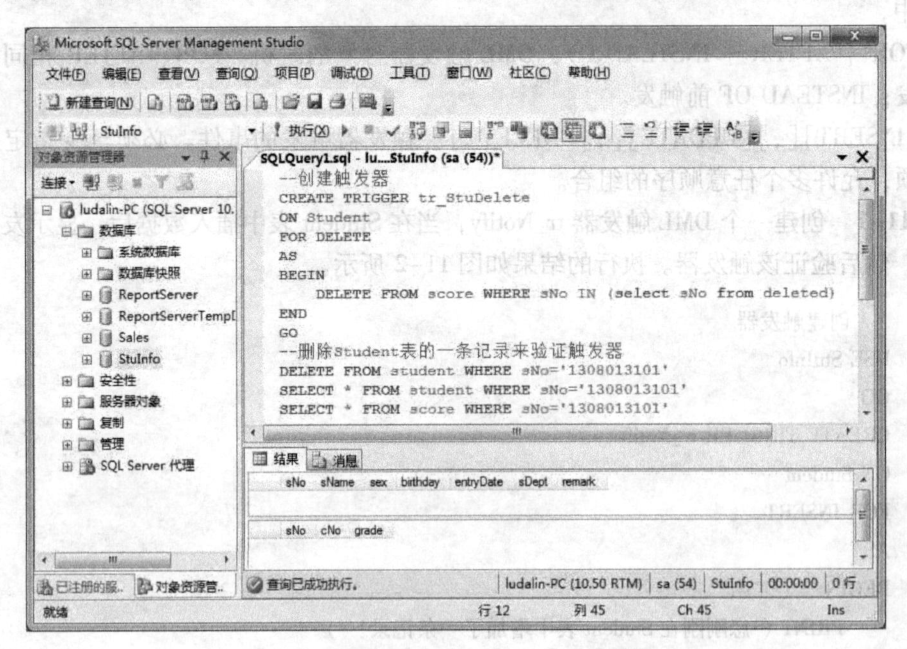

图 11-3 “例 11-2”执行结果

```
--创建触发器
CREATE TRIGGER tr_StuDelete
ON Student
FOR DELETE
AS
BEGIN
    DELETE FROM score WHERE sNo IN (select sNo from deleted)
END
GO
--删除 Student 表的一条记录来验证触发器
DELETE FROM student WHERE sNo = '1308013101'
SELECT * FROM student WHERE sNo = '1308013101'
SELECT * FROM score WHERE sNo = '1308013101'
```

注：该示例在学生表和成绩表无外键约束的情况下可以实现，否则验证时可能出错。

2. 创建 DDL 触发器

创建 DDL 触发器也使用 CREATE TRIGGER 语句，其语法格式如下：

```
CREATE TRIGGER <触发器名>
ON ALL SERVER | DATABASE
FOR | AFTER | INSTEAD OF
[CREATE_DATABASE][,][CREATE_TABLE] …
AS
    <SQL 语句>
```

其中，

- ALL SERVER：DDL 触发器的作用域为当前服务器。服务器范围内的 DDL 触发器存储在 SQL Server 服务器中（服务器对象→触发器）。
- DATABASE：DDL 触发器的作用域为当前数据库。数据库范围内的 DDL 触发器存储在指定的数据库中（指定数据库→可编程性→数据触发器）。

例 11–3 创建一个服务器范围的 DDL 触发器 tr_CreateDatabase，当创建数据库时，系统返回“数据库已创建!”的提示信息，然后验证该触发器。执行的结果如图 11–4 所示。

```
--创建触发器
CREATE TRIGGER tr_CreateDatabase
ON ALL SERVER
FOR CREATE_DATABASE
AS
BEGIN
    PRINT ('数据库已创建! ')
END
GO
--创建一个数据库来验证触发器
CREATE DATABASE TEST
```

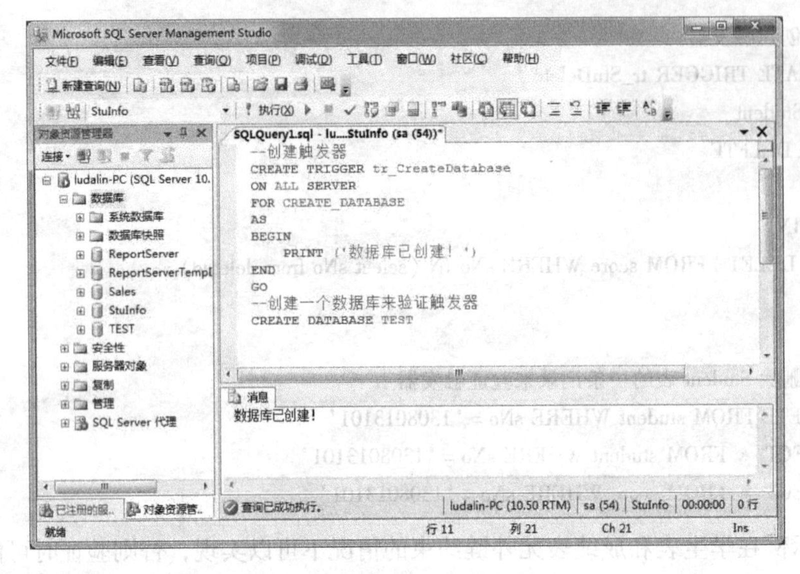

图 11-4 “例 11-3” 执行结果

11.3 管理触发器

11.3.1 使用 SSMS 修改、启用/禁用、删除触发器

以修改、启用/禁用、删除 Student 表上的 tr_StuDelete 触发器为例，在 SQL Server Management Studio 中的操作步骤如下：

（1）在“对象资源管理器”窗口中，依次展开“数据库→StuInfo→表→Student→触发器”，在“tr_StuDelete”上单击鼠标右键，选择“修改”命令。

（2）执行如上命令后，则在查询窗口中打开一个修改 tr_StuDelete 触发器的脚本，如图 11-5所示。

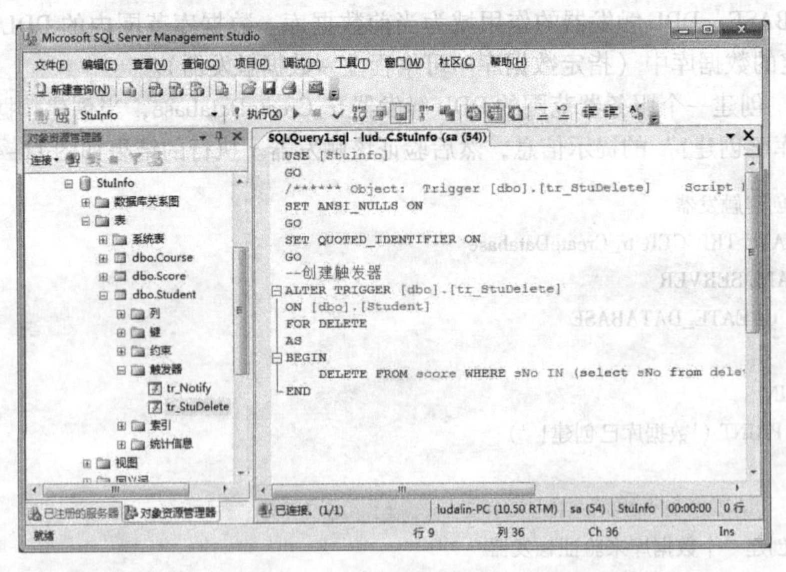

图 11-5 “修改触发器” 脚本

（3）修改触发器，完成后单击工具栏 ! 执行(X) 按钮，则可完成触发器的修改。

（4）在“对象资源管理器”窗口中，依次展开“数据库→StuInfo→表→Student→触发器”，在“tr_StuDelete”上单击鼠标右键，选择“启用”或“禁用”命令，则可完成触发器的启用/禁用。

（5）在“对象资源管理器”窗口中，依次展开“数据库→StuInfo→表→Student→触发器”，在“tr_StuDelete”上单击鼠标右键，选择“删除”命令，则可完成触发器的删除。

11.3.2 使用 T－SQL 语句修改、启用/禁用、删除触发器

1. 修改触发器

修改触发器使用 ALTER TRIGGER 语句，其他与创建触发器相同。

2. 启用/禁用触发器

当用户想暂停触发器的使用，但又不想删除它，这时可以禁用触发器，使其无效。当需要时可以再次启用。

（1）启用/禁用 DML 触发器，其语法格式如下：

```
ENABLE | DISABLE TRIGGER <触发器名>[, …n] | ALL
ON <对象名>
```

例 11-4 禁用 Student 表上的 tr_Notify 触发器。

```
USE StuInfo
GO
DISABLE TRIGGER tr_Notify ON Student
```

（2）启用/禁用 DDL 触发器，其语法格式如下：

```
ENABLE | DISABLE TRIGGER <触发器名>[, …n] | ALL
ON ALL SERVER | DATABASE
```

例 11-5 禁用服务器范围的 DDL 触发器 tr_CreateDatabase。

```
DISABLE TRIGGER tr_CreateDatabase ON ALL SERVER
```

3. 删除触发器

（1）删除 DML 触发器，其语法格式如下：

```
DROP TRIGGER <触发器名>[, …n]
```

例 11-6 删除 Student 表上的 tr_Notify 触发器。

```
USE StuInfo
GO
DROP TRIGGER tr_Notify
```

（2）删除 DDL 触发器，其语法格式如下：

```
DROP TRIGGER <触发器名>[, …n]
ON ALL SERVER | DATABASE
```

例 11-7 删除服务器范围的 DDL 触发器 tr_CreateDatabase。

```
DROP TRIGGER tr_CreateDatabase ON ALL SERVER
```

11.4 习题

（1）创建 Course 表的插入触发器，其功能是当向该表中插入一条新记录后，则提示“向 Course 表中添加了一条课程记录”，验证该触发器。

（2）创建 Score 表的更新触发器，其功能是当学生的课程成绩被修改后，则提示“修改前的成绩为：G1，修改后的成绩为：G2”，验证该触发器（注：G1、G2 分别表示修改前、后的课程成绩）。

11.5 同步实训：创建与使用触发器

一、实训目的

（1）熟悉触发器的概念与功能。

（2）掌握触发器的创建。

（3）掌握触发器的验证执行。

二、实训内容

（1）创建 Customer 表的插入触发器 trigger_1。其功能是当向该表中插入一条新记录后，则提示“向 Customer 表中添加了 XXX 客户记录”，验证该触发器（注：XXX 表示的是实际插入的客户名称）。

（2）创建 Product 表的更新触发器 trigger_2。其功能是当某一商品的价格被修改后，则提示“XXX 商品修改前的价格为：P1，修改后的价格为：P2”，验证该触发器（注：XXX 表示的是被修改的商品名称，P1、P2 分别表示该商品修改前、后的价格）。

（3）创建 Sales 数据库的 DDL 触发器 trigger_3。其功能是当删除数据表时，系统返回“数据表已被删除！”的提示信息，验证该触发器。

（4）禁用触发器 trigger_1、trigger_2 和 trigger_3，并验证。

（5）删除以上创建的所有触发器。

第12章　事务、锁与游标

事务是由对数据库的若干操作组成的一个逻辑工作单元，这些操作要么都执行，要么都不执行，是一个不可分割的整体，通过事务保证数据的完整性。当多个用户同时访问数据时，SQL Server数据库引擎通过使用锁来保证事务的完整性，锁可以防止多用户同时修改同一数据。游标是一种数据结构，程序可以把查询结果保存到这种结构中，并可对结果集中的数据进行逐行处理，游标中的数据保存在内存中，从其中提取数据的速度要比从数据表中直接提取数据的速度快得多。本章主要讲述事务、锁与游标的概念、分类、特征及使用等相关内容。本章学习要点如下：

- 事务的概念及事务的执行、撤销和回滚；
- 锁的概念及作用、死锁的处理；
- 游标的概念及游标的定义与使用。

12.1　事务

12.1.1　事务的概念

首先看一个现实中银行转账的业务流程的例子。

A账户需要往B账户中转账1000元，这包含两个过程：

- A账户中减去1000元；
- B账户中增加1000元。

这两个过程的顺序也可以对调。如果想要正确实现转账功能，则必须保证这两个过程都要能够完成。如果只完成了其中的一个过程，那么这个转账操作肯定是错误的。

为了解决这种类似的问题，数据库管理系统提出了事务的概念：将一组相关操作绑定在一个事务中，为了使事务成功，则必须成功执行该事务中的所有操作。换句话说，该事务中的所有操作要么都执行，要么都不执行。

12.1.2　事务的特性

事务的处理必须满足4条原则，即原子性（A）、一致性（C）、隔离性（I）和持久性（D），简称ACID原则。

- 原子性（Atomicity）：事务必须是原子工作单元，事务中的操作要么全部执行，要么全部不执行，不可以只完成部分操作。
- 一致性（Consistency）：事务开始前，数据库处于一致性的状态；事务结束后，数据库必须仍处于一致性状态。例如，银行转账前后的两个账户金额之和应该保持不变。
- 隔离性（Isolation）：系统必须保证事务不受其他并发执行事务的影响，即当多个事务同时运行时，各个事务之间相互隔离，不可互相干扰。

- 持久性（Durability）：一个已完成的事务对数据所做的任何变动，在系统中是永久有效的。

事务的 ACID 原则保证了一个事务或者成功提交，或者失败回滚，二者必居其一。当事务提交成功后，它对数据的修改是永久有效的；当事务提交失败时，它对数据的修改都会恢复到该事务执行前的状态。

12.1.3 事务的执行模式

SQL Server 的事务可以分为两类：隐性事务和显式事务。

1. 隐性事务

一条 T-SQL 语句就是一个隐性事务，也叫系统提供的事务。隐性事务是一种自动开始、自动结束、自动回滚的事务。

例如，创建课程表 Course 的 T-SQL 语句如下：

```
CREATE TABLE Course (
cNo char(5) primary key,
cName varchar(30) not null unique,
  credit tinyint,
  remark varchar(100)
)
```

这条语句本身就构成了一个事务，不过是一个隐性事务。要么正确创建包含 4 列的数据表 Course，要么不会创建任何数据表。不可能出现创建了只包含 1 列、2 列或者 3 列的数据表 Course 的情况。

2. 显式事务

显式事务又称为用户定义的事务，显式地定义事务开始、结束（回滚、保存点）的事务。

一个显式事务的语句以 BEGIN TRAN［SACTION］开始，至 COMMIT TRANSACTION 或 ROLLBACK TRAN[SACTION]结束。

（1）BEGIN TRANSACTION 开始事务，其语法格式如下：

```
BEGIN TRAN[SACTION] [<事务名称>]
```

（2）COMMIT TRANSACTION 提交事务，其语法格式如下：

```
COMMIT TRAN[SACTION] [<事务名称>]
```

（3）ROLLBACK TRANSACTION 回滚事务，其语法格式如下：

```
ROLLBACK TRAN[SACTION] [<事务名称> | <存储点名称>]
```

（4）SAVE TRANSACTION 保存事务，其语法格式如下：

```
SAVE TRAN[SACTION] <存储点名称>
```

说明：

- 提交事务，意味着将事务开始以来所执行的所有数据修改，将成为数据库的永久部分，因此 COMMIT TRANSACTION 语句也标志着一个事务的结束。只有在所有数据修改都完成后、准备提交给数据库时，才执行这一动作。一旦执行了该命令，将不能再回滚事务。

- 当事务执行过程中遇到错误时，使用 ROLLBACK TRANSACTION 语句可以使事务回滚到起点或者指定的存储点处，同时系统将取消自事务起点或到某个存储点所做的所有数据修改，并且释放由事务控制的资源。因此，ROLLBACK TRANSACTION 语句也标志着事务的结束。

例 12-1 事务的隐式提交。

```
USE StuInfo
GO
/* 隐含的 BEGIN TRANSACTION */
INSERT student (sNo, sName, sex, birthday, sDept)
    VALUES ('1409123111', '张明', '男', '1996-5-22', '网通学院')
/* 隐含的 COMMIT TRANSACTION */
/* 隐含的 BEGIN TRANSACTION */
INSERT course (cNo, cName, credit)
    VALUES ('02015', '通信原理', 4)
/* 隐含的 COMMIT TRANSACTION */
```

例 12-2 定义一个事务：把课程号为“01001”的成绩都减少 1 分，把课程号为“01002”的成绩都减少 2 分，更新成功后提交事务。

```
USE StuInfo
GO
BEGIN TRANSACTION                    --开始事务
    UPDATE score SET grade = grade - 1
        WHERE cNo = '01001'
    UPDATE score SET grade = grade - 2
        WHERE cNo = '01002'
COMMIT TRANSACTION --提交事务
```

例 12-3 定义一个事务：向 student 表中插入一条记录，如果在 student 表中插入记录成功，则设置一个存储点，然后再向 score 表中插入一条该学生的成绩记录，如果在 score 表中插入记录也成功，则提交整个事务，否则回滚到存储点；如果在 student 表中插入记录失败，则回滚整个事务。

```
USE StuInfo
GO
BEGIN TRANSACTION myTran --开始事务
INSERT student(sNo,sName, sex, birthday, sDept)
    VALUES('1409123115', '李宏凯', '男', '1995-11-20', '网通学院')
IF @@ERROR = 0
BEGIN
    SAVE TRANSACTION myTranPoint
    INSERT score(sNo,cNo, grade)
```

```
        VALUES('1409123115','02001',89)
        IF @@ERROR=0
        BEGIN
            COMMIT TRANSACTION myTran --提交事务
            PRINT '插入学生记录、成绩记录成功!'
        END
        ELSE
        BEGIN
            ROLLBACK TRANSACTION myTranPoint --回滚事务
            COMMIT TRANSACTION myTran --提交事务
            PRINT '插入学生记录成功、成绩记录失败!'
        END
    END
    ELSE
    BEGIN
        ROLLBACK TRANSACTION myTran --回滚事务
        PRINT '插入学生记录、成绩记录失败!'
    END
```

12.2 锁

12.2.1 并发问题

在实际应用中，系统允许多个事务并发执行，即允许多个用户同时对数据库进行操作。由于并发事务对数据的操作不同，SQL Server 使用锁来防止对同一个数据的并发修改，避免产生丢失更新、脏读、不可重复读和幻读等负面问题。

1. 丢失更新

A、B 事务先后读取了某一行的数据，A 事务对该数据进行修改后更新，B 事务也对读取的数据进行修改后更新，此时便出现了 B 事务覆盖了 A 事务的更新，即导致了前面事务完成的数据丢失，因此被称为“丢失更新”。

2. 脏读

A 事务读取了某一行的数据，并对该数据进行了修改，但没有提交；此时 B 事务读取了该行数据，而 A 事务因为某些原因进行了事务回滚，取消了对数据的修改，数据恢复到了原值。这样，B 事务获取的数据就与数据库中的数据不一致，即读取到了未提交的数据，因此被称为“脏读”。

3. 不可重复读

A 事务读取了某一行的数据，B 事务也读取了该数据并进行了修改，此时 A 事务再次读取该数据，发现两次读取到的值不一致，即多次访问同一行但每次读取到的数据不相同，因此被称为“不可重复读”。

4. 幻读

A 事务对表的某一行的全部数据进行了修改，同时，B 事务向该表中插入了一条新记录，A 事务提交后查询，发现表中还有未被修改的数据行，就好像发生了幻觉一样，再次读取该数据，发现两次读取到的值不一致，即多次访问同一行但每次读取到的数据不相同，因此被称为“幻读”。

12.2.2 锁的概念

为了防止产生丢失更新、脏读、不可重复读和幻读等问题，SQL Server 使用锁来实现数据的并发控制，可在允许多个应用程序同时访问同一数据时，能够保证数据库的一致性和数据完整性。

事务一旦获取了锁，则在事务终止之前，就一直持有该锁。如果其他事务尝试访问数据资源的方式与该事务所持有的锁不兼容，则其他事务必须停止执行，直到拥有锁的事务终止、不兼容的锁被释放，才可以使用解锁的数据资源。在 SQL Server 2008 中，系统能够自动处理锁的行为。

12.2.3 锁的类型

SQL Server 2008 使用不同类型的锁来锁定资源，也叫锁的模式，这些锁的模式确定了并发事务访问资源的方式。SQL Server 下的锁的模式有多种，本书主要介绍共享锁、排它锁、更新锁。

1. 共享锁（S 锁）

共享锁允许并发事务读取（SELECT）一个资源，但不可以更改数据。即共享锁锁定的资源可以被其他用户读取，但无法被用户修改。

2. 排它锁（X 锁）

排它锁禁止并发事务对资源访问（SELECT、INSERT、UPDATE、DELETE）。即在对排它锁锁定的资源进行数据修改操作（INSERT、UPDATE、DELETE）时，必须确保并发事务不能够对该资源再次进行读取或修改。

当事务读取数据时会使用共享锁，当事务修改数据时共享锁会转换为排它锁。在转换排它锁之前，事务会等待其他事务释放共享锁。多个共享锁等待转换可能发生死锁。

3. 更新锁（U 锁）

更新锁用于可能被更新的资源中，且仅一个事务可以获得资源的更新锁。当准备更新数据时，首先自动使用更新锁锁定资源，此时，数据可以被读取、但不可以被修改；当确定要进行数据更新操作时，更新锁自动转换成排它锁。

由于一次只能有一个事务可以获得资源的更新锁，故可避免常见的死锁。

12.2.4 查看锁

使用系统存储过程 sp_lock 查看系统、指定进程对资源的锁定情况。其语法格式如下：

```
sp_lock [[@spid1 = ]'<进程号>'][,[@spid2 = ]'<进程号>']
```

说明：如果不指定进程号，显示所有进程对资源的锁定情况。

12.2.5 死锁及其防止

在数据库并发执行中，事务 A 的完成需要事务 B 释放锁，而事务 B 的完成又需要事务

A 释放锁，两个事务都等待对方释放锁，造成阻塞，这种循环的依赖就是死锁。

SQL Server 对死锁具有自动处理功能。SQL Server 处理死锁的方法就是自动进行死锁检测，终止操作较少的事务以打断死锁，同时抛出异常，并回滚事务。

另外，处理死锁的方法是防止死锁的发生，即不让满足死锁条件的情况发生。因此，需要尽量遵循以下原则：

（1）尽量避免并发执行数据修改操作（INSERT、UPDATE、DELETE）语句。

（2）尽量缩短事务的逻辑处理过程，及早提交或回滚事务；对于程序段较长的事务，可以考虑将其分割为几个事务。

（3）尽量不要修改 SQL Server 事务的默认级别，不推荐强行加锁。

12.3 游标

12.3.1 游标概述

应用程序，特别是交互式应用程序，并不需要将查询结果集作为一个整体单元来处理，而是需要一种机制以便每次处理一行或一部分行。游标就是提供这种机制的结果扩展集。

SQL Server 游标是一种可以对查询结果集进行按行处理的数据结构。游标由结果集和结果集中指向特定记录的游标位置组成，游标的作用类似于 C 语言中的指针。游标能够遍历结果集中的所有行，它一次只指向一行。

使用游标可以实现以下功能：

（1）定位在结果集的特定行。

（2）从结果集的当前位置检索一行或多行。

（3）对结果集中对当前位置的行进行数据修改。

尽管使用游标比较灵活，可以实现对数据集中单行数据的直接操作，但游标也会在以下几个方面影响系统的性能：

（1）导致页锁与表锁的增加。

（2）导致网络通信量的增加。

（3）增加服务器处理相应指令的额外开销。

12.3.2 使用游标

1. 游标的使用步骤

SQL Server 对游标的使用要遵循以下顺序：

（1）声明游标（DECLARE）；

（2）打开游标（OPEN）；

（3）读取游标（FETCH）；

（4）关闭游标（CLOSE）；

（5）释放游标（DEALLOCATE）。

2. 声明游标

声明游标是指使用 DECLARE 语句声明并创建一个游标，包括：游标名称、数据来源（表和列）、选取条件、属性（只读或可修改）等。

其语法格式如下：

```
DECLARE <游标名称> [INSENSITIVE] [SCROLL] CURSOR
FOR <select 语句>
[FOR READONLY | UPDATE[OF <列名>[,…n]]]
```

其中，

- INSENSITIVE：使用 INSENSITIVE 定义的游标，把提取出来的数据存入一个在 tempdb 数据库中创建的临时表中。任何通过这个游标进行的操作，都在这个临时表中进行，所有对基本表的更改都不会在通过游标进行的操作中体现出来。若不使用 INSENSITIVE 关键字，则所有用户对基本表的更新和删除都会反映到游标中。
- SCROLL：表明所有的提取操作（如 FIRST、LAST、PRIOR、NEXT、RELATIVE、ABSOLUTE）都可用。若不使用 SCROLL 关键字，那么只能进行 NEXT 提取操作。
- READONLY：定义只读游标，不允许通过游标修改数据。
- UPDATE[OF <列名>[,…n]]：定义游标中可更新的列。如果指定了 OF <列名>[,…n]，则只允许修改所列出的列。如果只有 UPDATE，没有指定列的列表，则可以更新所有列。

声明游标以后，除了可以使用游标名称引用游标外，还可以使用游标变量来引用游标。游标变量的声明格式：

```
DECLARE @变量名 CURSOR
```

声明游标变量后，其必须与某个游标相关联才可以实现游标操作，即使用 SET 赋值语句将游标与变量关联。

例 12-4 创建一个游标 myCursor：可以通过 myCursor 对 student 表所有的数据行进行操作，并将游标变量@var_Cursor 与 myCursor 相关联。

```
USE StuInfo
GO
DECLARE myCursor SCROLL CURSOR
FOR SELECT * FROM student
DECLARE @var_Cursor CURSOR
SET @var_Cursor = myCursor
```

3. 打开游标

打开游标是指使用 OPEN 语句打开已经声明但尚未打开的游标，并执行游标中定义的查询语句以填充数据。

其语法格式如下：

```
OPEN <游标名称>
```

在游标被成功打开之后，@@CURSOR_ROWS 全局变量将用来记录游标内数据行数。

如果所打开的游标在声明时带有 INSENSITIVE 或 SCROLL 保留字，那么@@CURSOR_ROWS 的值为正数且为该游标的所有数据行；如果未加上这两个关键字中的一个，则@@CURSOR_ROWS 的值为 -1，说明该游标的返回值无法确定。

例 12-5 打开游标 myCursor，同时输出游标中的数据行数。执行结果如图 12-1 所示。

```
OPEN myCursor
SELECT '游标 myCursor 数据行数' = @@CURSOR_ROWS
```

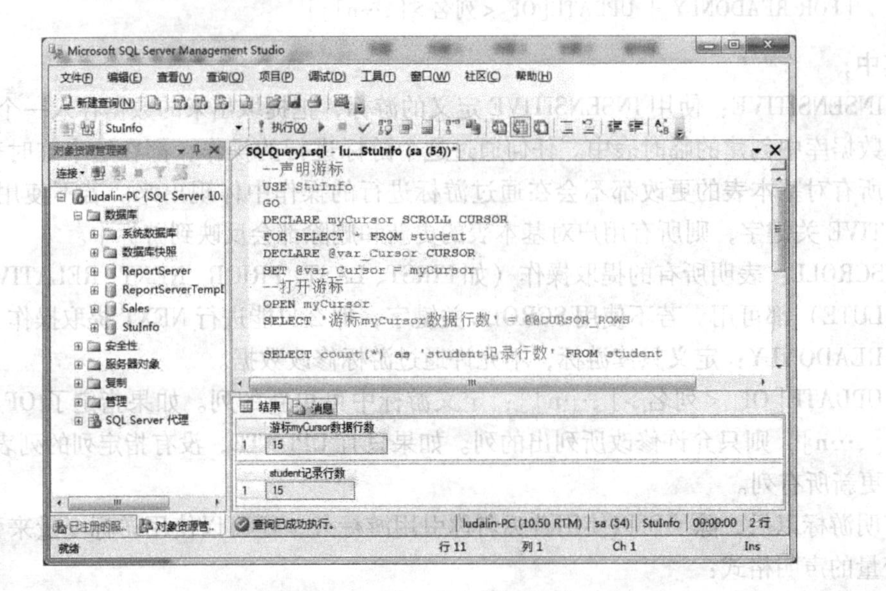

图 12-1 “例 12-5”执行结果

4. 读取游标

读取游标是指使用 FETCH 语句从打开的游标中逐行读取数据，以进行相关的处理。其语法格式如下：

```
FETCH
[ [ FIRST | LAST | PRIOR | NEXT | RELATIVE n | ABSOLUTE n]
    FROM ] <游标名>
[INTO @ <变量>[,…n]
```

其中，

- FIRST：返回游标中第一行，并将其设为当前行。
- LAST：返回游标中的最后一行，并将其设为当前行。
- PRIOR：返回结果集中当前行的前一行，并将其设为当前行。如果 FETCH PRIOR 是第一次读取游标中数据，则无数据记录返回，并把游标位置设为第一行。
- NEXT：返回结果集中当前行的下一行，并将其设为当前行。如果 FETCH NEXT 是第一次读取游标中数据，则返回结果集中的是第一行而不是第二行。NEXT 是默认的游标提取选项。
- RELATIVE n：按照相对位置读取数据。如果 n 为正数，则返回从当前行开始向后的第 n 行，并将其设为当前行；如果 n 为负数，则返回从当前行开始向前的第 n 行，并将其设为当前行。

- ABSOLUTE n：按照绝对位置读取数据。如果 n 为正数，则返回从游标头开始向后的第 n 行，并将其设为当前行；如果 n 为负数，则返回从游标末尾开始向前的第 n 行，并将其设为当前行。
- [INTO @ <变量>[,…n]：将读取的列数据存放到多个变量中。变量的数量、排列顺序以及数据类型必须与声明游标时使用的 select 语句中引用的数据列数量、排列顺序以及数据类型保持一致。

使用 FETCH 语句一次可以提取一条记录。通过检测全局变量@@FETCH_STATUS 的值，可以获得 FETCH 语句的状态信息，该状态信息可以用来判断该 FETCH 语句返回数据的有效性。@@FETCH_STATUS 变量有 3 个不同的返回值，如下表所示。

表　　FETCH_STATUS 的返回值

返　回　值	描　　述
0	FETCH 语句执行成功
-1	FETCH 语句执行失败或行不在结果集中
-2	读取的行不存储

例 12-6　从游标 myCursor 中提取数据，并查看 FETCH 语句执行状态。执行结果如图 12-2所示。

```
FETCH NEXT FROM myCursor
SELECT 'NEXT_FETCH 执行情况' = @@FETCH_STATUS
```

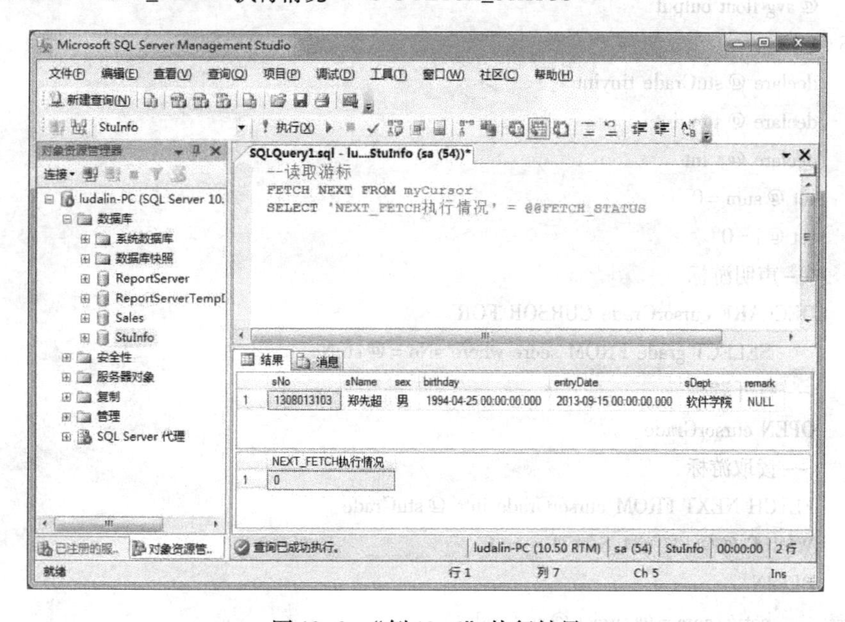

图 12-2　“例 12-6”执行结果

5. 关闭游标

关闭游标是指使用 CLOSE 语句关闭游标以释放数据结果集和定位于数据记录上的锁。游标关闭后，不会释放游标占用的数据结构，可以使用 OPEN 语句再次打开。

其语法格式如下：

```
CLOSE <游标名称>
```

例 12-7 关闭游标 myCursor。

```
CLOSE myCursor
```

6. 释放游标

释放游标是指使用 DEALLOCATE 语句删除游标并释放其占用的所有系统资源。其语法格式如下：

```
DEALLOCATE <游标名称>
```

例 12-8 释放游标 myCursor。

```
DEALLOCATE myCursor
```

例 12-9 创建存储过程 GetAvgGrade，通过游标操作来计算某一学生的平均成绩。然后执行该存储过程，执行的结果如图 12-3 所示。

```
--创建存储过程
USE StuInfo
GO
CREATE PROC GetAvgGrade
    @ stuNo char(10),
    @ avg float output
AS
    declare @ stuGrade tinyint
    declare @ sum int
    declare @ i int
    set @ sum = 0
    set @ i = 0
    --声明游标
    DECLARE cursorGrade CURSOR FOR
        SELECT grade FROM score where sNo = @ stuNo
    --打开游标
    OPEN cursorGrade
    --读取游标
    FETCH NEXT FROM cursorGrade into @ stuGrade
    WHILE @ @ FETCH_STATUS  =  0
    BEGIN
        set @ sum = @ sum + @ stuGrade
        set @ i = @ i + 1
        FETCH NEXT FROMcursorGrade into @ stuGrade
    END
    --关闭游标
```

```
    CLOSE cursorGrade
    --释放游标
    DEALLOCATE cursorGrade
    --设置存储过程返回值
    if @i>0
        set @avg=ROUND(CAST(@sum as float)/@i, 2)
    else
        set @avg=-1
GO

--执行存储过程
declare @avg float
EXEC GetAvgGrade '1308013102', @avg output
select '平均分'=@avg
```

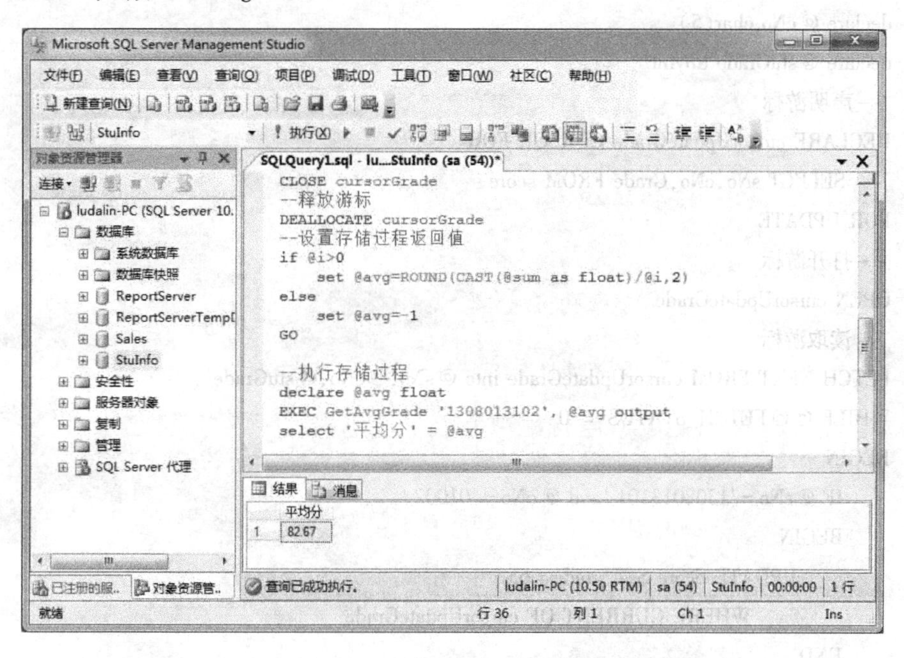

图 12-3 “例 12-9”执行结果

7. 使用游标对游标当前位置行进行更新（修改和删除）

SQL Server 中的 UPDATE 语句和 DELETE 语句可以支持 SQL Server 游标操作，通过 SQL Server 游标修改或删除游标基表中的当前数据行操作是很常见的方法。

UPDATE 语句的语法格式如下：

```
UPDATE <表名>
SET 列名 = 表达式[,…n]
WHERE CURRENT OF <游标名称>
```

DELETE 语句的语法格式：

```
DELETE FROM <表名>
WHERE CURRENT OF <游标名称>
```

其中：

- CURRENT OF <游标名称>表示当前游标指针所指的当前行数据。CURRENT OF 只能在 UPDATE 和 DELETE 语句中使用。
- 使用游标修改基表数据的前提是声明的游标是可更新的。

例 12-10 使用游标获取 Score 表中的学生课程成绩，修改学号为“1308013101”、课程号为“01002”的成绩为 65，并删除学号为“1308013102”、课程号为“01003”的成绩记录。

```
USE StuInfo
GO
declare @sNo char(10)
declare @cNo char(5)
declare @stuGrade tinyint
--声明游标
DECLARE cursorUpdateGrade CURSOR FOR
    SELECT sNo,cNo,Grade FROM score
FOR UPDATE
--打开游标
OPEN cursorUpdateGrade
--读取游标
FETCH NEXT FROM cursorUpdateGrade into @sNo,@cNo,@stuGrade
WHILE @@FETCH_STATUS = 0
BEGIN
    IF @sNo = '1308013101 'and @cNo = '01002 '
    BEGIN
        UPDATE Score SET grade = 65
            WHERE CURRENT OF cursorUpdateGrade
    END
    IF @sNo = '1308013102 'and @cNo = '01003 '
    BEGIN
        DELETE FROM Score
        WHERE CURRENT OF cursorUpdateGrade
    END
    FETCH NEXT FROM cursorUpdateGrade into @sNo, @cNo, @stuGrade
END
--关闭游标
CLOSE cursorUpdateGrade
--释放游标
DEALLOCATE cursorUpdateGrade
```

12.4 习题

（1）什么是事务？简述事务 ACID 原则的含义。

（2）简述并发问题有哪些。

（3）什么是死锁？

（4）简述游标的使用步骤。

（5）使用游标获取 StuInfo 数据库的 Course 表中的课程编号和课程名称，并输出显示。

12.5 同步实训：使用事务与游标

一、实训目的

（1）掌握事务的概念及执行方式。

（2）掌握游标的定义与使用。

二、实训内容

（1）定义一个事务：向 Category 表中插入 1 条商品种类信息，然后再向 Product 表中插入 1 条商品信息。如果操作成功，则提交整个事务，否则回滚。

（2）定义一个事务：向 Orders 表中插入 1 条订单数据，设置存储点；然后再向 OrderDetail 表中插入两条该订单的明细信息。如果操作成功，则提交整个事务，否则回滚到存储点。

（3）使用游标获取 Customer 表中的公司名称、联系人和公司地址，并输出显示。

（4）使用游标获取 Product 表中的商品信息，给库存量大于 1000 的商品降价 10%。

参考文献

[1] 卫琳. SQL Server 2008 数据库应用与开发教程 [M]. 2 版. 北京：清华大学出版社，2011.
[2] 王浩. 零基础学 SQL Server 2008 [M]. 北京：机械工业出版社，2009.
[3] Robin Dewson. SQL Server 2008 基础教程 [M]. 董明，等译. 北京：人民邮电出版社，2009.
[4] 康会光. SQL Server 2008 中文版标准教程 [M]. 北京：清华大学出版社，2009.
[5] 李丹，赵占坤，丁宏伟，等. SQL Server 2005 数据库管理与开发实用教程 [M]. 北京：机械工业出版社，2009.
[6] 周惠，施乐军，周阿连，等. 数据库应用技术（SQL Server 2005）[M]. 北京：人民邮电出版社，2009.

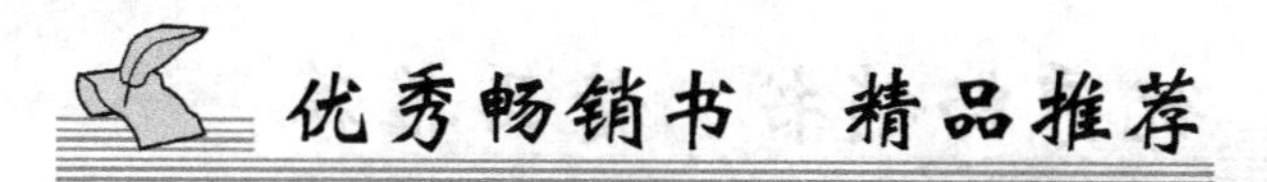

优秀畅销书 精品推荐

Java 程序设计

书号：ISBN 978-7-111-52164-8

作者：何水艳　　定价：39.00 元

推荐简言：本书本着“理论知识够用、注重实践编程能力培养”的原则，内容采取案例教学法，让读者能通过案例迅速领会知识点的实际应用，并能举一反三，真正做到了“教学做一体化”。同时，每一章节都配有实训项目和相应的习题，既锻炼了实际编程能力，又巩固了所学知识点。本书免费提供电子教案和源代码。

JavaScript 程序设计实例教程

书号：ISBN 978-7-111-42101-6

作者：程乐 刘万辉 等　　定价：29.00 元

推荐简言：本书教学内容采用模块化的编写思路，分为基础知识教学与综合实例训练。在基础理论讲解环节采用示例演示的方式将理论具体化，然后再通过实例训练的方式系统地运用知识。最后通过实例项目系统地应用 JavaScript 技术。本书免费提供电子教案和源代码。

Java EE 程序设计及实训

书号：ISBN 978-7-111-50837-3

作者：黄能耿　　定价：39.00 元

获奖项目：“十二五”职业教育国家规划教材

推荐简言：本书采用模块化设计，应用业界主流技术 Spring + Struts2 + Hibernate；后台数据库选用的是市场占有率最高、跨平台的 MySQL；开发环境选择开源平台 Eclipse。本书配套提供了 27 个实验和 9 个实训，全部通过“Jitor 实训指导软件”发布和管理。本书免费提供电子教案、源代码和 Jitor 软件。

Android 移动应用开发案例教程

书号：ISBN 978-7-111-50931-8

作者：范美英　　定价：43.00 元

推荐简言：本书以 Android 4.2 为开发平台，使用 Eclipse 开发环境，以 Java 为开发语言，比较完整地介绍了开发 Android 移动应用所需要的知识和技术，内容包括配置 Android 开发环境，Android 中的常见资源，基本视图组件与高级视图组件，SQLite 数据库存取技术，SharedPreferences 的定义与使用，对音频、视频等的使用与处理技术以及综合实训项目“快乐数独”。本书免费提供电子教案和源代码。

PHP+MySQL+Dreamweaver 动态网站开发实例教程

书号：ISBN 978-7-111-38360-4

作者：张兵义 刘瑞新 等　　定价：36.00 元

推荐简言：本书采用案例驱动的教学方式，首先展示案例的运行结果，然后详细讲述案例的设计步骤，循序渐进地引导读者学习和掌握相关知识点。在介绍 PHP 动态网页设计步骤时，本书将 Dreamweaver 可视化设计与手工编码有机地结合在一起。本书免费提供电子教案和源代码。

JSP+MySQL+Dreamweaver 动态网站开发实例教程

书号：ISBN 978-7-111-41069-0

作者：张兵义 刘瑞新 等　　定价：39.80 元

推荐简言：本书采用案例驱动的教学方式，首先展示案例的运行结果，然后详细讲述案例的设计步骤，循序渐进地引导读者学习和掌握相关知识点。本书详细讲述了基于 Apache Tomcat 服务器、JSP 语言以及 MySQL 数据库的动态网站开发技术。本书免费提供电子教案和源代码。